Node.js
フレームワーク
超入門

Tuyano SYODA
掌田津耶乃 著

秀和システム

サンプルのダウンロードについて

サンプルファイルは秀和システムのWebページからダウンロードできます。

●サンプル・ダウンロードページURL

https://www.shuwasystem.co.jp/support/7980html/6691.html

ページにアクセスしたら、下記のダウンロードボタンをクリックしてください。ダウンロードが始まります。

ダウンロード

はじめに

Node.jsはフレームワークで使いこなす！

「JavaScript」といえば、長らく「Webブラウザで動く言語」でした。それが気がつけばサーバーでもアプリの開発でも幅広く使われるようになっています。それもこれも、すべては「Node.js」のおかげです。Node.jsの登場により、今やJavaScriptは普通のプログラミング言語としてあらゆる開発に用いられるようになりました。

中でも、サーバー開発におけるNode.jsの浸透ぶりには目を見張るものがあります。Node.jsを使えば、サーバーもクライアントもすべてJavaScriptだけで開発できるのですから。

しかし、Node.jsのサーバー機能は、お世辞にもパワフルなものとはいえません。必要最低限の機能しかないため、初期の頃から「サーバー開発はフレームワークをインストールして行う」のが基本となっていました。そのためか、Node.jsには実に多くのWebアプリケーションフレームワークが流通しています。使い方も概念モデルも千差万別で、一体何がどうなっているのかまるでわからない、という人も多いことでしょう。

そこで、Node.jsにある多数のフレームワークから「これだけは知っておきたい」というものをピックアップし、その基本的な使い方をコンパクトにまとめた入門書を用意しました。

本書では、「Express」「Sails.js」「AdnisJS」「NestJS」「Meteor」の5本のアプリケーションフレームワークについて、また「Prisma」「TypeORM」というデータベースフレームワークについても、インストールから基本的な機能の使い方まで一通り説明しています。ここで説明する必要最小限の知識があれば、ごく初歩的なアプリケーションぐらいは作れるようになります。

Node.jsを使いこなしていくためには、一にも二にも「フレームワーク」の知識が重要です。「Expressだけ使えれば十分」といった牧歌的な時代は既に遠い昔です。日々進化するWebの世界で戦っていくためには、常に「最新の技術と知識」という武器が必要です。

そんなものを身につける余裕なんてない、という人。せめて、この本に目を通すだけの時間を確保して下さい。それで「この数年の間にNode.jsはどこまで来たのか」をざっくり頭の中に詰め込むことができます。この一握りの技術と知識があれば、これから先も暫くの間は戦い続けることができるでしょう。

2022.05 掌田津耶乃

Contents

目次

Chapter

1

Node.jsの基礎知識

Node.jsのフレームワークを学ぶ前に、まずは「Node.jsはどのようなものか」について簡単におさらいをしていきましょう。Node.jsを準備し、簡単なサーバープログラムを書いて、その利点と欠点について考えてみます。

Section 1-1 Node.jsの開発準備

Node.jsとは？

おそらく、本書を手にした多くの方は、既にNode.jsを利用していることでしょう。本書は、Node.jsのフレームワーク利用に関する超入門ですから、既にNode.jsを使っていて、「更に使いこなしていくにはフレームワークを学ぶ必要がある」と考えて本書を手にしたのでしょう。

しかし、中には「これからNode.jsを始めよう」と考えている人もいるかもしれません。そこで、最初に「そもそもNode.jsとは何か？」から話を始めましょう。

Node.jsは、簡潔にいえば「JavaScriptのランタイムエンジンプログラム」です。JavaScriptというのは、元来、Webブラウザに組み込まれていて、Webページに記述されたスクリプトをその場で実行し、Webページ内で動かすものでした。つまり、「Webページの中だけでしか使えない言語」だったわけです。普通の言語のように、「ソースコードをファイルで書いてコマンド実行すれば動く」というような使い方ができない言語でした。

しかし、WebブラウザにはJavaScriptのコードを実行する機能（これがJavaScriptエンジンです）が組み込まれていて、ちゃんとJavaScriptのコードを実行できています。「だったら、WebブラウザのJavaScriptエンジンだけを取り出して、普通のプログラムとしていつでも実行できるようにすればいいじゃないか」と考えたのです。そこで、Chromeブラウザで使われている「V8」というJavaScriptエンジンプログラムをベースに、独立してコードを実行できるJavaScriptエンジンを開発しました。これが「Node.js」です。

V8エンジンは、オープンソースとして公開されており、これをベースにしたNode.jsもオープンソースとして配布されています。誰でも無料で自由に利用できるJavaScriptの実行環境として、Node.jsは広く使われています。

Node.jsとフレームワーク

このNode.jsは、特にサーバー開発に多用されています。ただし、実際にサーバー開発でNode.jsを利用してみると、いろいろと考えなければならない点も出てきます。

何より大きいのが「意外と機能が足りない」という点でしょう。Node.jsは、サーバー開発専用のプログラムではありませんから、用意されているライブラリはアプリケーション開発全般で利用するものを中心にまとめられています。このため、サーバー開発では必須である機能でも、Node.jsでは標準で備わっていないものもあります。例えばセッションの利用や、クライアントからのアクセスをHTTPメソッドやパスに応じて簡単に実装する仕組みなども標準では用意されていないのです。

サーバー開発で使われている多くの言語では、より効率良い開発を行うのに「フレームワーク」が導入されています。Node.jsでも、Webアプリケーション開発のためのフレームワークが多数リリースされており、こうしたフレームワークと組み合わせてサーバー開発を行うのが一般的です。

学習を始める前に

さて、これから先、Node.jsの学習を開始していきますが、その前にしっかりと理解しておいてほしいことがあります。それは、こういうことです。

「本書では、JavaScriptの基本は理解しているものと考え、説明しません」

本書は、Node.jsのフレームワークの入門書です。JavaScriptを利用していて、なおかつNode.jsを使っている人を対象とした解説書です。従って、少なくともJavaScriptに関してはだいたい理解して使えるようになっているものとし、詳しい説明は行いません。

もちろん、JavaScriptという言語は非常に機能も多く複雑ですから、一般的ではない高度な機能については説明をします。しかし、例えば「関数とは何か」「メソッドとは何か」というような基本的なことについては「既にわかっている」ものと考え、説明はしません。

このChapter 1は、そういった意味では、あなたが現在身につけている知識のレベルを確認するのにちょうどよい内容です。この章に書かれている内容がだいたい理解できれば、あなたは既にJavaScriptの基本を身につけており、この先も問題なく読み進めることができると考えていいでしょう。

この章の中で、いくつも「いってることがわからない」ということがあったなら、残念ながら本書を読み進めていくのに必要な知識がまだ身についていません。まず、JavaScriptの基本的な文法などを学習した上で、改めて本書を読み進めるようにして下さい。

Node.jsの用意

では、Node.jsによる開発について考えていくことにしましょう。Node.jsをまだ用意していない場合は、以下にアクセスしてダウンロードして下さい。

```
https://nodejs.org/ja/
```

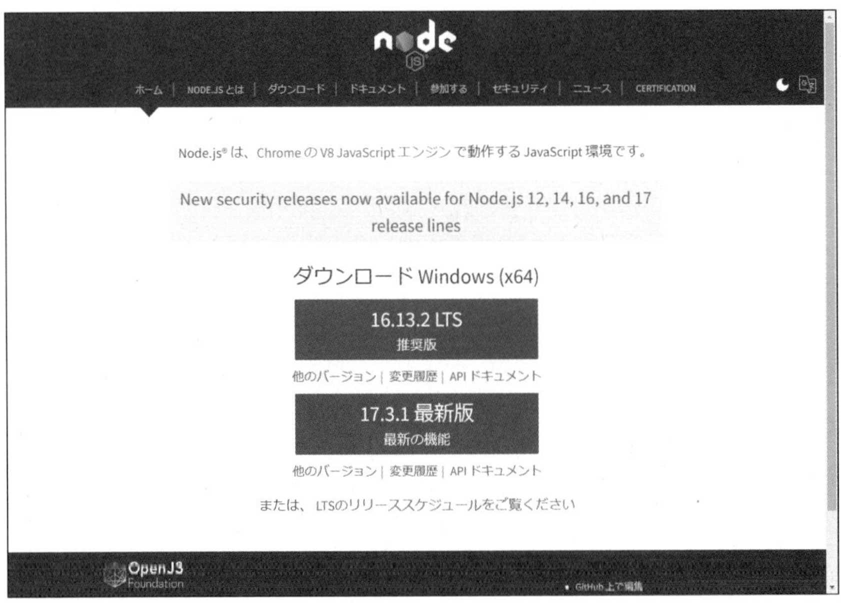

図 1-1 Node.jsのWebリイト。ここからダウンロードする。

トップページには、2つのバージョンのダウンロードボタンが表示されています。1つは、LTS (Long Team Support、長期サポート)版またはその候補バージョンです。バージョン名に「LTS」とついているもの、または「推奨版」と掲載されているものをダウンロードして下さい。

インストーラを実行する

ダウンロードされるのは、Node.jsのインストールプログラムのファイルです。このファイルをダブルクリックして起動し、インストールを行って下さい。

インストーラは、特に難しい設定項目などはありません。インストールする場所と内容を順に尋ねてくるだけです。基本的に、すべてデフォルトのまま設定していけば問題なくインストールできます。

Chapter 1
Chapter 2
Chapter 3
Chapter 4
Chapter 5
Chapter 6

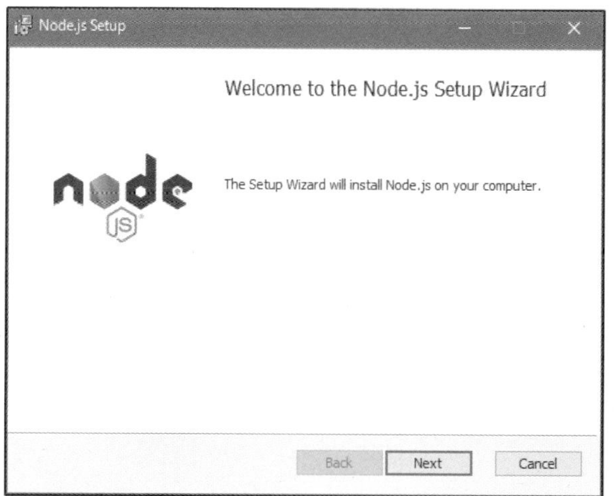

図1-2 インストーラを起動してインストールする。

バージョンを確認

インストールが完了したら、コマンドプロンプトあるいはターミナルを起動し、「node -v」と実行して下さい。これでNode.jsのバージョンが出力されます。

本書では、Node.jsのバージョンは「16」ベースで説明を行います。これはLTS版ですから、当面利用し続けることができます。

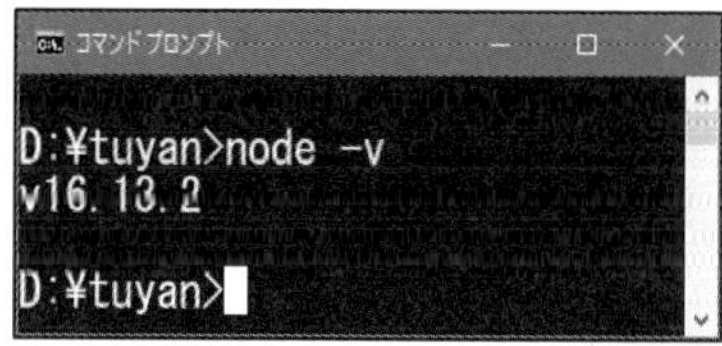

図1-3 「node -v」を実行するとバージョンが表示される。

Webアプリケーションの開発手順

では、Node.jsを使ってWebアプリケーションを開発するにはどのようにすればいいのでしょうか。

Node.jsには、プロジェクトを作成するためのコマンドのようなものは特に用意されていません。いくつか方法はありますが、もっとも単純でわかりやすいやり方は「手作業でファイルを用意する」というものでしょう。

では、ごく単純なWebサーバープログラムを書いてみましょう。

1. まず、デスクトップにフォルダーを作成して下さい。名前は「node_app」としておきましょう。
2. フォルダーの中に「app.js」という名前でテキストファイルを用意します。

これで、最小構成のWebアプリのプログラムが用意できました。Node.jsは、JavaScriptのコードを読み込んで実行するエンジンプログラムです。従って、JavaScriptのファイルを1つ用意し、それをNode.jsで実行すれば、それだけでプログラムは作れます。プログラムを作るための複雑な作業は必要ありません。

今回は「node_app」フォルダー内にapp.jsファイルを用意しましたが、これは、「Webアプリではたくさんのファイルを利用するため」です。さまざまなファイルを利用するので、それらを1つのフォルダーにまとめておいたほうが整理しやすいので、このようにしてあります。別に「フォルダーの中にJavaScriptファイルを配置しないとWebアプリが作れない」というわけではありません。単に「整理のしやすさ」の問題です。

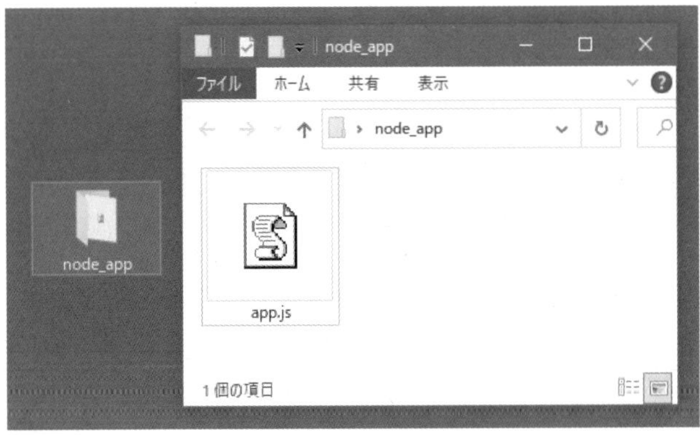

図1-4 「node_app」フォルダー内に「app.js」ファイルを作成する。

サーバープログラムを記述する

では、サーバープログラムを記述しましょう。「app.js」ファイルを開き、以下のリストを記述し保存して下さい。

リスト1-1

```
const http = require('http')

var server = http.createServer(
  (req, res) => {
    res.end('This is sample content.')
  }
```

```
)
server.listen(3000)
```

Node.jsで実行する

内容については後述するとして、作成したら、このプログラムを実行してみましょう。コマンドプロンプトまたはターミナルを起動し、カレントディレクトリを「node_app」フォルダー内に移動します。

```
cd Desktop
cd node_app
```

これで「node_app」フォルダーにカレントディレクトリが移動します。そのまま以下のようにコマンドを実行して下さい。

```
node app.js
```

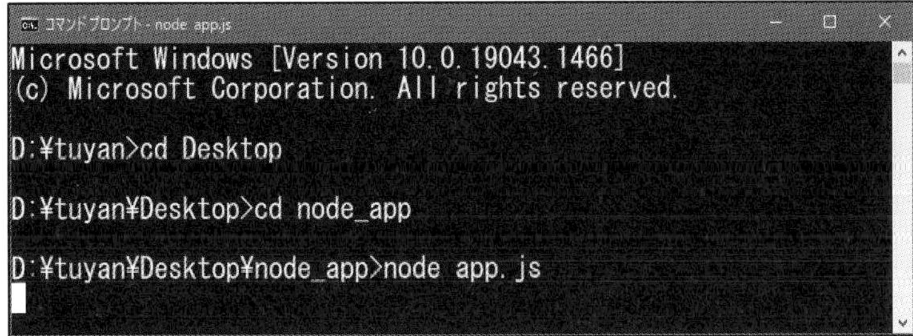

図1-5　nodeコマンドでapp.jsを実行する。

これで、作成したnode.jsのプログラムをNode.jsで実行します。Webブラウザから、以下のURLにアクセスしてみて下さい。「This is sample content.」とテキストが表示されます。これが、作成したプログラムによる表示です。

```
http://localhost:3000/
```

図1-6　Webブラウザからアクセスするとテキストが表示される。

　このように、Node.jsによるサーバープログラムの作成は、意外なほどに簡単に行えます。JavaScriptファイルを1つ用意してコードを記述し、nodeコマンドで実行すればいいのです。

npmによるプロジェクト管理

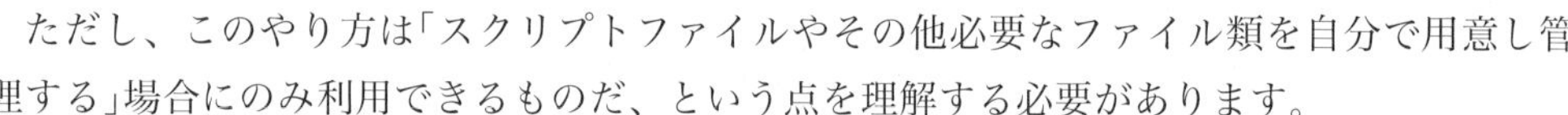

　ただし、このやり方は「スクリプトファイルやその他必要なファイル類を自分で用意し管理する」場合にのみ利用できるものだ、という点を理解する必要があります。

　既に述べたように、Webアプリケーションの開発では、フレームワークの利用が進んでいます。フレームワークは、多数のファイルで構成されており、またその内部から別のライブラリなどが呼び出されているなど非常に複雑な構造をしています。これを開発者が自分ですべて管理しなければならないとしたら、相当に面倒な作業が必要になるでしょう。

　こうした場合、Node.jsでは「npm」というプログラムを利用するのが一般的です。npmは「パッケージ管理プログラム」と呼ばれるものです。パッケージとは、さまざまなライブラリやフレームワークなどのプログラムをまとめて扱えるようにしたものと考えて下さい。

　npmは、JavaScriptのさまざまなプログラムをパッケージとして用意し、それらを必要に応じてインストールし利用できるようにしてくれます。フレームワークを利用するのであれば、まず「npm」によるアプリケーション開発の基本について理解する必要があるでしょう。

フォルダーを初期化する

　npmでプログラムを管理するためには、プログラムを作成しているフォルダーをnpmで初期化する必要があります。ここでの例ならば、「node_app」フォルダーをnpmで初期化するのです。

　では、やってみましょう。まず、nodeコマンドで実行中のプログラムを停止しましょう。Ctrlキー＋Cキーを押すとプログラムが中断されます(「バッチ ジョブを終了しますか (Y/N)?」と表示されるのでyを押してEnterして下さい)。

　終了したら、そのまま以下のコマンドを実行して下さい。

```
npm init -y
```

```
コマンドプロンプト
D:¥tuyan¥Desktop¥node_app>node app.js
^C
D:¥tuyan¥Desktop¥node_app>npm init -y
Wrote to D:¥tuyan¥Desktop¥node_app¥package.json:

{
  "name": "node_app",
  "version": "1.0.0",
  "description": "",
  "main": "app.js",
  "scripts": {
    "test": "echo ¥"Error: no test specified¥" && exit 1"
  },
  "keywords": [],
  "author": "SYODA-Tuyano",
  "license": "ISC"
}


D:¥tuyan¥Desktop¥node_app>
```

図1-7　npm initでフォルダーを初期化する。

ここでは「npm」コマンドを実行しています。npm initというのは、npmでこのフォルダーを初期化するための命令です。オプションにある-yは、すべての設定をデフォルトのまま設定することを示します(これをつけないと、1つ1つの設定をインタラクティブに入力しながら初期化を行います)。

これで、フォルダー内に「package.json」というファイルが作成されます。これは、そのフォルダーのパッケージ情報を記したファイルで、このファイルがあることで、「node_app」フォルダーはnpmのパッケージとして扱えるようになります。

このファイルを編集することで、他のパッケージを組み込んだりライブラリをアップデートしたりすることも簡単に行えるようになります。

package.jsonについて

では、このpackage.jsonというファイルがどのようなものか見てみましょう。これは、ファイル拡張子から想像がつくようにJSONのデータを記述したファイルです。デフォルトでは以下のようなものが記述されています。中には、皆さんが作成したファイルとは内容が異なるところもあるでしょう(authorなど)が、基本的には同じような内容が書かれています。

リスト1-2

```
{
  "name": "node_app",
  "version": "1.0.0",
```

```
  "description": "",
  "main": "app.js",
  "scripts": {
    "test": "echo \"Error: no test specified\" && exit 1"
  },
  "keywords": [],
  "author": "SYODA-Tuyano",
  "license": "ISC"
}
```

見ればわかるように、JSONのデータとして各種の設定項目が記述されています。ここで記述されている内容を簡単に整理しておきましょう。

name	パッケージ名
version	パッケージのバージョン
description	説明文
main	メインプログラムのファイル
scripts	スクリプトの指定(後述)
keywords	パッケージに関するキーワード(配列で指定)
author	作者
license	ライセンスの指定

これらは、すべてnpm initコマンドを実行した際に作成されたものです。各項目の値は、-yオプションにより自動設定されたものです。

scriptsについて

これらの中で、説明が必要なのは「scripts」でしょう。これは、npmコマンドで実行できるスクリプトを指定するものです。これはオブジェクトの形になっており、コマンド名と実行するスクリプトがセットで記述されています。

デフォルトでは、「test」という項目が用意されています。これには「echo \"Error: no test specified\" && exit 1」というスクリプトが割り当てられています。

このscriptsに用意されたコマンドは、「npm run ○○」というようにして呼び出すことができます。実際にコマンドプロンプトから「npm run test」コマンドを実行してみましょう。以下のように出力されます。

```
> node_app@1.0.0 test
> echo "Error: no test specified" && exit 1


"Error: no test specified"
```

```
D:¥tuyan¥Desktop¥node_app>npm run test

> node_app@1.0.0 test
> echo "Error: no test specified" && exit 1

"Error: no test specified"

D:¥tuyan¥Desktop¥node_app>
```

図1-8　npm run testコマンドを実行する。

最初に出力される>がついた文は、実行されるコマンドの内容を表示するものです。その下にある"Error: no test specified"という文がコマンドにより出力された内容です。

実行コマンドを用意する

このscriptsによるコマンドは、非常に便利です。npmによる開発を支援してくれるコマンドを自分で作成し追加できるのですから。

実際に簡単なコマンドを書いてみましょう。scriptsの部分を以下のように書き換えてみて下さい。

リスト1-3

```
"scripts": {
  "start": "node ./app.js"
},
```

これは、「start」というコマンドです。これにより、node ./app.jsが実行され、app.jsのプログラムが実行されます。いちいちnode ./app.jsとタイプするより簡単ですね。

記述したらファイルを保存し、コマンドプロンプトから「npm start」と実行してみましょう。本来なら「npm run start」とすべきものですが、よく使われるコマンドについてはrunを省略し、npm startで実行することができます。これでプログラムの実行がより簡単に行えるようになりました！

```
D:¥tuyan¥Desktop¥node_app>npm start

> node_app@1.0.0 start
> node ./app.js
```

図1-9　npm startコマンドでプログラムを実行する。

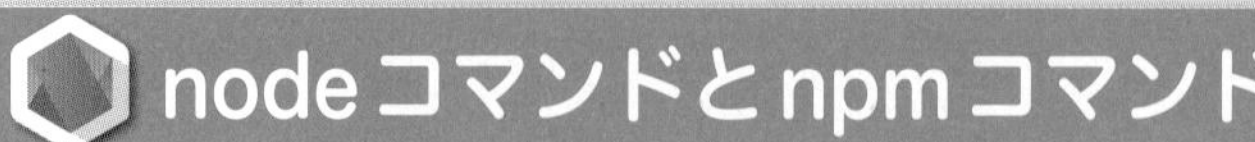

nodeコマンドとnpmコマンド

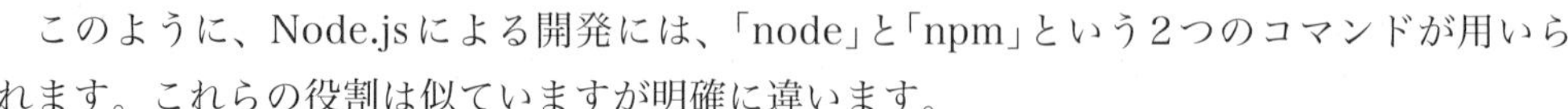

このように、Node.jsによる開発には、「node」と「npm」という2つのコマンドが用いられます。これらの役割は似ていますが明確に違います。

node	Node.jsのJavaScriptエンジンプログラム本体となるものです。このnodeコマンドにより、スクリプトを実行します。
npm	パッケージの管理に関するものです。その中にscriptsでスクリプトを組み込むことなどもできます。

npmは、sciptsのおかげで、単にパッケージの管理をするだけでなく、さまざまな利用ができるようになっています。先ほどのstartコマンドもそうですね。これを見て「npmはnodeコマンドの代わりになるんだ」などと勘違いをしないようにして下さい。startは、nodeコマンドを実行するためのスクリプトです。実行はnodeであり、管理を担当するのがnpmです。

Node.jsの開発環境

本格的なコードの説明に進む前に、Node.jsの開発環境についても触れておきましょう。

本書は、Node.jsのフレームワークについての入門書ですから、これを手にとった人の多くは既にNode.jsを使ったことがあることでしょう。しかし中には「これからNode.jsを勉強しようと思ってる」という人もいるでしょう。そうした人は、まだ実際に開発を行うために必要なソフトウェアなども用意していないのではありませんか。

既に何らかのソフトウェアを用意してNode.jsの開発を行っているのであれば、それぞれで利用しているツールをそのまま使って構いません。しかし、もし「まだそんなものは持っていない」あるいは「メモ帳でいいかな、と思ってた」というのであれば、専用の開発ツールを用意することを勧めます。理由はいくつかあります。

プロジェクトのファイル構成の複雑さ

Node.jsによる開発では、1つのアプリケーションを作成するのに多数のフォルダーやファイルを作成します。ソースコード自体はただのテキストファイルですから簡単なテキストエディタで十分コードを書けるのですが、多数のファイルを管理しながら編集していくのはかなり大変でしょう。

多くの開発環境は、アプリケーションに用意される多数のファイルを階層的にまとめて管理し、同時に多数のファイルを開いて編集できるようになっています。このため、編集効率はただのエディタに比べて飛躍的に高まります。

入力支援機能の充実

一般的なテキストエディタは、テキストを入力するだけのものですが、開発環境のエディタはそれに入力を支援する機能が搭載されています。

コードの内容を変数やキーワードなど役割ごとに色分け表示したり、構文に応じて自動的にインデント表示したり、その場で利用可能な命令などをポップアップ表示して入力できるようにするなど、最小限の労力でコードを正確に記述できるようにする工夫がされています。

中でも入力支援機能は、常に正確な綴りで単語を記入できるようになるため、書き間違いなどによるエラーが激減します。一度これに慣れてしまうと、支援機能のないエディタではコードを書きたくなくなるでしょう。

node/npmコマンドとの連携

Node.jsによる開発では、nodeコマンドやnpmコマンドを多用します。テキストエディタを使う場合、エディタとは別にコマンドを実行するコマンドプロンプトやターミナルを起動して作業しなければいけません。

多くの開発環境では、そのソフト内からコマンドを実行したり、あるいはメニューやアイコンなどでコマンド操作を行えるような仕組みが整っています。すべて1つのソフト内で完結しているというのは非常に快適です。

Visual Studio Codeについて

専用の開発環境を利用したほうがいいことはよくわかった。けれどタダで使えるようなもので、そんな高機能なものなんてあるんだろうか？ そう思っている人も多いでしょう。

そうした人には、マイクロソフトが開発する「Visual Studio Code」を紹介しておきましょう。これはマイクロソフトが開発する統合開発環境「Visual Studio」で培った編集機能をベースに、ソースコードの編集作業に特化した形にまとめたツールです。HTMLやJavaScript

など多くのプログラミング言語に対応しており、特にWebの開発には威力を発揮します。

このVisual Studio Codeはオープンソースになっており、誰でも無償で利用することができます。以下のURLにアクセスして下さい。

```
https::/azure.microsoft.com/ja-jp/products/visual-studio-code/
```

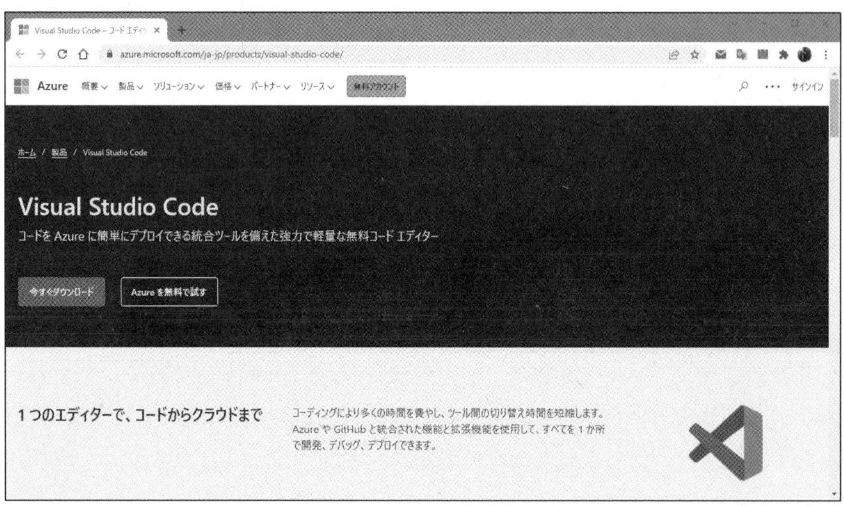

図1-10　Visual Studio Codeのサイト。ここからダウンロードできる。

ここから、「今すぐダウンロード」ボタンをクリックすると、ダウンロードページに移動します。ここから、それぞれが利用しているプラットフォーム用のソフトウェアをダウンロードして下さい。

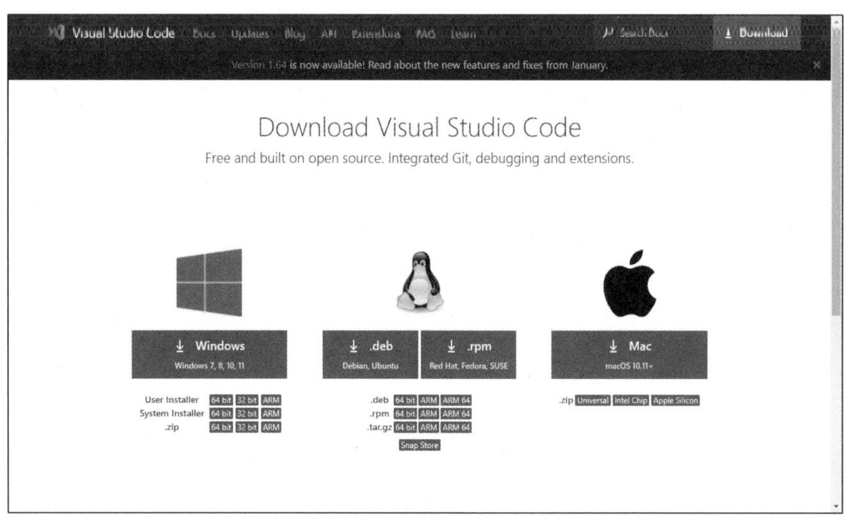

図1-11　利用しているプラットフォーム用のソフトをダウンロードする。

ダウンロードされるのは、Windowsの場合、専用のインストールプログラムになります。ダウンロードされたものを起動し、インストールを行って下さい。macOSの場合、Zipファイルがダウンロードされるので、これを展開すればそのままアプリケーションが保存されます。

日本語表示について

Visual Studio Codeは、初期状態では英語表記になっています。日本語で使いたい場合は、日本語表記にするための拡張機能プログラムをインストールする必要があります。

Visual Studio Codeを起動し、左端に縦に並んでいるアイコンの上から「Extensions」というものをクリックして下さい。画面に拡張機能の一覧リストが現れるので、その上部にある検索フィールドから「japanese」と入力し、「Japanese Language Pack for Visual Studio Code」という拡張機能を検索して下さい。これが日本語表記にするためのソフトウェアです。

この拡張機能を選択し、右側に表示される詳細情報から「Install」ボタンをクリックすれば、インストールが行われます。

図1-12 Japanese Language Pack for Visual Studio Codeを検索しインストールする。

インストールが完了すると、ウィンドウの右下にリスタートを促すアラートが現れるので「Restart」ボタンをクリックします。Visual Studio Codeがリスタートし、次に起動したときには表示が日本語に変わります。

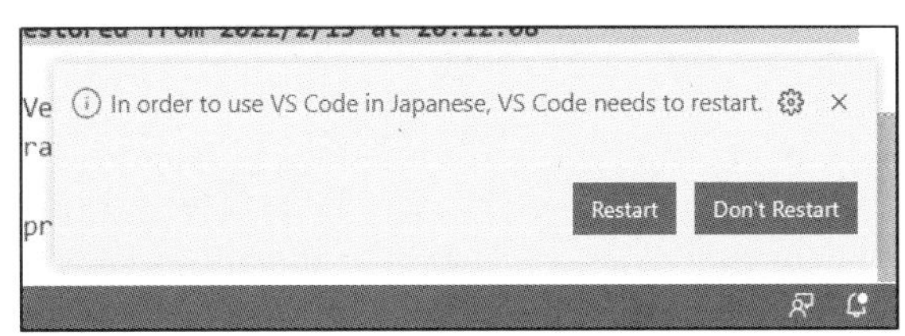

図1-13 アラートから「Restart」ボタンをクリックする。

エクスプローラーで編集する

Visual Studio Codeの使い方は非常にシンプルです。編集するファイルが入っているフォルダーを開くだけです。

「ファイル」メニューから「フォルダーを開く」メニューを選び、Node.jsで作成したアプリケーションのフォルダーを選択すれば、そのフォルダーが開かれます。あるいは、全く何も開かれていない状態ならば、使いたいフォルダーのアイコンをVisual Studio Codeのウィンドウ内までドラッグ&ドロップするだけでも開くことができます。

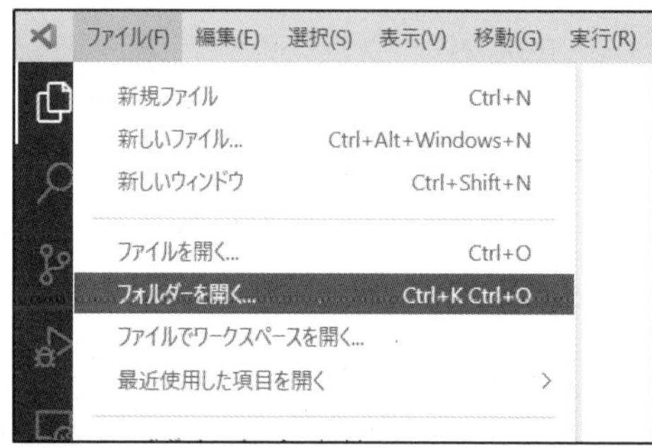

図1-14 「ファイル」メニューから「フォルダーを開く」を選び、編集したいフォルダーを選択する。

エクスプローラーでファイルを開く

フォルダーを開くと、ウィンドウの左側に「エクスプローラー」と表示が現れます。これは、Visual Studio Codeで開いたフォルダー内のファイルやフォルダーを階層的に表示し管理するためのものです。ここで新しいファイルを作成したり、不要なファイルを削除したり、別の場所に移動したりできます。

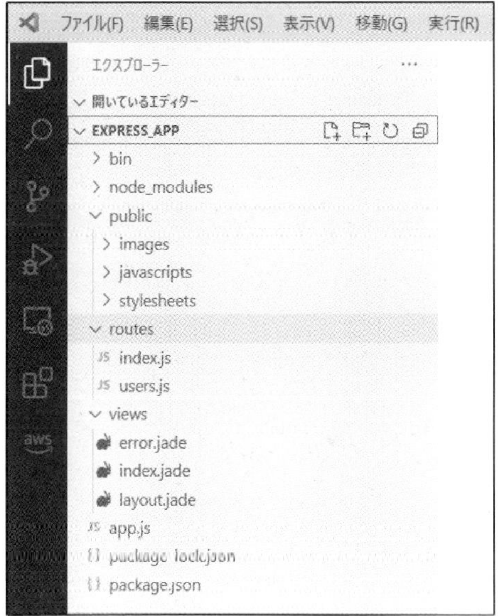

図1-15 エクスプローラーではファイル類が階層的に整理され表示される。

専用エディタで編集

エクスプローラーからファイルをクリックすると、ファイルが開かれ編集できるようになります。Visual Srtudio Codeに搭載されているテキストエディタは多数の言語に対応しており、開いたファイルの種類に応じて自動的に言語を特定し、その言語を入力するための支援機能が働きます。Node.jsで利用するHTMLやJavaScriptなどは標準で対応しているので、何もしなくとも入力支援機能をフルに生かした編集作業が行えます。

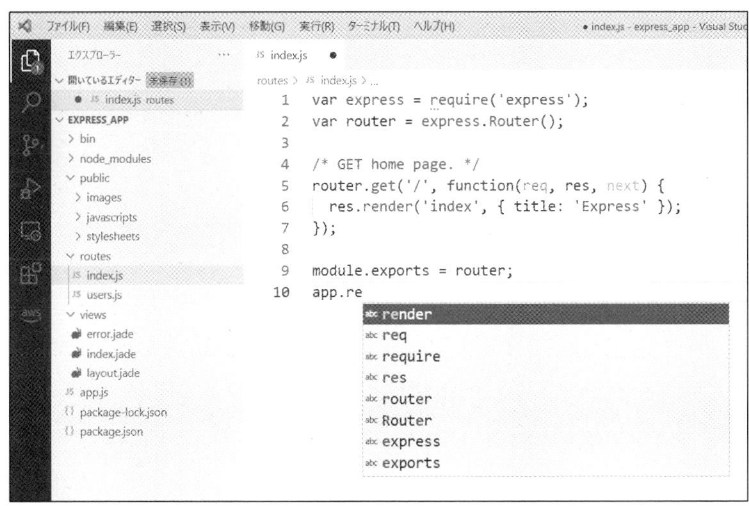

図1-16 Visual Studio Codeのエディタ機能。

ターミナルからコマンドを入力

Node.jsのコマンドなどは、ターミナルから実行できます。「ターミナル」メニューから「新しいターミナル」メニューを選ぶと、エディタの下部にターミナルのビューが開かれます。ここから直接コマンドを入力し実行できます。

このターミナルは、デフォルトで現在開かれているフォルダーがカレントディレクトリに設定されるため、いちいち「アプリケーションのフォルダーにcdコマンドで移動して……」などとやる必要がありません。また同時に複数のターミナルを開いて使うこともできます。

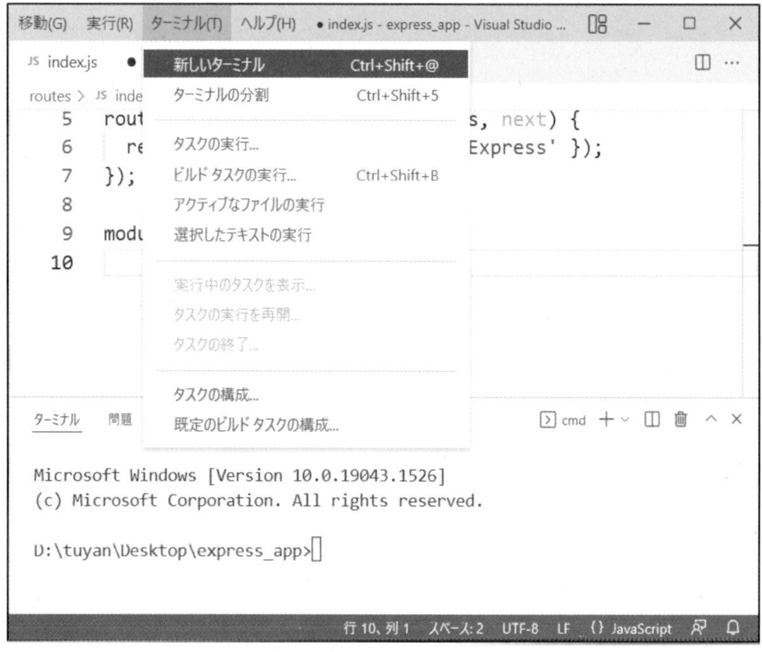

図1-17 「新しいターミナル」メニューでターミナルが開かれ、コマンドを実行できる。

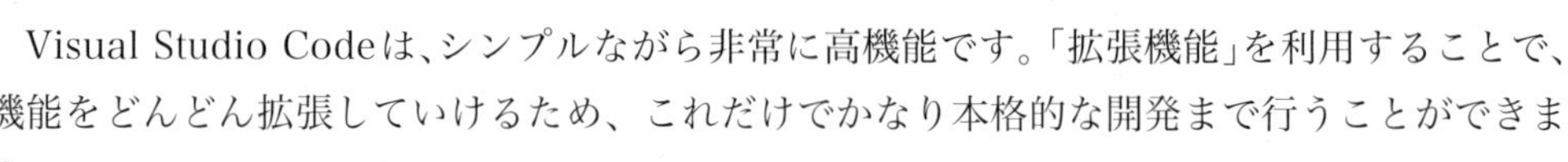

使いながら覚えよう

Visual Studio Codeは、シンプルながら非常に高機能です。「拡張機能」を利用することで、機能をどんどん拡張していけるため、これだけでかなり本格的な開発まで行うことができます。

高機能ではありますが、「フォルダーを開き、ファイルを開いて編集する」という基本操作さえ知っていればすぐにでも開発に使うことができます。それ以外の機能は、使っている内に少しずつ覚えていけばいいでしょう。

Section 1-2 Webアプリの基本コード

app.jsの内容を理解する

Node.jsによるプログラム作成の方法がだいたいわかったところで、Node.jsによるサーバープログラムの仕組みについて説明をしていくことにしましょう。

まず、先に作成したapp.jsのプログラム(リスト1-1)がどのようなものだったか、コードを参照しながら説明をしていきましょう。これが、サーバープログラムのもっとも基本的な形になります。

1. httpモジュールのロード

```
const http = require('http')
```

最初に行っているのは、「http」というモジュールをロードするものです。Node.jsには、さまざまな機能がモジュールと呼ばれる形でまとめられ用意されています。モジュールは、用途ごとに必要な機能をひとまとめにしてどこからでも利用できるようにしたプログラムです。このモジュールを読み込むことで、モジュール内にあるさまざまな機能が使えるようになります。

このモジュールの読み込みは以下のように行います。

```
定数 = require( モジュール名 )
```

ここでは、「http」というモジュールを読み込んでいます。これは、HTTPプロトコル(Webでデータをやり取りするための規格)を使ってやり取りを行うための機能を提供するものです。サーバープログラムを作成する場合、このモジュールを読み込んで使用します。

2. サーバーを作成する

```
var server = http.createServer(……)
```

次に行っているのは、httpの「createServer」メソッドを呼び出す処理です。このメソッドは、http.Serverというオブジェクトを作成して返します。このオブジェクトが、サーバープログラムのオブジェクトです。http.Serverという名前がちょっと奇妙に感じるかもしれませんが、これはrequireで読み込んだhttpオブジェクトの中にあるServerオブジェクトのことです。

このcreateServerメソッドでは、引数に関数を指定します。この関数が、クライアントからアクセスがあった際に呼び出されます。

3. クライアントからのアクセス処理を用意する

```
(req, res) => {
  res.end('This is sample content.')
}
```

createServerメソッドの引数に用意した関数がこれです。この関数には、必ず2つの引数を用意します。これらには、それぞれhttp.ClientRequestとhttp.ServerResponseというオブジェクトが渡されます。これらは、それぞれアクセスしたクライアントに関する情報と、結果を出力するためにサーバーに用意される情報を管理するものです。要するに「クライアントとサーバーに関する情報は、この2つの引数から得られる」と考えて下さい。

この関数の中では、ServerResponseオブジェクトの「end」というメソッドを実行していますね。これは、結果を出力するためのものです。このendで出力されたテキストが、サーバーからクライアントへと渡されると考えていいでしょう。

この関数では、ServerResponseオブジェクトのメソッドを使って出力する内容を書き出していきます。それが、アクセスしたクライアント側に結果として表示されるのです。

4. サーバーを待ち受け状態にする

```
server.listen(3000)
```

createServerメソッドができたら、最後に作成したServerオブジェクトの「listen」というメソッドを呼び出します。これは、サーバーを「待ち受け状態」にするためのものです。これを実行することで、以後、クライアントからサーバーにアクセスがあると、あらかじめ用意されたメソッド(createServerの引数に用意したもの)が実行され処理されるようになります。

サーバープログラムの基本を整理

以上、サーバープログラムの基本的な内容を説明しました。整理すると、Node.jsのサーバープログラムは以下の手順で作成します。

1. requireでhttpモジュールを読み込む。
2. httpのcreateServeメソッドでServerオブジェクトを作成する。
3. Serverオブジェクトのlistenで待ち受けを開始する。

たったこれだけでサーバープログラムが完成してしまうのです。もちろん、まだまだ足りないことだらけですが、「Webブラウザでアクセスすると結果を表示する」というサーバープログラムのもっとも基本となる部分は、これだけで作れます。

HTMLファイルを表示する

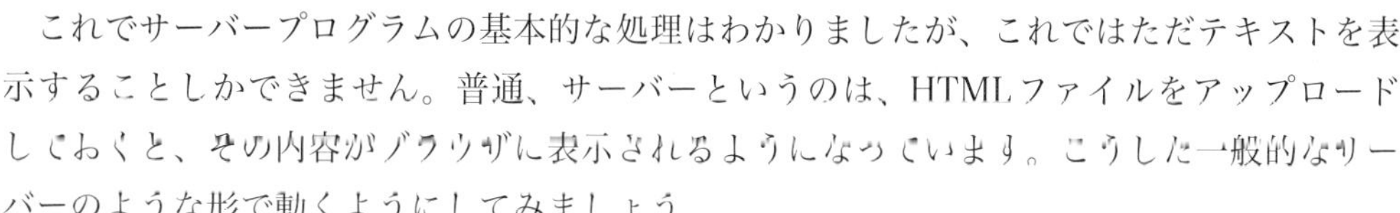

これでサーバープログラムの基本的な処理はわかりましたが、これではただテキストを表示することしかできません。普通、サーバーというのは、HTMLファイルをアップロードしておくと、その内容がブラウザに表示されるようになっています。こうした一般的なサーバーのような形で動くようにしてみましょう。

まず、HTMLファイルを用意します。「node app」フォルダーの中に「index.html」という名前でテキストファイルを用意して下さい。そして以下のように内容を記述しましょう。

リスト1-4

```
<!DOCTYPE html>
<html lang="ja">
<head>
  <meta http-equiv="content-type"
    content="text/html; charset=UTF-8">
  <title>Index</title>
  <link href="https://cdn.jsdelivr.net/npm/bootstrap@5.0.2/dist/css/ ↵
    bootstrap.min.css" rel="stylesheet">
</head>
<body class="container">
  <h1 class="display-1">Index</h1>
```

```
  <p>これはサンプルのページです。</p>
</body>
</html>
```

ここでは、BootstrapというCSSフレームワークを使ってスタイルを設定しています。表示内容は、<h1>と<p>で簡単なメッセージを表示するだけの単純なものです。

これは、画面にHTMLファイルの内容を表示するサンプルなので、内容はどんなものでも構いません。ファイル名さえ「index.html」にしてあれば表示されるので、いろいろと表示内容をカスタマイズしてみてもいいでしょう。

app.jsを修正する

では、このindex.htmlを読み込んで表示するようにサーバープログラムを修正しましょう。「app.js」ファイルの内容を以下のように書き換えて下さい。

リスト1-5

```
const http = require('http');
const fs = require('fs');
const url = require('url')

const html = fs.readFileSync('./index.html', 'UTF-8')

var server = http.createServer(
  (req, res) => {
    const address = url.parse(req.url)
    res.writeHead(200, {'Content-Type': 'text/html'})
    switch(address.pathname) {
      case '/':
      res.write(html)
      break
      default:
      res.write('<html><body><h1>NO PAGE.</h1></body></html>')
    }
    res.end()
  }
);

server.listen(3000);
console.log('Start server http://localhost:3000/');
```

修正できたら、実際に動かしてみましょう。まだサーバープログラムが動いている場合はCtrl + Cキーで中断し、改めて「npm start」を実行して下さい。

先ほどと同様のアドレス(http://localhost:3000/)にアクセスすると、index.htmlに記述されたタイトルとメッセージが表示されます。

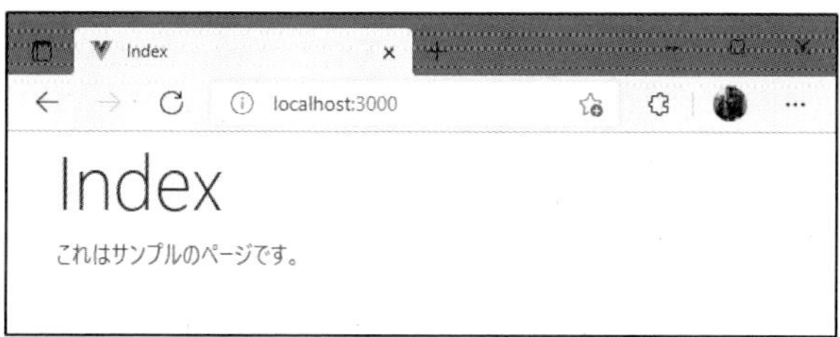

図1-18 アクセスすると、index.htmlの内容が表示される。

表示を確認したら、URLを少し書き換えてみて下さい。例えば、http://localhost:3000/abcにアクセスしてみましょう。すると、画面には「NO PAGE.」と表示されます。アドレスをチェックし、特定のアドレスにアクセスすると指定された内容が表示される、Webサーバーの基本的な働きが実現できているのがわかるでしょう。

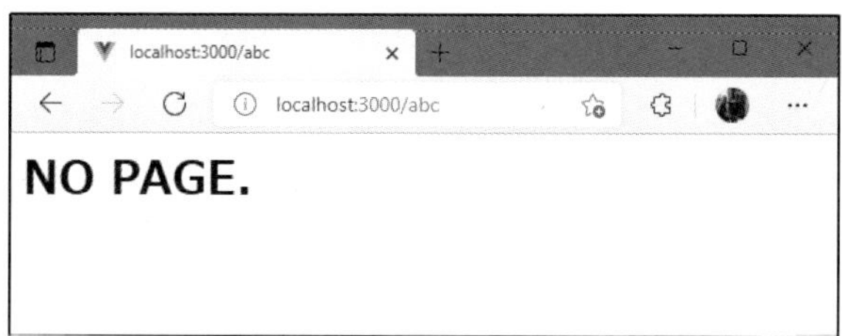

図1-19 http://localhost:3000/abcにアクセスすると「NO PAGE.」と表示される。

コードの内容をチェックする

では、記述されたソースコードの内容について説明していきましょう。追記された部分を中心に流れを整理していきます。

1. 追加されたモジュール

```
const fs = require('fs');
const url = require('url')
```

今回は、httpモジュールの他に、2つのモジュールを使っています。「fs」は、ファイルシステムのモジュールです。ファイルにアクセスして内容を読み込んだりファイルに値を書き出したりといったファイル関係の機能を提供するものです。

もう1つの「url」は、URLに関する機能を提供するモジュールです。URLのテキストから特定の値を取り出したりするのに使います。

2. index.htmlファイルの読み込み

```
const html = fs.readFileSync('./index.html', 'UTF-8')
```

サーバーをスタートする前に、使用するHTMLファイルの内容を読み込んでおきます。これはfsオブジェクトの「readFileSync」というメソッドを使っています。これは指定したファイルの内容を読み込んで変数や定数に設定するもので、第1引数に読み込むファイルのパスを、第2引数にファイルのエンコード名をそれぞれ指定します。

ここでは、index.htmlファイルをUTF-8のエンコードで読み込み、定数htmlに代入をしています。

3. サーバーの作成

```
var server = http.createServer(
  (req, res) => {……})
```

これは、既に説明しました。createServerメソッドを使ってServerオブジェクトを作成しています。引数に関数を用意し、その中にアクセスした際の処理を用意すればいいんでしたね。

4. URLをパースする

```
const address = url.parse(req.url)
```

関数内で最初に行っているのは、アクセスしたURLをパース(分解)する作業です。urlオブジェクトの「parse」メソッドは、引数にURLのテキストを渡すと、それをURLの部分ごとに分解したオブジェクトを作成します。

ここでは、ClientRequestオブジェクトの「url」プロパティを引数に指定しています。これが、アクセスしたURLのテキストになります。

5. ヘッダー情報を出力

```
res.writeHead(200, {'Content-Type': 'text/html'})
```

URLを元に出力を行う前に、ヘッダー情報の出力を行っておきます。ServerResponseオブジェクトの「writeHead」はヘッダー情報を出力するためのものです。第1引数にはステータス番号(200は正常アクセスを示す番号)、第2引数に出力するヘッダー情報をオブジェクトにまとめたものを用意します。ここでは、{'Content-Type': 'text/html'}という値を指定し、コンテンツタイプにHTMLを指定しています。こうすることで、送信されるコンテンツがHTMLであることを知らせます。

6. パスごとの分岐

```
switch(address.pathname) {
  case '/':
  res.write(html)
  break
```

その後にあるswitchでは、URLを分解したaddressからpathnameの値をチェックし、その値に応じた分岐を行っています。pathnameは、URLのパス(ドメインの後の部分。/より後ろのテキスト)が保管されたプロパティです。

この値が"/"だった場合には、writeメソッドでhtmlの内容を出力しています。writeは、クライアントに出力を行うためのもので、endと異なり必要に応じて何度でも呼び出し書き出すことができます。

7. デフォルトでエラーメッセージを出力

```
default:
res.write('<html><body><h1>NO PAGE.</h1></body></html>')
```

switchのdefault:では、NO PAGE.というエラーメッセージを表示するHTMLテキストをwriteで出力しています。これで、caseに用意したパス意外にアクセスしたらすべて「NO PAGE.」と表示されるようになります。

8. endで出力を終了

```
res.end()
```

最後に、endメソッドを実行し、出力を終了します。これで出力した内容がクライアント(アクセスしたWebブラウザ)にすべて送信され、その内容が表示されるようになります。

 Node.jsは便利ではない？ 

これで、一応「特定のアドレスにアクセスすると指定されたHTMLの内容が表示される」という超簡単なサーバープログラムができました。実際に簡単なコードを書いて動かしてみてどう感じたでしょうか。

「思ったほど、便利そうでない」

そう思った人は多いことでしょう。「Node.jsはサーバー開発に向いている」と思っていたのに、URLを分解してswitchで1つ1つ手作業で分岐したり、HTMLファイルを1つ1つ自分で読み込んでテキストを定数に保管したり、とにかく細々とした作業をすべて自分でコードを書いて実行しなければいけません。

まぁ、「面倒でもコードを書けばちゃんと動く」ということから、「これでも十分使える」と判断する人もいるでしょう。面倒な部分は、例えば自分で関数などを定義してライブラリ化していけば、ある程度便利に使えるようになるでしょう。そうやって自分なりに環境整備していけば、これでも十分かもしれません。

しかし、サイトの規模が大きくなってくると、この「全部自分で細かく書いて動かす」というのはかなりの負担となってきます。例えば、HTMLファイルを読み込んでアドレスをチェックして出力する作業も、ファイル数が少なければいいですが、これが数百数千といった数になったらとてもすべてswitchで分岐していられません。「フォルダーにファイルを入れておけば自動的にそれを読み込んで表示してくれる」というような機能が用意されていれば、こうした面倒はすべて解消できるでしょう。

フレームワークはWebアプリケーションを再構築する

「サーバー開発の面倒な部分、わかりにくい部分を、シンプルにわかりやすく作れるようにしてくれる」というのが、Webアプリケーションフレームワークのもっとも重要な機能といえます。Webアプリケーションの仕組みを抽象化し、わかりやすいモデルとして再構築する、それがフレームワークの働きです。

フレームワークの違いは概念モデルの違い

Node.jsには、多数のフレームワークが存在します。一体どれがいいのか、よくわからない、という人も多いでしょう。そもそも、たくさんあるフレームワークは一体何が違うのでしょうか。

それは、一言で言えば「概念モデルの違い」です。

Webアプリケーションフレームワークは、Webアプリケーションというプログラムを抽象化し再構築します。ということは、「どのような考え方に基づいて抽象化するか」によって実装の仕方もさまざまに変わってくるわけです。

例えば、Webアプリケーションの基本的な構造について注目してみましょう。もっともスタンダードなアーキテクチャーは「MVC」と呼ばれるものです。これはアプリケーション全体をModel（モデル＝データ管理）、View（ビュー＝表示管理）、Controller（コントローラー＝ロジック管理）といったものに分解し、それぞれの部品を組み合わせることで作成をしていきます。

多くのWebアプリケーションフレームワークは、このMVCの考え方を踏まえて設計されていますが、しかし具体的にどのような考え方でこれらの部品を設計するかはフレームワークごとに違ってきます。

すべてをクラスとして作成するものもありますし、必要に応じて関数を定義していくようなものもあります。基本となるアーキテクチャーは同じでも、それをどのような考え方に基づいて実装するかによってフレームワークの内容は大きく変わるのです。

使い方と考え方

これより先は、Node.jsに用意されている主なフレームワークについて章ごとに説明をしていきます。その際、「このフレームワークは、どのような考え方に基づいて作られているのか」を考えながら読みましょう。それにより、フレームワークの違いがより明確に見えてくるはずです。

もちろん、フレームワークを学ぶ際は、「フレームワークの使い方」がもっとも重要となるのは言うまでもありません。どう使えばいいのかわからなければ、利用のしようがありませんから。

けれど、その使い方は、「どういう考え方に基づいて、このような使い方をするように設計されているのか」を考えることで、より深く理解することができます。考え方がわかれば、使い方の習得もただ覚えるだけより確実に頭に入るようになります。

使い方と考え方。この2つがフレームワークでは大切です。そしてこの2つは別々のものではなく、密接につながっている、ということを忘れないで下さい。

では、次章からNode.jsのメジャーなフレームワークについて説明していくことにしましょう。

Chapter

2

Express + Prisma

Node.jsの標準ともいえるフレームワークが「Express」です。この基本的な使い方をここでしっかり覚えましょう。またデータベースフレームワークでもっとも注目されている「Prisma」をExpressから利用して、データベースアクセスも万全にしましょう。

Section 2-1 Expressの基本

 Node.jsからExpressへ！ 

Node.jsは、サーバーサイドの開発に広く用いられています。ただし、その多くはNode.js単体では使われていません。フレームワークを併用して開発されているのがほとんどです。

中でも、もっとも多くの開発に使われているのが「Express」でしょう。サーバー開発に用いられるフレームワークは他にも多数ありますが、ExpressほどNode.js利用者に高い支持を得ているものは他にありません。

なぜ、そこまでExpressが広く受け入れられているのか。その理由はいろいろと考えられますが、一番の要因は「高機能ではない」という点にあるでしょう。

Express = Node.js++

多くのフレームワークは、独自のシステムを使い高度な機能を実現しています。たしかに強力な機能を提供してくれますが、そのためにはそのフレームワークの考え方を理解し、独自のシステムを学ばなければいけません。

Expressは、「ほぼNode.js」なフレームワークなのです。Node.jsの基本的な開発スタイルをそのまま踏襲し、「ここがもうちょっと便利なら……」と思われる点を少しずつ使いやすいものに改良しています。Expressは、「素のNode.jsが使いやすくなったもの」といってもよいでしょう。

従って、Node.jsの基本的なコーディングがわかれば、すぐに使い始めることができます。新たに学ばなければいけない概念や機能などはそれほど多くありません。Node.jsにほんの少し機能を付け足して便利なサーバー開発を実現する、そういうものなのです。

express-generatorを使う

Expressを利用したWebアプリケーション開発にはさまざまな開発方法があります。フォルダーを作成し、手作業で必要なパッケージを追加していくのも1つの方法ですが、ここではもっとも手軽に作成できる「express-generator」を利用した方法について説明します。

express-generatorは、Expressの開発元が用意しているExpressアプリケーションの作成ツールです。簡単なコマンド実行で、Expressを使ったWebアプリケーションの雛形を自動生成してくれます。これで最小構成のアプリケーションを生成し、それを書き換えながら開発を進めていくのです。

アプリケーションを作成する

express-generatorを使ったアプリケーションの作成は非常に簡単です。以下のコマンドを実行するだけです。

```
npx express アプリケーション名
```

ただし、このままだとテンプレートエンジン(Webページの作成を行うプログラム)にJadeというかなり古いソフトウェアを利用するため、たいていはオプションを追記して使用テンプレートエンジンを設定します。テンプレート指定のオプションは以下のようなものがあります。

-e または --ejs	ejsテンプレートエンジンを使う
--pug	Pugテンプレートエンジンを使う
--hbs	handlebarsテンプレートエンジンを使う
--hogan	hogan.jsテンプレートエンジンを使う

おそらくもっとも広く使われているのは「ejs」というテンプレートエンジンでしょう。これを指定する人が非常に多いことから「-e」という短縮形で入力できるようになっています。他、Pugというテンプレートエンジンも広く使われています。

今回は、もっとも広く使われている「ejs」というテンプレートエンジンを使うようにします。ejsは、HTMLのコード内に特殊な記号を使って値などを埋め込むもので、HTMLがわかればすぐに使うことができます。Pugなどもよく使われているのですが、こちらはHTMLを使わず、すべて独自言語で記述するため、ビギナーには少し敷居が高いでしょう。初めてのテンプレートエンジンとしては、ejsがベストといえます。

Chapter 1
Chapter 2
Chapter 3
Chapter 4
Chapter 5
Chapter 6

express_appを作成する

では、実際にコマンドプロンプトまたはターミナルを起動してください。そして、「cd Desktop」を実行して、カレントディレクトリ(選択されているディレクトリ)をデスクトップに移動しましょう。

ここでは「express_app」という名前でアプリケーションを作成します。テンプレートエンジンはejsを使用します。以下のコマンドを実行してください。

```
npx express -e express_app
```


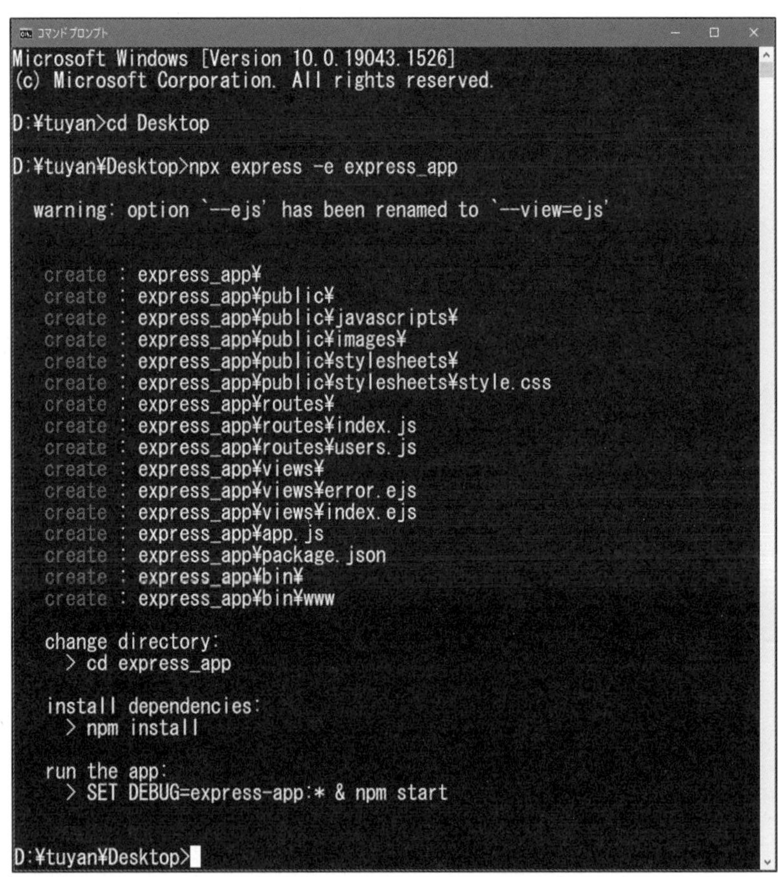

図2-1 npx expressコマンドでアプリケーションを生成する。

これで、デスクトップに「express_app」フォルダーを作成し、その中に必要なファイル類を作成します。

パッケージのインストール

ただし、これで完成したわけではありません。アプリケーションで使用するパッケージ(JavaScriptのライブラリ)をインストールする必要があります。以下のようにコマンドを実行してください。

```
cd express_app
npm install
```

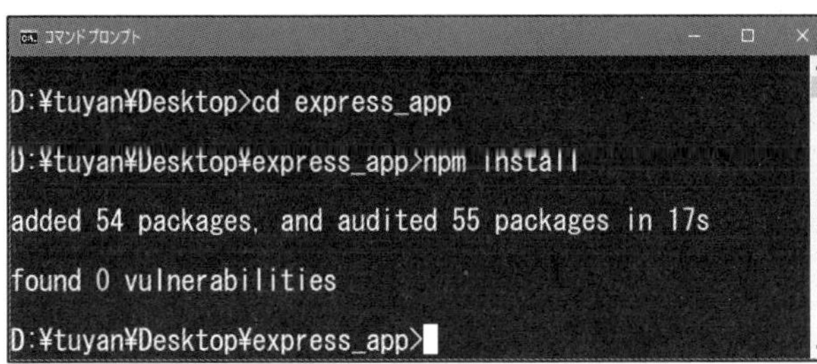

図2-2 「express_app」内に移動し、npm installコマンドを実行する。

これで「express_app」フォルダー内にカレントディレクトリを移動し、npm installコマンドで必要なパッケージがインストールされます。これで準備は完了です。

アプリケーションを実行しよう

では、作成されたアプリケーションを実行してみましょう。そのままコマンドプロンプト(ターミナル)から以下を実行してください。

```
npm start
```

これでアプリケーションが起動します。Webブラウザを起動し、以下のURLにアクセスしてみてください。

```
http://localhost:3000/
```

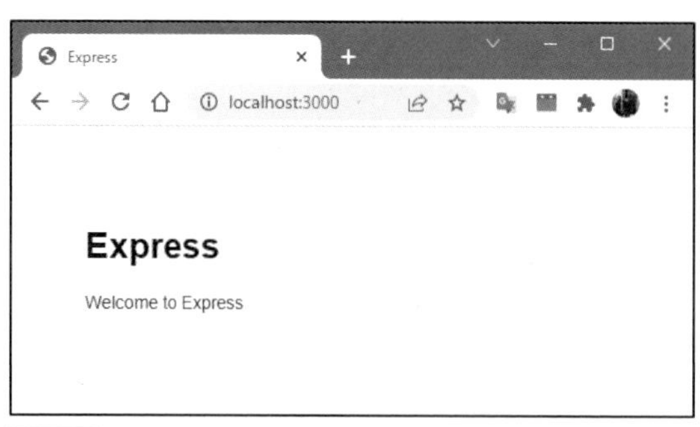

図2-3　作成されたアプリケーションにアクセスする。

アクセスすると「Express」とタイトル表示されたページが現れます。これが、作成したアプリケーションにデフォルトで用意されているサンプルページです。これで、Expressを使ったアプリケーションが用意できていることが確認できました。

実行したアプリケーションは、Ctrlキー＋「C」キーを押すと「ジョブを終了しますか」と表示が現れるので、そのままEnterキーを押せば停止します。

なお、この先もnpmコマンドなどを必要に応じて実行しますから、コマンドプロンプト（ターミナル）は、開いたままにしておきましょう。

 Epressアプリのファイル構成 

では、作成した「express_app」の中身がどのようになっているのか見てみましょう。Chapter-1で簡単なNode.jsアプリケーションを作ったときは、1つのJavaScriptファイルと1つのpackage.jsonだけのシンプルな形になっていました。が、Expressの場合、最初からアプリケーションとしての機能が実装されているため、既にいろいろとフォルダーやファイルが作成されています。

「express_app」フォルダー内にあるファイル／フォルダーを以下に整理してみましょう。

●Expressのファイル／フォルダー構成

「bin」フォルダー	起動プログラム（www）が用意されます。
「node_modules」フォルダー	アプリケーションで使うパッケージが保存されます。
「public」フォルダー	イメージファイルやCSSファイルなど公開されるファイルがまとめられます。
「routes」フォルダー	各ディレクトリごとに呼び出される処理のコードがまとめてあります。
「views」フォルダー	Webページの表示に使うテンプレートファイルです。

app.js	アプリケーションのプログラムです。
package-lock.json	npm installでインストールしたパッケージの管理ファイルです。
package.json	このパッケージに関する情報をまとめたものです。

これらの内、「bin」「node_modules」については自動生成されるため、私たちが編集することはほとんどないでしょう。

また、最後の「package～」という名前のファイルは、npmコマンドによって自動生成されたものです。package.jsonについては自分で編集することも多少はありますが、package-lock.jsonについてはほぼ自動で作られるので私たちが直接編集することはありません。

package.jsonについて

自動生成されるファイルの中でも「package.json」は特別な役割を持ちます。これは、このパッケージに関する情報を記述するものです。

npmというパッケージ管理ツールから見れば、作成されるプログラムはすべて「パッケージ」として管理されます。この「express_app」というアプリケーションも、そこで必要になるライブラリはすべてパッケージとして組み込まれています。どのようなパッケージが必要になるのか、またこのアプリケーションに設定されるパッケージ情報はどんなものがあるのか。そうした情報はすべてこのpackage.jsonに書かれています。

では、どのような内容になっているのか見てみましょう。

リスト2-1

```
{
  "name": "express-app",
  "version": "0.0.0",
  "private": true,
  "scripts": {
    "start": "node ./bin/www"
  },
  "dependencies": {
    "cookie-parser": "~1.4.4",
    "debug": "~2.6.9",
    "ejs": "~2.6.1",
    "express": "~4.16.1",
    "http-errors": "~1.6.3",
    "morgan": "~1.9.1"
```

```
  }
}
```

ソフトウェアのバージョンを示す値などは環境によって若干違っているでしょう。しかし、用意されている項目などはだいたい同じような項目が用意されているはずです。このpackage.jsonの内容を整理すると以下のようになるでしょう。

```
{
  "name": 名前,
  "version": バージョン名,
  "private": 真偽値,
  "scripts": { コマンド },
  "dependencies": {
    パッケージ: バージョン
    ……略……
  }
}
```

このアプリケーションに関する情報が記述されているのがわかります。また、"scripts"と"dependencies"には、実行するコマンドの内容と、アプリケーションで使用するパッケージの内容(名前とバージョン)がまとめられています。

もし、新たにパッケージをインストールしたり、あるいはパッケージのバージョンを変更する必要が生じたときには、ここにあるパッケージ情報を編集することでアプリケーションを更新できます。そう頻繁に使うものではありませんが、それぞれの項目の役割ぐらいは理解しておくと、いざというときにきっと役立つでしょう。

Section 2-2 アプリケーションの基本コード

app.jsの内容をチェックする

では、Expressアプリケーションのコードがどのようになっているのか、サンプルを見ながら説明していきましょう。

Expressアプリケーションでは、JavaScriptのコードは2つの場所に用意されています。1つは「app.js」ファイル、もう1つは「routes」フォルダーです。

app.jsには、アプリケーションの基本的な設定などが記述されています。そして「routes」フォルダーには、実際にアクセスするディレクトリ内の処理がまとめられています。例えば、localhost:3000/にアクセスした処理は「routes」フォルダーのindex.jsに用意されており、localhost:3000/usersにアクセスした際の処理は「routes」フォルダーのusers.jsに用意される、といった具合です。

では、app.jsのコードがどのようになっているのか見てみましょう。

リスト2-2

```
var createError = require('http-errors');
var express = require('express');
var path = require('path');
var cookieParser = require('cookie-parser');
var logger = require('morgan');

var indexRouter = require('./routes/index');
var usersRouter = require('./routes/users');

var app = express();

// view engine setup
app.set('views', path.join(__dirname, 'views'));
app.set('view engine', 'ejs');

app.use(logger('dev'));
```

```
app.use(express.json());
app.use(express.urlencoded({ extended: false }));
app.use(cookieParser());
app.use(express.static(path.join(__dirname, 'public')));

app.use('/', indexRouter);
app.use('/users', usersRouter);

// catch 404 and forward to error handler
app.use(function(req, res, next) {
  next(createError(404));
});

// error handler
app.use(function(err, req, res, next) {
  // set locals, only providing error in development
  res.locals.message = err.message;
  res.locals.error = req.app.get('env') === 'development' ? err : {};

  // render the error page
  res.status(err.status || 500);
  res.render('error');
});

module.exports = app;
```

思ったよりも複雑そうな処理が書かれていますね。「基本的にはNode.jsと同じ」といわれても、いきなりこのコードが出てきたら何をしているのかわからないでしょう。では、順に説明していきましょう。

必要なモジュールをロードする

まず最初に行うのは、Expressのコードで利用するモジュールを読み込む作業です。「モジュール」というのは、外部から読み込んで利用できるJavaScriptのライブラリのようなものです。

これを行っているのが以下の部分です。

```
var createError = require('http-errors');
var express = require('express');
var path = require('path');
var cookieParser = require('cookie-parser');
var logger = require('morgan');
```

モジュールは、「require」という関数を使って読み込みます。ここで読み込んでいるモジュールについて簡単にまとめておきます。

http-errors	HTTPのエラーに関するモジュール
express	Expressの本体
path	ファイルパスに関するモジュール
cookie-parser	クッキーの利用に関するモジュール
morgan	ログ出力に関するモジュール

これらのモジュールは、「Expressを利用する際、必ず用意する必須モジュール」だと考えてください。これらに加え、各種機能を利用するのに必要なモジュールがあれば、ここに追加していきます。

Chapter 1
Chapter 2
Chapter 3
Chapter 4
Chapter 5
Chapter 6

「routes」フォルダーのコードの読み込み

次に行っているのは、「routes」フォルダー内にあるソースコードファイルの読み込みです。これは以下のようになっています。

```
var indexRouter = require('./routes/index');
var usersRouter = require('./routes/users');
```

ここでは、「routes」内にある「index.js」と「users.js」をそれぞれ読み込み、indexRouter、usersRouterという変数に保管しています。これらのソースコードファイルには、それぞれのディレクトリにアクセスした際の処理が用意されています。

この「rountes」フォルダーにあるコードは、「ルーティング」と呼ばれるものです。これについては、後ほど詳しく説明します。

そして、これら必要なモジュールの読み込みが完了したところで、Expressオブジェクトを作成しています。

```
var app = express();
```

これで、app変数にExpressオブジェクトが代入されました。以後は、このappにある機能を呼び出してExpressの処理を行っていきます。

テンプレートエンジンの準備

Expressオブジェクト作成後、最初に行っているのは、テンプレートエンジンの設定です。これは以下の部分になります。

```
app.set('views', path.join(__dirname, 'views'));
app.set('view engine', 'ejs');
```

「set」は、Expressオブジェクトにある指定の値を設定するためのものです。1行目は、「views」という値に「views」フォルダーのパスを設定しています。このviews値は、画面表示用のテンプレートファイルが保管されている場所を示すものです。これにより、「views」フォルダーの中にテンプレートファイルを用意すれば、それが自動的に利用されるようになります。

2行目のsetは、「view engine」という値を設定するものです。これが、Expressで使用するテンプレートエンジンの種類を指定するためのものになります。ここでは「ejs」というテンプレートエンジンを使うように設定してあります。

ミドルウェアの設定

次に行うのは、「ミドルウェア」というものの設定です。Expressは、必要最小限の機能を備えた本体に、各種機能を実装するミドルウェアというプログラムを追加することで機能拡張し動くようになっています。

Expressオブジェクトを用意したら、そのアプリケーションで必要となるミドルウェアを使えるようにする作業を行うのです。それを行っているのが以下の部分です。

```
app.use(logger('dev'));
app.use(express.json());
app.use(express.urlencoded({ extended: false }));
app.use(cookieParser());
app.use(express.static(path.join(__dirname, 'public')));
```

これらは、それぞれ「ログ出力」「JSON」「URLエンコード」「クッキー」「静的ファイル」といったものを使えるようにするためのミドルウェアを設定しています。これらは、Webアプリケーションを作成する上で必要となるものですので、その中身はわからなくても問題ありません。「この通りに書いておけばOK」と考えておきましょう。

ルーティングの割り当て

ミドルウェアの設定の後に、同じapp.useを使った文が以下のように追加されていますね。これらは、ルーティングを利用するためのものです。

```
app.use('/', indexRouter);
app.use('/users', usersRouter);
```

indexRouterとusersRouterは、先にルーティングの読み込みを行った際、読み込んだオブジェクトを代入した変数でしたね。このapp.useは、パスにルーティングを割り当てる処理を行っています。第1引数にパスを、第2引数にルーティングのオブジェクトを指定することで、そのパスでの処理に使うルーティングを設定します。

1行目は、'/'にindexRouterを設定しています。これにより、localhost:3000/にアクセスするとindexRouterが処理を行うようになります。2行目は、'/users'にusersRouterを割り当てていますね。これで、localhost:3000/usersにアクセスするとusersRouterが処理を担当するようになります。

こんな具合に、パスごとにルーティングのオブジェクトを割り当てることで、指定したパスの処理を追加していくようになっているのです。

エラー時の処理

次に、やや長いapp.use文が記述されていますね。これらは、エラー時の処理を設定するものです。

●404エラーの処理

```
app.use(function(req, res, next) {
  next(createError(404));
});
```

●その他のエラー処理

```
app.use(function(err, req, res, next) {
  // set locals, only providing error in development
  res.locals.message = err.message;
  res.locals.error = req.app.get('env') === 'development' ? err : {};

  // render the error page
  res.status(err.status || 500);
  res.render('error');
});
```

これらは、「エラーの処理を行うには、このままにしておけばいい」と考えましょう。内容は、今の段階で理解する必要はまったくありません。

最後に、このappをモジュールとしてエクスポート(外部から利用できるようにすること)する文を記述しておきます。

```
module.exports = app;
```

これにより、app.jsのコードがExpress本体にモジュールとして読み込まれ、アプリケーションとしての処理を実行するようになります。Expressでは、すべてのコードはモジュールとして作成し、エクスポートするようになっています。このため、すべてのソースコードでは、最後に必ずこの「module.exports = ○○」という文が記述されます。

ルーティングのコードをチェックする

これでapp.jsで行っていることはだいたいわかりました。しかし、このapp.jsには、実際にlocalhost:3000にアクセスしたときの処理がまったくありません。

この「ユーザーがアクセスしたときの処理」を行っているのが、「routes」フォルダーにあるルーティングのコードです。ここにはindex.jsとusers.jsの2つのファイルがありますが、どちらも内容はだいたい同じなので、ここではindex.jsだけ説明しておきましょう。

リスト2-3

```
var express = require('express');
var router = express.Router();

/* GET home page. */
router.get('/', function(req, res, next) {
  res.render('index', { title: 'Express' });
});

module.exports = router;
```

見たことのあるような文もありますね。最初の文は、expressモジュールを読み込む文でしたね。これでexpress変数にExpressのオブジェクトが読み込まれます。

続いて、Routerオブジェクトを作成し変数に設定します。

```
var router = express.Router();
```

この文です。expressオブジェクトのRouterというオブジェクトを作成しています。これが、ルーティングの設定を管理するオブジェクトです。

GETアクセスの処理を設定する

作成したRouterオブジェクトのメソッドを使い、特定のパスに処理を割り当てます。

```
router.get('/', function(req, res, next) {
  res.render('index', { title: 'Express' });
});
```

これがその部分です。Routerオブジェクトの「get」というメソッドを使っていますね。これは、指定のパスにGETアクセス(普通に指定のパスにアクセスした場合)した際の処理を指定するものです。なんだかわかりにくく見えますが、整理するとこういうことです。

```
router.get( パス, 関数 );
```

このrouter.getは、第1引数に指定したパスにアクセスしたら、第2引数の関数を実行する、という働きをするものです。関数には、(req, res, next)という3つの引数が用意されています。これらはそれぞれ以下のような値が用意されます。

req	リクエスト(クライアントからサーバーへのアクセス情報)を管理するもの
res	レスポンス(サーバーからクライアントへの返信情報)を管理するもの
next	次のミドルウェアの処理を示すオブジェクト(省略されることも多い)

req (リクエスト)とres (レスポンス)は、クライアントとサーバーの間のやり取りを扱うためのもっとも重要なオブジェクトです。この2つにある機能を活用して、アクセス時のすべての処理が作成されます。

コラム GETアクセスって何? Column

router.getは、GETアクセスの際の処理を行うものです。では、この「GETアクセス」というのは何でしょうか。

これは、Webで使われている「HTTP」というプロトコル(手続き、通信でのやり取りの手順を定めたもの)に用意されているメソッドというものです。Webで使われているHTTPでは、指定のURLにアクセスする方式をメソッドとして定めています。これには以下のようなものがあります。

GET	サーバーからデータを受け取る一般的なメソッド。通常のWebアクセスは基本的にすべてGET。
POST	サーバーにデータを送信するのに使われるメソッド。フォームの送信などはPOSTを使うのが基本。
PUT	サーバーへデータを送信してデータを更新するのに使われるメソッド。
DELETE	サーバーからデータを削除するのに使われるメソッド。

使用するメソッドによって役割が変わってきます。まずは、基本であるGETをきちんと理解しておきましょう。

レンダリングの実行

このgetの引数に用意した関数では、1文だけが実行されていますね。この文です。

```
res.render('index', { title: 'Express' });
```

res（レスポンス）にある「render」というメソッドを実行しています。これは、テンプレートエンジンによるレンダリング処理を実行するものです。これにより、テンプレートファイルの内容を元に、実際にWebページとして表示されるHTMLコードが生成されます。

このrenderでは、以下の2つの引数が用意されます。

第1引数	テンプレートファイル名。
第2引数	テンプレートファイルに渡す情報をまとめたオブジェクト。

ここでは、'index'というテンプレートファイルを使っています。これにより、「views」フォルダーから「index.ejs」というファイルを読み込んでレンダリングするようになります。

第2引数には、{ title: 'Express' }という値が用意されていますね。これはオブジェクトリテラル（オブジェクトを値として記述したもの）です。ここでは、titleというプロパティに'Express'という値を設定しています。このオブジェクトを、indexテンプレートをレンダリングする際に渡すようにしていたのですね。

最後に、作成したRouterオブジェクトをエクスポートする文を書いてルーティングの処理は完成です。

```
module.exports = router;
```

ルーティングのコードで行っているのは、「router.getを使って、指定したパスにアクセスした際の処理を設定する」ということだけです。router.getの使い方さえわかれば、ルーティングの処理は決して難しくはありません。

肝心のrouter.getで実行している内容は、「res.renderでレンダリングする」ということだけ。第2引数でオブジェクトを渡しているのがちょっとわかりにくいでしょうが、これはこの後のテンプレートファイルの内容を見れば理解できるでしょう。

テンプレートファイルのコードをチェック

では、res.renderで読み込んでいるテンプレートファイルがどんなものなのか見てみましょう。「views」フォルダーには、index.ejsとerror.ejsという2つのファイルがあります。この内、error.ejsはエラー時の表示に使われるものです。

index.ejsが、routers/index.jsのres.renderで読み込んでいるテンプレートファイルです。これは、以下のような内容になっています。

リスト2-4

```
<!DOCTYPE html>
<html>
  <head>
    <title><%- title %></title>
    <link rel='stylesheet' href='/stylesheets/style.css' />
  </head>
  <body>
    <h1><%= title %></h1>
    <p>Welcome to <%= title %></p>
  </body>
</html>
```

一見すると、ただのHTMLファイルのように見えますね。けれど、いくつか見たことのない記述があります。この部分です。

```
<%= title %>
```

これが、ejsというテンプレートファイルの機能を使った部分です。これは、titleという値を出力するものです。ejsでは、<%= 値 %>と記述することで、指定の値をその場所に出力することができます。

では、titleという値は何なのか。これは、ルーティング(index.js)のrouter.getにあった処理を思い出してください。用意した関数で以下の文を実行していたでしょう?

```
res.render('index', { title: 'Express' });
```

この第2引数で渡された{ title: 'Express' }というオブジェクトにあるtitleが、<%= title %>で出力されていたのです。つまり、Expressのコード側で用意した値が、テンプレートファイルに渡されて出力されていたのですね。

これが、テンプレートエンジンの働きです。あらかじめテンプレートファイルに<%= %>を使って値を埋め込んでおけば、必要な値をオブジェクトとして渡してレンダリングするだけでそれらの値をページに埋め込んだものが作成できるのです。

Expressの最小コード

これで、Expressのコードの概要がだいたいわかりました。といっても、いろいろと新しいことが次々に現れて「なんだかよくわからなかった」という人も多かったかも知れません。「ExpressはNode.jsにちょっと機能を追加しただけといったけど、ずいぶん難しいじゃないか」と。

実は、このapp.jsのコードは、「Expressを使うために必要な最低限のコード」ではありません。「Expressを快適に使うために必要十分なコード」なのです。つまり「実はなくてもいいんだけど、あったほうが便利に使える処理」がいろいろ追加されていたのですね。

では、「Expressを使う上で必要な、最小限のコード」というのはどのようになるのでしょうか。これは、だいたい以下のようになります。

リスト2-5

```
var express = require('express')
var app = express()

app.get('/', (request, response) => {
  response.send(`<html><body>
    <h1>Express</h1>
    <p>※これはサンプルのページです。</p>
  </body></html>`)
})

module.exports = app;
```

図2-4　最小限のコードで書いたExpressアプリのページ。

app.jsの内容をリスト2-3に書き換え、npm startを実行してみてください。そしてhttp://localhost:3000にアクセスしましょう。ちゃんと簡単なページが表示されるのがわかるでしょう。

ここでは、「routes」フォルダーにあるルーティングのコードも一切使っていません。app.jsにある、この最小限のコードだけでWebアプリケーションが動いています。

記述されているのは、expressモジュールを読み込み、Expressオブジェクトを作成し、getメソッドでパスに処理を割り当てる、というだけのものです。「routes」フォルダーのルーティングに書かれていたgetの処理をapp.jsに直接記述して実行していたのですね。

この基本コードの働きさえしっかりと理解できていれば、Expressはそう難しいものではありません。express-generatorでは、便利なモジュールやミドルウェアを追加し、ルーティングを別ファイルに分けて整理しているだけで、やっていることはだいたい同じなのです、

Section 2-3 Webアプリの実装

 ページとルーティングの追加 

Expressの基本的なコードがわかったところで、実際にさまざまな処理を実装していく方法を学んでいきましょう。

まずは、アプリケーションに新しいページを追加する方法からです。Expressでは、各パスごとにルーティングのコードが用意され、そこからテンプレートファイルを読み込んで表示を行うようになっていました。従って、新しいページを追加するためには、以下のような作業が必要です。

1. 「routes」フォルダーに新しいルーティングのソースコードファイルを作成する。
2. 「views」フォルダーに新しいページ用のテンプレートファイルを用意する。
3. app.jsに、1で作ったルーティングを組み込む処理を追記する。

これで新しいページを追加することができます。では、実際にやってみましょう。

routes/hello.jsの作成

今回は、/helloというパスにアクセスして表示されるページを作ってみましょう。まずはルーティングのソースコードファイルからです。

「routes」フォルダーの中に、「hello.js」という名前でテキストファイルを作成してください。そして、以下のように内容を記述しましょう。

リスト2-6

```
const express = require('express')
const router = express.Router()

router.get('/', function(req, res, next) {
  const data = {
```

```
    title:'Hello!',
    message:'これは、サンプルで追加したページです。'
  }
  res.render('hello', data);
})

module.exports = router
```

基本的なコードは、先に説明したroutes/index.jsとほぼ同じです。今回は、expressとrouterをそれぞれ変数ではなく定数にしてあります。

またrouter.getの引数に用意した関数内では、まず定数dataとしてオブジェクトを作成しています。そしてrenderメソッドでは、テンプレートファイルに'hello'を、渡すデータにdataをそれぞれ指定して呼び出しています。

dataオブジェクトには、titleとmessageという2つの値を持ったオブジェクトを用意しました。これらの値がテンプレート側で使えるようになります。

hello.ejsテンプレートファイルを用意する

続いて、テンプレートファイルを作成しましょう。「views」フォルダーの中に、「hello.ejs」という名前でテキストファイルを作成してください。そして以下のように記述をしておきます。

リスト2-7

```
<!DOCTYPE html>
<html>
  <head>
    <title><%= title %></title>
    <link rel='stylesheet' href='/stylesheets/style.css' />
  </head>
  <body>
    <h1><%= title %></h1>
    <p><%= message %></p>
  </body>
</html>
```

ここでは、<%= title %>と、<%= message %>というものが使われていますね。これらで、渡されたオブジェクトにあるtitleとmessageの値を表示しています。<%= %>の使い方さえわかっていれば、どんな値でも表示することができます。

ルーティングをapp.jsに組み込む

これで、新しいページのための準備は整いました。後は、用意したルーティングをapp.jsに組み込む作業だけです。

app.jsを開き、エラー処理のapp.use文の手前(// catch 404 and forward to error handler というコメントの前)に以下の文を追記してください。

リスト2-8

```
const helloRouter = require('./routes/hello');
app.use('/hello', helloRouter);
```

既にapp.jsに書かれている文を少し修正しただけのものですから働きはわかりますね。1行目で「routes」内のhello.jsを読み込んでhelloRouterという定数に代入し、2行目のapp.use文で/helloに割り当てます。これで、localhost:3000/helloにアクセスするとhello.jsのルーティングが実行され、hello.ejsテンプレートをレンダリングしたページが表示されるようになります。

修正ができたらアプリケーションをリスタート(Ctrlキー+「C」キーを押し、Enterで停止。再度「npm start」で実行)してください。そしてhttp://localhost:3000/helloにアクセスしましょう。作成したページが表示されますよ。

新しいページの追加は、手順さえわかればこのように割と簡単です。

図2-5 /helloにアクセスすると新しいページが表示される。

テンプレートエンジンを使いこなす

続いて、テンプレートエンジンとの値のやり取りについて考えてみましょう。Expressでは、レンダリング時にオブジェクトを引数として用意することで、各種の値をテンプレートエンジン側に渡すことができました。

テンプレートエンジンでは、<%= %>という記号を使って値を出力しますが、実はこれ以外にも利用できる記号があります。簡単にまとめておきましょう。

エスケープしない出力

```
<%- 値 %>
```

この記号は、<%= %>と同様に値を出力するためのものです。違いは、「エスケープ処理をしない」という点です。

<%= %>による値の出力は、HTMLのタグなどはすべてエスケープ処理され、テキストとして出力されます。<%- %>はエスケープ処理されないため、HTMLタグを書けばそのままHTMLのコードとして表示されます。

コードの実行

```
<% %>
```

これは、JavaScriptのコードを直接記入し実行できるものです。<%と%>の間にコードを書くと、そのコードがその場で実行されます。

この<% %>の記述は、複数を記述した場合も全体として1つのコードとして実行されます。コードの途中にHTMLタグや<%= %>を記述したい場合には、コードをいくつかに分けて記述して対応できます。

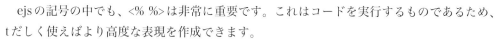

JavaScriptのコードを実行させる

ejsの記号の中でも、<% %>は非常に重要です。これはコードを実行するものであるため、tだしく使えばより高度な表現を作成できます。

実際に簡単な利用例を作ってみましょう。先ほど作成したhelloページのコードを書き換えて試してみることにします。まずはルーティングから作りましょう。「routes」内のhello.jsを開いて内容を以下に書き換えてください。

リスト2-9

```
const express = require('express')
const router = express.Router()

const db = [
  {name:'taro', mail:'taro@yamada'},
  {name:'hanako', mail:'hanako@flower'},
  {name:'sachiko', mail:'sachiko@happy'},
```

```
  {name:'jiro', mail:'jiro@change'},
]

router.get('/', function(req, res, next) {
  const data = {
    title:'Hello!',
    message:'データを表示します。',
    db: db
  }
  res.render('hello', data);
})

module.exports = router
```


ここでは、dbという定数にデータを用意してあります。{name:○○, mail:○○}といった形のオブジェクトを必要なだけ配列にまとめたものです。これを、テンプレート側に渡すオブジェクトの中に追加しています。

hello.ejsテンプレートを修正する

では、テンプレートを修正し、渡されたdbデータの内容をテーブルにまとめて表示するようにしてみましょう。

「views」内にあるhello.ejsを開き、以下のように修正してください。

リスト2-10

```
<!DOCTYPE html>
<html>
  <head>
    <title><%= title %></title>
    <link href="https://cdn.jsdelivr.net/npm/bootstrap@5.0.2/dist/css/↵
      bootstrap.min.css" rel="stylesheet">
  </head>
  <body class="container">
    <h1 class="display-4"><%= title %></h1>
    <p><%= message %></p>
    <table class="table table-striped">
      <thead>
        <tr>
          <th>Name</th>
          <th>Mail</th>
        </tr>
      </thead>
```

```
      <tbody>
      <% for(var item of db) { %>
        <tr>
          <td><%= item.name %></td>
          <td><%= item.mail %></td>
        </tr>
      <% } %>
      </tbody>
    </table>
  </body>
</html>
```

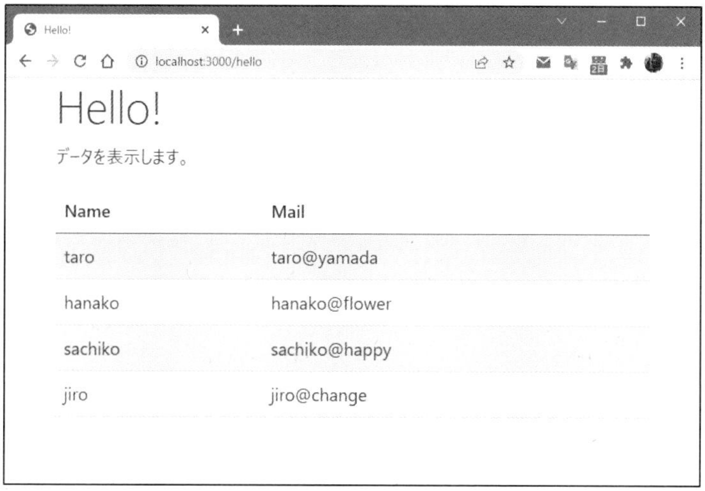

図2-6 dbデータをテーブルにまとめて表示する。

これで修正は終わりです。アプリケーションを再起動し、/helloにアクセスして表示を確認しましょう。dbに用意したデータがテーブルに整理され表示されるのが確認できるでしょう。

for-ofでデータを繰り返し出力する

ここでは、<table>を使ってデータの出力を行っています。では、<tbody>の中身がどうなっているのか見てみましょう。

```
<% for(var item of db) { %>
  <tr>
    <td><%= item.name %></td>
    <td><%= item.mail %></td>
  </tr>
```

```
<% } %>
```

最初と最後に<% %>が用意されているのがわかりますね。これらの中に、JavaScriptのfor-in構文が書かれています。この<% %>部分を取り除くと、内容がよくわかります。

```
for(var item of db) {
  ……<tr>によるitemデータの行表示……
}
```

<% %>に書かれている文は、全体で1つのコードとして扱われるようになっていますから、このように<% %>をすべて取り払うとやっていることがよくわかります。for-inの{}内で、<tr>～</tr>というタグを書き出していたのですね。

このように、<% %>を使うと、テンプレート内のあちこちに少しずつJavaScriptのコードを埋め込めるため、データの繰り返し表示や条件分岐による表示の切り替えなどが非常に簡単に行えます。

コラム Bootstrapについて Column

今回のサンプルでは、タイトルのフォントやテーブルの表示などが普段見慣れない形になっていたのに気づいたことでしょう。

これは「Bootstrap」というCSSフレームワークを利用しているためです。Bootstrapは、classにクラスを指定することで、Webページをデザインされた表示に変えることができます。これは以下のURLで公開されています。

https:://getbootstrap.jp/

<body>内にあるタグの中には、classという属性が用意されているものがいくつかありますね。これが、Bootstrapの設定を行っているものです。classに値を追加するだけで、その表示がデザインされた形に変わるのです。

Bootstrapは、HTML内に<link>タグを1つ書くだけで使えるようになります。非常に手軽に利用できるものなので、興味のある人は別途学習してください。

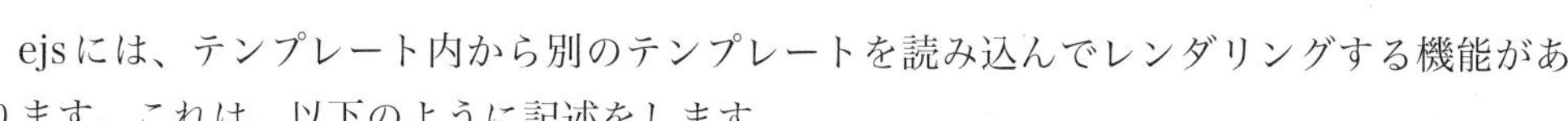

レイアウトファイルの利用

ejsには、テンプレート内から別のテンプレートを読み込んでレンダリングする機能があります。これは、以下のように記述をします。

```
<%- include('ファイル, オブジェクト) %>
```

includeの後の()内に、引数として読み込むテンプレートファイル名を指定します。第2引数には、そのテンプレートに渡す値をオブジェクトにまとめて指定します。これで、この<%- %>がある場所に、指定のテンプレートファイルのレンダリング結果が出力されるようになります。

テンプレート内から別のテンプレートを読み込めるようになると、ページ全体をいくつもの部品に分けて作成できるようになります。

例えば、ページ全体を「ヘッダー」「コンテンツ」「フッター」と分け、ヘッダーとフッターをコンテンツのテンプレートファイルから読み込むようにすれば、すべてのページで統一したレイアウトを作成することが簡単にできるようになります。実際にやってみましょう。

ヘッダーファイルを作成する

まずは、ヘッダー部分のテンプレートファイルを作成します。「views」フォルダー内に「header.ejs」という名前でファイルを用意してください。そして以下のように記述をします。

リスト2-11

```
<!DOCTYPE html>
<html>
<head>
  <title><%= title %></title>
  <link href="https://cdn.jsdelivr.net/npm/bootstrap@5.0.2/dist/css/bootstrap.min.css" rel="stylesheet">
</head>
<body class="container">
  <h1 class="display-2 my-2 text-primary"><%= title %></h1>
  <hr class="my-2 p-0">
```

見ればわかりますが、これはHTMLのソースコードの冒頭からコンテンツの手前までを記述したものです。タイトルと仕切りまでがここに用意してあり、titleという変数を表示するようにしてあります。

フッターファイルを作成する

続いて最後に追加するフッターのテンプレートファイルです。「views」内に「footer.ejs」という名前でファイルを作成してください。そして以下のように記述をしましょう。

リスト2-12

```
<div class="m-4"> </div>
<div style="width:100%"
  class="fixed-bottom bg-primary p-2">
  <h6 class="text-center text-white m-0">
    copyright 2022 SYODA-Tuyano.</h6>
</div>
</body>
</html>
```

フッターには、特に変数などは用意していません。単純にコピーライトを表示するだけのシンプルな内容にしてあります。

hello.ejsを修正する

では、作成したヘッダーとフッターを利用するようにテンプレートファイルを修正してみましょう。「views」内の「hello.ejs」を開き、以下のように内容を書き換えてください。

リスト2-13

```
<%- include('header', title) %>

<p class="my-2"><%= message %></p>
<table class="table table-striped">
  <thead>
    <tr>
      <th>Name</th>
      <th>Mail</th>
    </tr>
  </thead>
  <tbody>
  <% for(var item of db) { %>
    <tr>
      <td><%= item.name %></td>
      <td><%= item.mail %></td>
    </tr>
  <% } %>
  </tbody>
```

```
</table>

<%- include('footer') %>
```

最初と最後に<%- include %>が用意されていますね。これで、冒頭にヘッダー、末尾にフッターが読み込まれ追加されるようになります。そして、実際にページに表示するコンテンツの部分だけがテンプレートファイルに記述されるようになります。

修正したら、/helloにアクセスしてみましょう。ページの上部には青い字でタイトルが、また下部には青い背景でコピーライトが表示されるようになります。青字のタイトルと下部のフッター部分が、<%- include %>により読み込まれ表示されている部分になります。

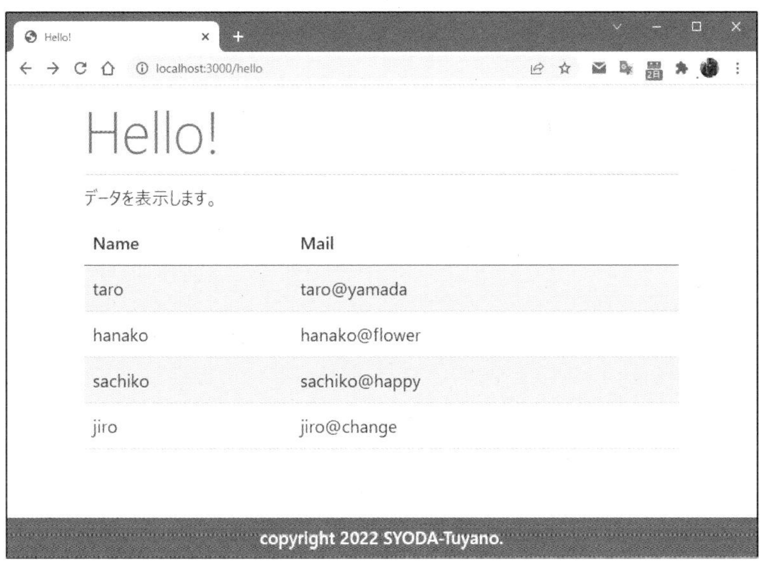

図2-7 /helloにアクセスするとこのようなページに変わった。

index.ejsを修正する

使い方がわかったら、別のページもヘッダー／フッターを利用するようにしてみましょう。「views」内の「index.ejs」を開いて以下のように書き換えてください。

リスト2-14

```
<%- include('header', title) %>
<p>※この部分が、index.ejsによるコンテンツ部分です。</p>
<%- include('footer') %>
```

修正したら、トップページ(http://localhost:3000/)にアクセスしてみましょう。すると、

/helloと同じようにタイトルとコピーライトが表示されます。/helloとトップページが同じレイアウトで表示されるのが確認できるでしょう。

このように、ヘッダーとフッターの<%- include %>を用意するようにすれば、どのページでも同じヘッダーとフッターで表示されるようになります。複数のページがある場合でも、すべて同じデザインで表示させることが簡単にできます。

図2-8 トップページも同じデザインで表示されるようになった。

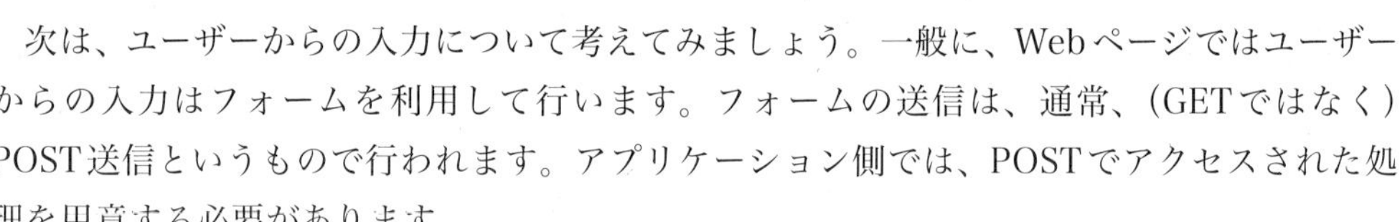

フォームの送信

次は、ユーザーからの入力について考えてみましょう。一般に、Webページではユーザーからの入力はフォームを利用して行います。フォームの送信は、通常、(GETではなく) POST送信というもので行われます。アプリケーション側では、POSTでアクセスされた処理を用意する必要があります。

では、実際にサンプルを作りながらフォーム送信の処理を考えていくことにしましょう。サンプルで作ってある/helloのページを修正して使うことにします。

まずテンプレートから修正をしましょう。「views」フォルダー内にある「hello.ejs」を開いて、以下のように修正してください。

リスト2-15

```
<%- include('header', title) %>

<p class="my-2"><%= message %></p>
<form method="post" action="/hello">
  <div class="mb-3">
    <label for="id" class="form-label">ID</label>
    <input type="text" class="form-control"
      id="id" name="id" value="<%=id %>">
  </div>
```

```
  <div class="mb-3">
    <label for="pass" class="form-label">Password</label>
    <input type="password" class="form-control"
      id="pass" name="pass" value="<%=pass %>">
  </div>
  <button type="submit" class="btn btn-primary">送信</button>
</form>

<%- include('footer') %>
```

メッセージを表示する<p>タグの下にフォーム関係の記述があります。フォームのタグはこのようになっていますね。

```
<form method="post" action="/hello">
```

/helloにPOST送信するように設定されています。/helloにアクセスし、そのまま/helloに創始するようになっているわけです。

このフォームには、以下の2つの入力フィールドが用意されています。

ID入力のフィールド

```
<input type="text" class="form-control"
      id="id" name="id" value="<%=id %>">
```

パスワードのフィールド

```
<input type="password" class="form-control"
      id="pass" name="pass" value="<%=pass %>">
```

いずれも、valueには<%= %>を使ってid, passといった値が設定されるようにしています。これで、ルーティング側で用意した値がそのままフィールドに設定されるようになります。

フォームの送信処理を作成する

では、/helloにアクセスしたときと、フォーム送信したときの処理を作成しましょう。「routes」内の「hello.js」を開いて以下のように修正してください。

リスト2-16

```
const express = require('express')
const router = express.Router()

router.get('/', function(req, res, next) {
  const data = {
    title:'Hello!',
    message:'フォームを入力してください。',
    id:'',
    pass:''
  }
  res.render('hello', data);
})

router.post('/', function(req, res, next) {
  const data = {
    title:'Hello!',
    message:req.body.id + 'さん(パスワード' + req.body.pass.length + '文字)',
    id:req.body.id,
    pass:req.body.pass
  }
  res.render('hello', data);
})

module.exports = router
```

図2-9　IDとパスワードに入力し送信すると、メッセージが表示される。

/helloにアクセスすると、IDとPasswordという2つの入力フィールドが表示されます。これらに入力し送信すると、入力したIDの値とパスワードの文字数がメッセージとして表示されます。

また、それぞれのフィールドには、入力した値がそのまま保持されていることがわかるでしょう。送信したフォームの値がそのまま表示されているのです。

GETとPOSTの処理

今回作成したコードでは、以下のような形でGETとPOSTの処理を行うメソッドが用意されています。

```
router.get('/', function(req, res, next) {……})
router.post('/', function(req, res, next) {……})
```

POST送信したときの処理は、routerの「post」というメソッドで行います。引数などを見ればわかるように、getと使い方はまったく同じです。第2引数に用意した関数の中で、POST送信された際の処理を行っているのですね。

ここでは、テンプレートに渡すデータをdataという定数にまとめています。

```
const data = {
  title:'Hello!',
  message:req.body.id + 'さん(パスワード' + req.body.pass.length + '文字)',
  id:req.body.id,
  pass:req.body.pass
}
```

message, id, passといった値で、送信されたフォームの値を使っています。req.body.idとreq.body.passというものがそれです。

送信されたフォームの情報は、req（リクエスト）内の「body」というプロパティにオブジェクトとしてまとめられています。フォームに用意されていたフィールドは、それぞれname="id"とname="pass"と名前が設定されていました。これらの値が、そのままbody内にidプロパティとpassプロパティとして保管されていたのですね。

フォーム送信された値をどのように取り出せばいいかわかれば、もうフォームの利用はできたも同然です。取り出した値をそれぞれidとpassという名前でオブジェクトに保管しておき、テンプレート側ではこれらの値がそのまま<input>のvalue属性に設定され表示されていたのです。

Ajaxでデータ送信するには？

一般的なフォーム送信は比較的簡単に行えました。では、Ajaxを利用したデータ送信はどうでしょうか。

Ajax利用の場合、JavaScriptのコードを使ってサーバーに送信をします。送信の仕方は大きく変わりますが、ではサーバー側の受け方はどうか？ というと、実は通常のフォーム送信とほぼ同じです。ただし、注意が必要なのは、受信後の処理です。

一般的なフォーム送信の場合、req.bodyから値を取り出した後、その値を使った処理を行ってテンプレートをレンダリングして結果を表示します。しかしAjaxではページの再送はされません（ページ移動がないので）。従って、送信元に返したい結果の情報だけをまとめて出力することになります。

Ajaxで送信する

では、実際に試してみましょう。まず送信側から作成します。「views」内の「hello.ejs」を以下のように修正してください。

リスト2-17

```
<%- include('header', title) %>

<script>
async function ajax() {
  const data = {
    id:document.querySelector('#id').value,
    pass:document.querySelector('#pass').value
  }
  const resp = await fetch('/hello/ajax', {
      method:'POST',
      headers: {
          'Content-Type': 'application/json'
      },
      body: JSON.stringify(data)
  })
  const result = await resp.json()
  document.querySelector('#msg').textContent = result.message
}
</script>
<p class="my-2" id="msg"><%= message %></p>
<div class="mb-3">
  <label for="id" class="form-label">ID</label>
  <input type="text" class="form-control"
```

```
    id="id" name="id" value="<%=id %>">
</div>
<div class="mb-3">
  <label for="pass" class="form-label">Password</label>
  <input type="password" class="form-control"
    id="pass" name="pass" value="<%=pass %>">
</div>
<button class="btn btn-primary" onclick="ajax()">送信</button>

<%- include('footer') %>
```

ここでは、ajaxという非同期関数を用意し、<buttton>からonclickで呼び出すようにしています。ajax関数では、まず送信するフォームのデータをdataオブジェクトにまとめておきます。

```
const data = {
  id:document.querySelector('#id').value,
  pass:document.querySelector('#pass').value
}
```

そして、fetch関数を使って/hello/ajaxにPOSTアクセスを行います。そして受信した結果をrespに受け取ります。

```
const resp = await fetch('/hello/ajax', {
    method:'POST',
    headers: {
        'Content-Type': 'application/json'
    },
    body: JSON.stringify(data)
})
```

fetchでは、第2引数に送信時の情報をオブジェクトにまとめて指定できます。オブジェクトには、method, headers, bodyといったものが用意されていますね。methodは利用するメソッドを指定するもので、POSTを指定しています。

headersは、送信時のヘッダー情報をまとめるものです。ここではContent-typeを使ってJSONデータが送られることを指定してあります。

bodyが、送信時に送られるデータです。JSON.stringifyを使い、dataオブジェクトをテキストに変換して送っています。

fetch関数は、awaitを使って結果を戻り値として受け取れるようにしています。受け取ったrespからJSON形式のデータをオブジェクトに変換して変数に取り出し、そのmessageをid="msg"の<p>に表示させます。

```
const result = await resp.json()
document.querySelector('#msg').textContent = result.message
```

これでAjaxでアクセスし結果を表示するクライアント側の処理ができました。後は、/hello/ajaxにアクセスしたときのサーバー皮の処理を用意するだけです。

/hello/ajaxのPOST処理

では、「routes」内の「hello.js」を開き、適当なところ(router.postの下あたり)に以下の処理を追記してください。そして/helloにアクセスし、フォームの送信を行ってみましょう。

リスト2-18

```
router.post('/ajax', function(req, res, next) {
  const result = {
    id:req.body.id,
    pass:req.body.pass,
    message:'こんにちは、' + req.body.id + 'さん！'
  }
  res.send(result)
})
```

図2-10　送信するとメッセージが表示される。

ここでは、router.postで/ajaxが指定されています。このhello.js自体が/helloへのアクセス処理を担当するものですから、これは/hello/ajaxにアクセスした際の処理になります。

ここでは、通常のフォーム処理と同様にreq.bodyから必要な値を取り出しています。そしてクライアント側に返送する情報をオブジェクトにまとめ、res（レスポンス）の「send」メソッドで送信しています。これで、引数に渡したオブジェクトがJSON形式のテキストに変換されクライアント側に返送されます。

後は、クライアント側で受け取ったJSONデータを再びオブジェクトに戻し、必要な値を取り出して処理するわけです。

セッションによるデータの保持

ユーザーから送信されたデータは、req.bodyで受け取り利用できます。しかし、送信されたreq.bodyの情報は、そのときだけしか使えません。次回にアクセスしたときには、送られてきた情報は綺麗さっぱり忘れられています。

けれど、Webサイトによっては、「ユーザーの情報を常に保持していたい」ということもあります。例えばオンラインショッピングのサイトでは、常にログインしたユーザーの情報を保持しています。そしてカートに追加した商品などの情報をすべて記憶しています。

このように、常にクライアントの情報を保持するには、「セッション」と呼ばれる機能を利用します。

セッションは、クライアント＝サーバー間の接続を維持するために考えられた仕組みです。Expressには「express-session」というモジュールが用意されており、これを利用することで簡単にセッションの機能を追加することができます。

express-sessionの組み込み

では、実際にやってみましょう。まず、express-sessionをインストールします。コマンドプロンプトまたはターミナルで「express_app」フォルダーにカレントディレクトリが設定されている状態で以下のコマンドを実行してください。

```
npm install express-session
```

```
ターミナル  問題  出力  デバッグ コンソール        node

D:\tuyan\Desktop\express_app>npm install express-session

added 5 packages, and audited 60 packages in 2s

1 package is looking for funding
  run `npm fund` for details

found 0 vulnerabilities

D:\tuyan\Desktop\express_app>
行 11、列 41 (15 個選択)  スペース: 2  UTF-8  LF  {} JavaScript
```

図2-11　npm installでexpress-sessionをインストールする。

これでexpress-sessionがアプリケーションに追加されました。続いて、このexpress-sessionのモジュールをapp.jsで読み込み、使えるようにしましょう。

app.jsのrequire文が書かれているところに、以下の文を追記してください。Expressオブジェクトを作成しているところ(var app = express(); という文)の手前あたりに追記すればいいでしょう。

リスト2-19

```
const session = require('express-session')
```

これで、sessionにexpress-sessionのオブジェクトが代入されました。Expressオブジェクトを作成後、このsessionをアプリケーションにミドルウェアとして追加します。Expressオブジェクトの作成後(var app = express();の後)に以下を追記してください。

リスト2-20

```
const ses_opt = {
  secret:'** secret key **',
  resave:false,
  saveUninitialized:false,
  cookie:{ maxAge: 60 * 60 * 24 }
}
app.use(session(ses_opt))
```

これで、express-sessionが使える状態になりました。sessionをミドルウェアとして登録するには、session関数の引数に以下のような値が用意されたオブジェクトを指定する必要があります。

secret	セッションで必要となる秘密キーの値です。この値('** secret key **'の部分)はそれぞれで任意のテキストに必ず書き換えてください。
resave	セッションストアに値を保存するためのものです。falseにしておきます。
saveUninitialized	初期化されない値を強制保存するものです。falseにしておきます。
cookie	セッションIDを保存するクッキーの設定です。maxAgeに保存期間の秒数を指定しておきます。ここでは24時間に設定してあります。

これらの値は必須項目と考え、必ず用意してください。これでsessionがミドルウェアとして追加され、どのルーティングのコードからも利用できるようになります。

コメントをセッションに保存する

では、実際にセッションを使ってみましょう。ここでは、/helloのアクセス時の処理を書き換えて使うことにします。「routes」内にある「hello.js」を開き、router.get('/', ～)、router.post('/', ～)のそれぞれのメソッドを以下のように書き換えてください。

リスト2-21

```
router.get('/', function(req, res, next) {
  if (req.session.comments == undefined) {
    req.session.comments = []
  }
  const data = {
    title:'Hello!',
    message:'フォームを入力してください。',
    comments:req.session.comments
  }
  res.render('hello', data);
})

router.post('/', function(req, res, next) {
  req.session.comments.unshift(req.body.comment)
  const data = {
    title:'Hello!',
    message:'※コメントの保存',
    comments:req.session.comments
  }
  res.render('hello', data);
})
```

ここでは、送信されたコメントをセッションに保管するようにしています。router.getの関数では、まず最初にこのような処理が用意されていますね。

```
if (req.session.comments == undefined) {
  req.session.comments = []
}
```

セッションは、req（リクエスト）の「session」というプロパティに設定されています。ここに、セッションで保管した値がオブジェクトとしてまとめられています。

今回は、commentsというプロパティに値を保管します。まだ値が用意されていない場合は、空の配列を設定してあります。

続いて、テンプレートに渡すオブジェクトを用意します。

```
const data = {
  title:'Hello!',
  message:'フォームを入力してください。',
  comments:req.session.comments
}
```

ここで、commentsという値にreq.session.commentsを指定していますね。これで、セッションの値がテンプレートで使えるようになりました。

router.postでは、送信されたフォームの値をcommentsに保存する文が追加されています。この部分ですね。

```
req.session.comments.unshift(req.body.comment)
```

req.session.commentsには、コメントが配列として保管されています。ここでは、配列のunshiftメソッドで冒頭にreq.body.commentの値を追加しています。

テンプレートを修正する

では、セッションに保管したコメントを表示するようにテンプレートを修正しましょう。「views」内にある「hello.ejs」を開いて以下のように書き換えてください。

リスト2-22

```
<%- include('header', title) %>

<p class="my-2" id="msg"><%= message %></p>
<form method="post" action="/hello">
  <div class="mb-3">
    <label for="comment" class="form-label">Message</label>
    <input type="text" class="form-control"
      id="comment" name="comment">
  </div>
  <button type="submit" class="btn btn-primary">送信</button>
</form>

<table class="table">
  <thead>
    <tr><th>Comment</th></tr>
  </thead>
  <tbody>
    <% for (item of comments) { %>
    <tr><td><%=item %></td></tr>
```

```
    <% } %>
  </tbody>
</table>
<%- include('footer') %>
```

図2-12　コメントを書いて送信すると下に追加される。

/helloにアクセスし、フォームにコメントを書いて送信すると、下にそれが表示されます。いくつかコメントを送信すると、それらがすべて保管されているのがわかるでしょう。

表示を確認したら、一度別のWebサイトなどに移動し、再び/helloに戻ってみてください。前回アクセスした際に送信したコメントがそのまま表示されるのがわかります。

図2-13　/helloにアクセスすると、前回送信したコメントがそのまま表示される。

セッションはクライアントごとに保管される

このように、セッションを使うと、保管した値を保持し続け、いつアクセスしても（セッションの最大接続時間内ならば）保管した値を取り出し利用することができます。

ここで、こういう疑問が起こるかも知れません。「その保管したセッションの値は、他の人には見えるのか？」と。

これは、見えません。セッションは、クライアントとサーバーの接続ごとに用意されます。Aさんがアクセスしたときと Bさんが別のところからアクセスしたときでは、別々にセッションが作られ保管されるのです。

アクセスしている自分だけの環境が保持できる、それがセッションの働きなのです。

Section 2-4 Prismaによるデータベースの利用

DBとORM

ここまでExpressの基本的な使い方を説明しましたが、Webアプリケーションに必要な重要機能が1つ、まだ手つかずになっていることに気づいたでしょうか。それは、「データベース」です。

本格的なWebアプリケーションを作ろうと思ったらば、データベースの利用は不可欠です。しかし、Expressには標準でデータベースアクセスのための機能は用意されていません。Expressは、基本的に「サーバー側の処理と表示」の部分を担当するもので、データベースに関しては「それぞれで考えてください」ということになっているのですね。

Node.jsを利用したことがあるならば、Node.jsにあるデータベース関係の機能をそのまま使えばデータベースアクセスの処理は実装できるでしょう。例えば、SQLite3を使いたければ、npmでsqlite3のパッケージをインストールし、requireでモジュールを読み込めば、SQLite3を使えるようになります。MySQLならば、mysqlパッケージをインストールしモジュールを読み込むことでやはり利用できるようになります。

ただ、こうした「データベース用のパッケージをインストールして処理を書く」というやり方は、データベースを利用する上であまりよい方法とはいえません。理由はいくつかあります。

●データベースごとに処理が異なる

最大の理由は、これです。データベースにアクセスする機能は、データベースごとに異なるパッケージとして用意されています。これらは、使い方もそれぞれで異なっています。

例えば、「開発時にはSQLite3を使って作っているが、本番環境ではMySQLを利用することになる」といった場合、SQLite3で作成したコードをMySQLに書き換えなければいけません。これは相当な手間がかかりますし、その過程で新たなバグを生み出してしまうことも多いでしょう。

●素のSQLクエリーを多用する

SQLデータベースでは、SQLという言語を使ってデータベースに問い合わせをします。データベース関係のパッケージでは、基本的にこのSQLによる問い合わせの命令文(クエリー)を記述し、それを実行してアクセスを行います。つまりデータベースへのアクセス部分だけは、JavaScriptではなくSQLという別の言語を使わなければいけないのです。

また、このSQLという言語は、データベースごとに微妙な方言があります。データベースを変更すると、実行するSQLのクエリーも修正しないと動かなくなることもあるのです。

●データベースの構造が見えない

データベースからレコードを取得する場合、受け取るデータがどのようになっているかは実行するまでわかりません。多くの場合、受け取るのは各レコードをオブジェクトにしたものの配列になるでしょうが、そのレコードにはどんな値が保管されているのか、実際にデータベースで確認しないとわからないのです。

この「作成しているアプリケーション内でデータの構造が見えない」というのは、コーディングをする上で非常に苛つくところでしょう。

そこで、ORM！

こうした問題を解消し、使用している言語だけでシームレスにデータベースとやり取りできるような方法として、現在、広く使われるようになっているのが「ORM」というフレームワークです。

ORMとは「Object-Relational Mapping」の略で、データベースに保管されているレコードを、使用言語のオブジェクトに変換し扱えるようにする仕組みのことです。データベースから取り出されるレコードはすべて使用言語のオブジェクトとして取得され、そのオブジェクトを操作すればそのままデータベースが更新される。例えばオブジェクトを新規作成して保存すればデータベースにそのレコードが保存されるし、オブジェクトの内容を書き換えればデータベースにあるレコードも更新される。そんな具合に、使用言語でのオブジェクト操作がそのままデータベースの更新に直結するように機能するのがORMです。

またORMでは、データベースとのアクセスが、使用言語のオブジェクトにあるメソッドなどを呼び出す形に変わります。アクセス方法が統一されることで、データベースが変わってもコードの変更は一切必要なくなります(ただ使用データベースの設定を書き換えるだけで済みます)。

またSQLを利用しなくなるため、データベースの変更に伴うSQLクエリーの修正なども必要なくなります。SQLというまったく別の言語を使う必要がなくなり、データベースの処理もすべて使用言語を使って行えるようになります。

Prismaについて

ここでは、Node.js用のORMフレームワークである「Prisma」を使ってデータベースアクセスを行ってみます。Expressは、データベース部分の機能を持たないため、基本的にはどんなORMでもインストールすれば使えるようになります。

Prismaは、JavaScriptだけでなくTypeScriptでの利用も考えて設計されているORMフレームワークです。本体部分とクライアント側のライブラリが分かれており、アプリケーションにはクライアント側のライブラリを追加するだけで使うことができます。

多くのORMは、ただ組み込んでコードを書いて利用するだけですが、Prismaにはデータベースの管理ツール(Prisma studio)まで用意されており、データベースのデータ編集などをビジュアルに行うこともできます。現在、Node.jsで利用できるORMの中でも、もっとも注目されているものといえるでしょう。

このPrismaは、以下のURLで公開されています。

```
https:://www.prisma.io/
```

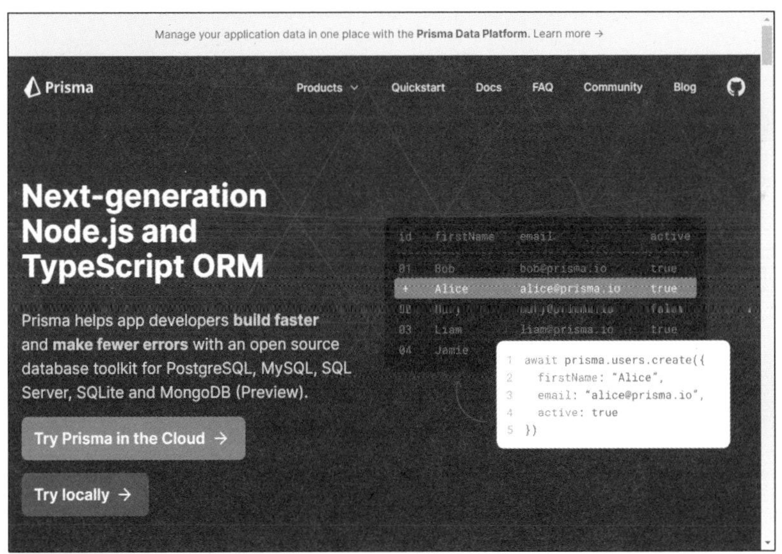

図2-14 Primsaの正式サイト。ここでドキュメントなどを読むことができる。

コラム SQLite3について　Column

本書では、SQLite3というデータベースを利用して説明を行います。これは、データベースファイルに直接アクセスしてデータを読み書きできるデータベースエンジンです。これは、さまざまな言語や開発ツールで使われているので、既にインストールされている人も多いことでしょう。

もし、まったく使ったことがないという場合は、以下のURLにアクセスして使用OSのPrecompiled Binariesというソフトウェアをダウンロードしてください。そしてパスが通っているディレクトリ(Windowsの場合は、「Windows」フォルダー内の「System32」フォルダーなど)に展開保存したファイルをコピーします。これでsqlite3コマンドを使ってデータベースを利用できるようになります。

(なお、sqlite3コマンドやSQLという言語については本書では特に説明をしません。それぞれで学習をしてください)

https:://www.sqlite.org/download.html

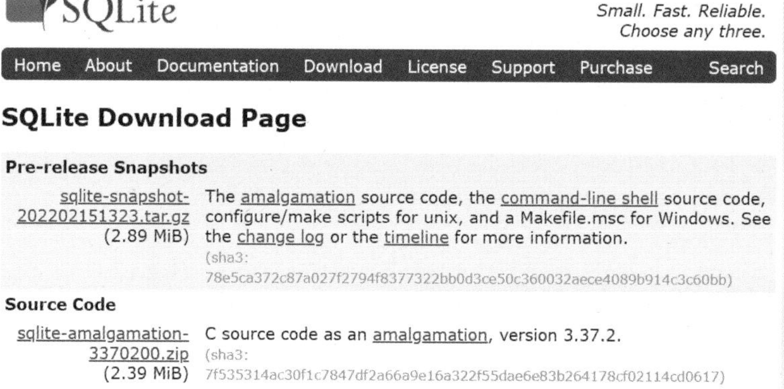

SQLite
Small. Fast. Reliable.
Choose any three.
Home About Documentation Download License Support Purchase Search
SQLite Download Page
Pre-release Snapshots
sqlite-snapshot-202202151323.tar.gz (2.89 MiB)
The amalgamation source code, the command-line shell source code, configure/make scripts for unix, and a Makefile.msc for Windows. See the change log or the timeline for more information.
(sha3: 78e5ca372c87a027f2794f8377322bb0d3ce50c360032aece4089b914c3c60bb)
Source Code
sqlite-amalgamation-3370200.zip (2.39 MiB)
C source code as an amalgamation, version 3.37.2.
(sha3: 7f535314ac30f1c7847df2a66a9e16a322f55dae6e83b264178cf02114cd0617)
sqlite-autoconf-3370200.tar.gz (2.86 MiB)
C source code as an amalgamation. Also includes a "configure" script and TEA makefiles for the TCL Interface.
(sha3: 3764f471d188ef4e7a70a120f6cb80014dc50bb5fa53406b566508390a32e745)
Documentation

図2-15　SQLite3のWebサイト。

Prismaを準備する

では、Prismaを利用できるように準備を整えていきましょう。まず、Prismaの本体プログラムをグローバル環境にインストールします。コマンドプロンプトまたはターミナルから以下を実行してください。

```
npm install prisma -g
```

```
ターミナル　問題　出力　デバッグ コンソール

D:\tuyan\Desktop\express_app>npm install prisma -g

added 2 packages, and audited 3 packages in 5s

found 0 vulnerabilities

D:\tuyan\Desktop\express_app>
```

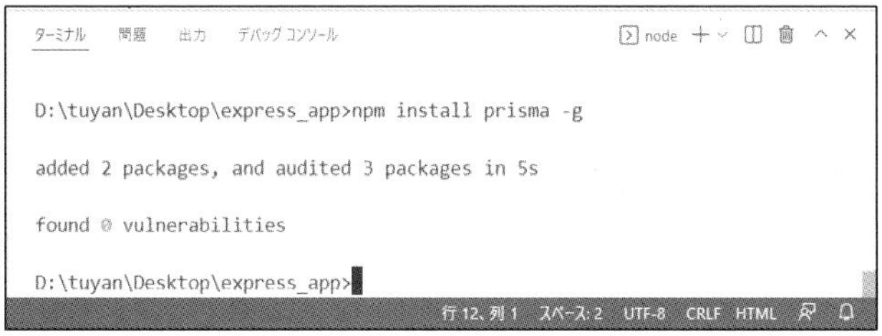

図2-16　prismaをグローバル環境にインストールする。

これで、prismaコマンドがnpmの環境にインストールされ、利用できるようになります。後は、これを使ってアプリケーションの設定を行っていきます。なお、このprismaというパッケージは、アプリケーションにはインストールしません。必ず-gオプションを指定して実行してください。

Prismaの初期化

アプリケーションでPrismaを利用するとき、最初に行っておくのが初期化処理です。コマンドプロンプトやターミナルでアプリケーションのフォルダーにカレントディレクトリを移動し、以下のコマンドを実行してください。

```
prisma init
```

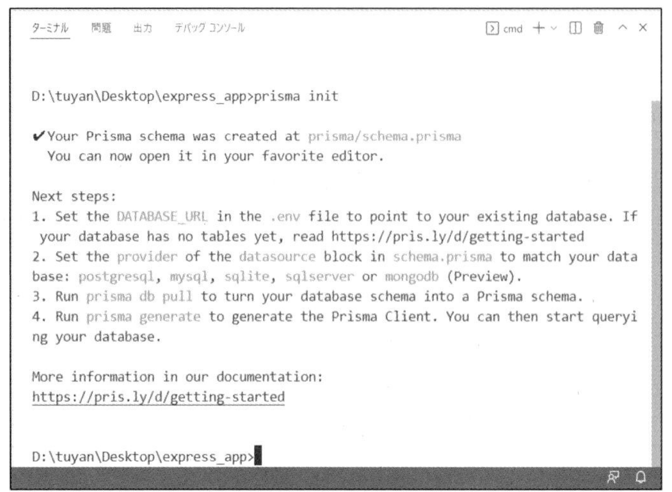

図2-17　prisma initで初期化を行う。

これを実行すると、アプリケーションのフォルダー内に「prisma」というフォルダーが作成され、その中に「schema.prisma」というファイルが作成されます。これが、Prismaで利用するデータベースの情報などを記述するファイルになります。

もう1つ、アプリケーションフォルダーの中に「.env」というファイルも作成されます。これは環境設定の値を記述しておくものです。

.env修正

では、Prismaを利用するための修正を行いましょう。今回は、SQLite3を利用することにします。

最初に行うのは「.env」の修正です。アプリケーションフォルダー内にあるこのファイルを開いてみましょう。コメントの文の後に、以下のような文が記述されています。

リスト2-23

```
DATABASE_URL="postgresql://johndoe:randompassword@localhost:5432/ ↵
  mydb?schema=public"
```

この「DATABASE_URL」という値が、データベースへの接続に関する値になります。デフォルトでは、Postgresqlというデータベースを利用するためのURLが書かれています。これを、以下のように書き換えてください。

リスト2-24

```
DATABASE_URL="file:./data.db"
```

これで、「prisma」フォルダー内の「data.db」というデータベースファイルを使用するようになります。

schima.prismaの編集

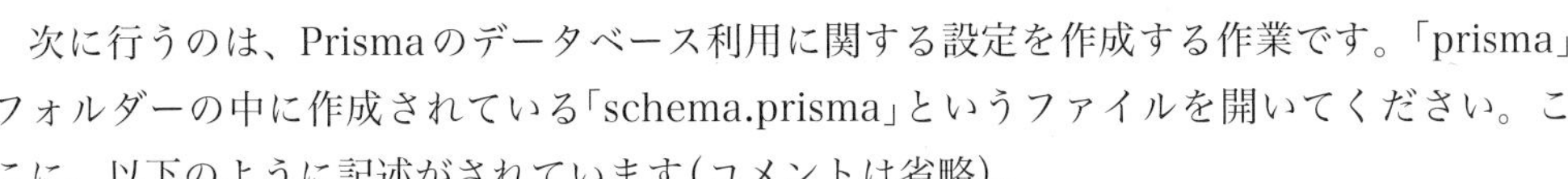

次に行うのは、Prismaのデータベース利用に関する設定を作成する作業です。「prisma」フォルダーの中に作成されている「schema.prisma」というファイルを開いてください。ここに、以下のように記述がされています(コメントは省略)。

リスト2-25

```
generator client {
  provider = "prisma-client-js"
}

datasource db {
  provider = "postgresql"
  url      = env("DATABASE_URL")
}
```

ここでは、generator clientとdatasource dbという2つの設定項目が書かれています。これらはそれぞれ以下のような働きをします。

●generator client

Prismaのクライアントプログラムの設定です。providerに名前をしていうることで、利用するクライアントプログラムを設定できます。デフォルトでは、Prismaの標準クライアントプログラムである"prisma-client-js"が指定されています。

●datasource db

データベースに関する設定です。providerで使用するデータベースの種類を指定し、urlでアクセスするデータソースの情報を記述します。

これらの内、generator clientは修正する必要はありません。datasource dbのみ、自分が使うデータベース用に修正を行います。今回はSQLite3を利用するので、それにあわせてdatasource dbを以下のように修正しましょう。

リスト2-26

```
datasource db {
  provider = "sqlite"
  url      = env("DATABASE_URL")
}
```

providerの値を"sqlite"に変更しただけですね。urlは、そのまま.envのDATABASE_URLを参照するようにしておきます。これでSQLite3を使うようになります。データベースの変更は、このようにdatasource dbを書き換えるだけです。その他の変更は一切必要ありません。

モデルを作成する

次に行うのは、Prismaで使用するデータの内容を定義することです。

Prismaでは、データベースで利用するテーブルは「モデル」として定義します。モデルは、先ほど使った「schema.prisma」ファイルに記述をします。モデルの基本的な書き方は以下のようになります。

モデルの定義

```
model モデル名 {
  フィールド 型 その他のオプション
  ……必要なだけ記述……
}
```

基本的には、保管する値の名前と型を記述すればいい、と考えてください。その他、その項目に特定の設定を行いたい場合、オプションの設定を追加できます。ここでは以下のものだけ頭に入れておきましょう。

オプションに使える値

@id	プライマリキーとして使われる項目
@default	デフォルトで設定される値
@unique	同じ値が複数存在しない
@updatedAt	更新日時

この3つは比較的よく利用されるものですから、最初の段階で覚えておきたいところです。その他にもオプションはありますが、それは必要になったところで覚えればいいでしょう。

Userモデルを作成する

では、実際に簡単なモデルを作ってみましょう。schema.prismaファイルの末尾に以下のコードを追記してください。

リスト2-27

```
model User {
  id  Int  @id @default(autoincrement())
  name  String  @unique
  email  String?
  age  Int  @default(0)
  updatedAt  DateTime  @updatedAt
}
```

ここでは、Userというモデルを用意しました。全部で5つの項目があります。それぞれの内容は以下のようになります。

id	@idによりプライマリキーとして使われるフィールドです。@default(autoincrement())により、値は自動的に割り当てられます。
name	名前の項目です。@uniqueにより、同じ名前は複数作成できません。
email	メールアドレスの項目です。email?とすることで、null（未入力）を許容します。
age	年齢の項目です。@default(0)により、デフォルトではゼロに設定されます。
updateAt	更新日時の項目です。@updatedAtにより更新された日時が自動的に記録されます。

このように、項目名と型を記述するだけで、モデルの設計は行えます。@記号によるオプションは、よくわからなければ「idだけ、@id @default(autoincrement())とつけておく」ということだけ覚えておきましょう。

マイグレーションを行う

モデルはこれでできましたが、まだこの段階ではデータベース側にモデルに対応するテーブルなどが用意されていません。モデルを作成したら、続いて「マイグレーション」という作業を行います。

マイグレーションは、Prismaに用意した情報を元にデータベースを最新の状態に更新する作業です。これはコマンドプロンプトあるいはターミナルからprismaコマンドで簡単に行えます。アプリケーションフォルダーがカレントディレクトリになっていることを確認し、以下のコマンドを実行しましょう。

```
prisma migrate dev --name initial
```



```
ターミナル  問題  出力  デバッグ コンソール
D:\tuyan\Desktop\express_app>prisma migrate dev --name initial
Environment variables loaded from .env
Prisma schema loaded from prisma\schema.prisma
Datasource "db": SQLite database "data.db" at "file:./data.db"

SQLite database data.db created at file:./data.db

Applying migration `20220218070902_initial`

The following migration(s) have been created and applied from new schema change
s:

migrations/
  └─ 20220218070902_initial/
    └─ migration.sql

Your database is now in sync with your schema.

Running generate... (Use --skip-generate to skip the generators)

added 2 packages, and audited 57 packages in 10s

found 0 vulnerabilities

added 2 packages, and audited 59 packages in 5s

found 0 vulnerabilities

✔Generated Prisma Client (3.9.2 | library) to .\node_modules\@prisma\client in
 78ms
行 20, 列 1  スペース: 2  UTF-8  LF  プレーンテキスト
```

図2-18 マイグレーションを実行する。

これを実行すると、「prisma」フォルダーの中に「migrations」というフォルダーが作成されます。その中に「○○_initial」というフォルダーが作成されているはずです。これがマイグレーションにより実行されたデータベースの更新情報のフォルダーです。マイグレーションを実行すると、このように実行日時を表す数字の後に「_initial」とつけられたフォルダーが作成され、そこに更新のファイルが保存されます。

生成されたSQLファイル

作成されたマイグレーションファイルの中には、「migration.sql」というファイルが作成されています。これは、SQLのクエリーが記述されたファイルです。マイグレーションは、Prismaの設定情報を元にデータベースを更新しますが、この更新作業はSQLクエリーをデータベースに実行することで行われます。

では、どのようなSQLクエリーが実行されているのか、ファイルの中身を見てみましょう。

リスト2-28

```
CREATE TABLE "User" (
    "id" INTEGER NOT NULL PRIMARY KEY AUTOINCREMENT,
    "name" TEXT NOT NULL,
    "email" TEXT,
    "age" INTEGER NOT NULL DEFAULT 0,
    "updatedAt" DATETIME NOT NULL
);
CREATE UNIQUE INDEX "User_name_key" ON "User"("name");
```

おそらく、このようなものが記述されているはずです(コメントは省略)。CREATE TABLE "User"で新たにUserというテーブルを作成し、CREATE UNIQUE INDEXでインデックスを作成する、という作業を行っているのがわかります。

本来であれば、これらのSQLクエリーを開発者が自分で実行してテーブルの作成を行うことになるのです。Prismaのマイグレーションを利用したほうが、遥かに簡単にデータベースの準備が行えることがわかるでしょう。

Prisma studioでレコードを作成する

これでデータベースにUserテーブルが用意され、利用の準備は整いました。このままアプリの開発に入ってもいいのですが、まったくレコードがない状態では何も表示されません。そこで、ダミーデータをいくつか登録しておくことにしましょう。

データベースのテーブルのレコード作成は、Prisma studioというツールを使って行えます。コマンドプロンプトから以下のコマンドを実行してください。

```
prisma studio
```

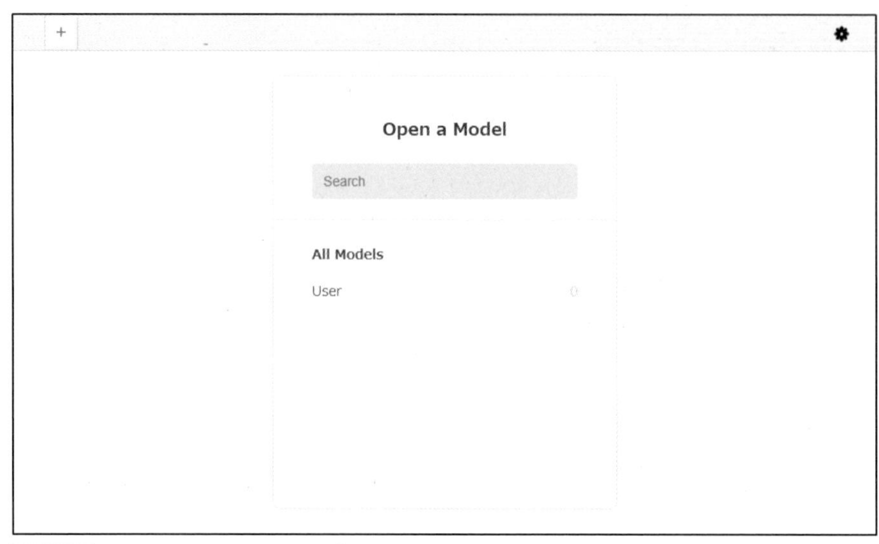

図2-19　Prisma studioがWebブラウザで起動する。

これを実行すると、Webブラウザが開かれ、そこに「Open a Model」と表示がされます。その下には、用意したモデルがすべてリスト表示されます(今回は1つしかありませんが)。

では、ここにある「User」という項目をクリックしてください。Userモデルの編集を行う画面が開かれます。

User　+
Filters None　Fields All　Showing 0 of 0　Add record
id　name　email　age　updatedAt
There are no rows in this table

図2-20　Userモデルの編集画面が現れる。

レコードを作成する

上部には「User」というタブが表示されています。その横にある「＋」をクリックして、その他のモデルを開いて同時に編集することもできます。

「User」タブが選択されると、その下に「id」「name」というようにUserモデルに用意された項目名が一列に並びます。その下に、モデルに保管されているレコードが一覧表示されるようになっています。

では、新しくレコードを追加しましょう。上部にある「Add record」というボタンをクリックしてください。レコードの一覧表示部分に新しい行が作成されます。そこにある項目をクリックすると、値を入力できます。idとupdateAtは、自動設定されるので値は不要です。他の項目の値を記入しましょう。

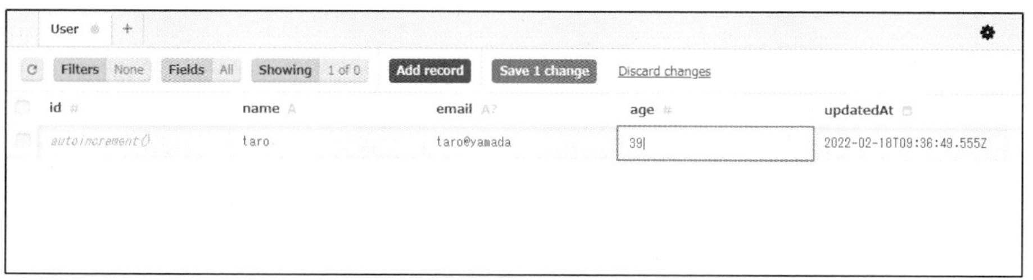

id	name	email	age	updatedAt
autoincrement()	taro	taro@yamada	39	2022-02-18T09:36:49.555Z

図2-21 「Add record」ボタンを押し、項目に値を入力する。

入力の仕方がわかったら、「Add record」ボタンを使っていくつかレコードを追加していきましょう。複数のレコードを用意したら、「Save ○○ changes」というボタンをクリックすると、すべての変更を保存します。

id	name	email	age	updatedAt
autoincrement()	taro	taro@yamada	39	2022-02-18T09:36:49.555Z
autoincrement()	hanako	hanako@flower	28	2022-02-18T09:37:22.787Z
autoincrement()	sachiko	sachiko@happy	17	2022-02-18T09:37:34.018Z
autoincrement()	jiro	jiro@change	6	2022-02-18T09:37:41.387Z

図2-22 複数レコードを追加したところ。

これで、ダミーのレコードが作成できました。では、Prisma studioのウインドウを閉じ、コマンドプロンプトからCtrlキー+「C」キーを押して実行を停止しましょう。

id	name	email	age	updatedAt
1	taro	taro@yamada	39	2022-02-18T09:36:49.555Z
2	hanako	hanako@flower	28	2022-02-18T09:37:22.787Z
3	sachiko	sachiko@happy	17	2022-02-18T09:37:34.018Z
4	jiro	jiro@change	6	2022-02-18T09:37:41.387Z

図2-23 作成されたダミーデータ。

PrismaClientでアクセスする

これでデータベース側の準備はすべて完了しました。いよいよアプリケーション側の処理を開始しましょう。

アプリケーションでPrismaの機能を利用するためには「PrismaClient」というパッケージを使用します。コマンドプロンプトまたはターミナルでアプリケーションフォルダーにカレントディレクトリが設定されているのを確認し、以下を実行してください。

```
npm install @prisma/client
```

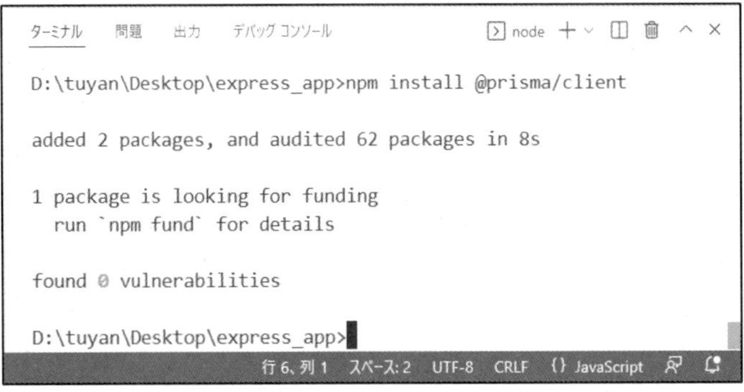

図2-24 PrismaClientをインストールする。

これで、PrismaClientがインストールされます。後は、ルーティングのコードを書いていくだけです。

PrismaClientでモデルレコードを取得する

では、データベースアクセスのページを作成しましょう。「routes」フォルダーに「db.js」という名前でファイルを作成してください。そして以下のように記述をしましょう。

リスト2-29
```
const express = require('express')
const router = express.Router()

const ps = require('@prisma/client')
const prisma = new ps.PrismaClient()

module.exports = router
```

これが、Prisma利用のルーティングの基本コードです。

最初の2行は、ルーティングで必ず用意するものでしたね。その後の2文が、PrismaClientを利用するためのコードです。

PrismaClientは、require('@prisma/client')という形でモジュールを読み込みます。そして、読み込んだオブジェクトからPrismaClientというオブジェクトを作成します。これが、PrismaClientの本体部分となります。後は、このprismaオブジェクトからプロパティやメソッドを呼び出してモデルの操作をしていきます。

db.jsをapp.jsに追加する

作成したdb.jsを読み込むようにapp.jsに追記をしましょう。ルーティングの追加を行っているところ(// catch 404 and forward to error handlerのコメントの前あたり)に、以下の文を追加してください。

リスト2-30

```
const dbRouter = require('./routes/db')
app.use('/db', dbRouter)
```

これでdb.jsのルーティングが/dbというパスに割り当てられ使えるようになりました。後は、db.jsに処理を書いていくだけです。

router.getを追加する

では、db.jsに戻りましょう。ごく簡単なものとして、GETアクセスでUserモデルのレコードをすべて取得する処理を作ってみます。

db.jsのmodule.exports = routerの手前に、以下のコードを追記してください。

リスト2-31

```
router.get('/', async function(req, res, next) {
  const users = await prisma.user.findMany()
  const data = {
    title:'Prisma',
    message:'Userテーブルのレコード一覧。',
    data:users
  }
  res.render('db', data);
})
```

ここでは、PrismaのUserモデルのレコードをすべて取り出し、それをテンプレートにわたすオブジェクトに設定してレンダリングを行っています。Userモデルのレコードを取得してるのは、以下の文です。

```
const users = await prisma.user.findMany()
```

今回のgetに用意した関数は、asyncをつけて非同期関数になっています。これは忘れないでください。Prismaのモデルは、prismaオブジェクトにプロパティとして組み込まれています。Userモデルならば、prisma.userにモデルのオブジェクトがあるのです。

ここから「findMany」というメソッドを呼び出しています。これは、複数のレコードを取得するメソッドです。引数を特に指定していなければすべてのレコードを取り出します。後は、取り出したusers変数をそのままテンプレートに渡して処理するだけです。レコードの取得は、細かな条件などを行わず、ただ「全部取り出すだけ」なら、このようにとても単純です。

db.ejsテンプレートを作成する

では、/dbにアクセスした際の表示を行うテンプレートファイルを用意しましょう。「views」フォルダー内に「db.ejs」という名前でテキストファイルを用意してください。そして以下のように記述をしましょう。

リスト2-32

```
<%- include('header', title) %>

<p class="my-2" id="msg"><%= message %></p>
<table class="table">
  <thead>
    <tr>
      <th>id</th><th>name</th>
      <th>email</th><th>age</th>
      <th>update</th>
    </tr>
  </thead>
  <tbody>
    <% for (item of data) { %>
    <tr>
      <td><%=item.id %></td>
      <td><%=item.name %></td>
      <td><%=item.email %></td>
      <td><%=item.age %></td>
      <td><%=item.updatedAt %></td>
    </tr>
```

```
    <% } %>
  </tbody>
</table>
<%- include('footer') %>
```

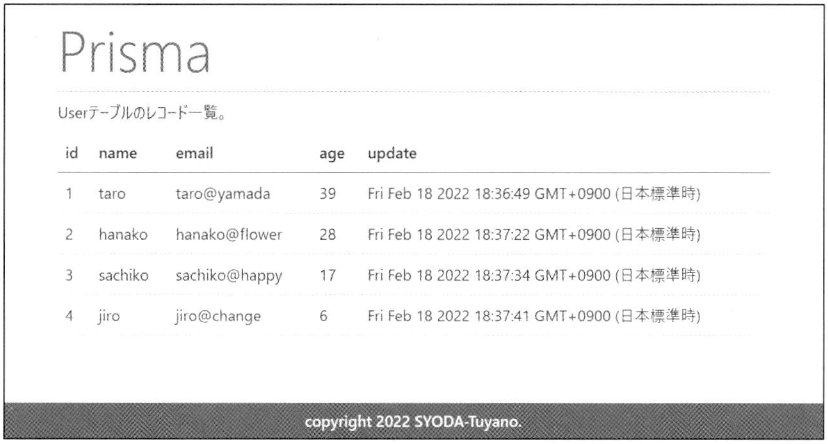

Prisma

Userテーブルのレコード一覧。

id	name	email	age	update
1	taro	taro@yamada	39	Fri Feb 18 2022 18:36:49 GMT+0900 (日本標準時)
2	hanako	hanako@flower	28	Fri Feb 18 2022 18:37:22 GMT+0900 (日本標準時)
3	sachiko	sachiko@happy	17	Fri Feb 18 2022 18:37:34 GMT+0900 (日本標準時)
4	jiro	jiro@change	6	Fri Feb 18 2022 18:37:41 GMT+0900 (日本標準時)

copyright 2022 SYODA-Tuyano.

図2-25　/dbにアクセスすると、Userモデルのレコードが一覧表示される。

完成したら、アプリケーションを実行して/dbにアクセスしてみてください。Userモデルに保存したダミーレコードが一覧表示されます。

ここでは、ルーティング側から渡された変数dataから順にUserモデルのレコードを取り出し、その内容をテーブルに出力しています。dataを処理している部分を見てください。

```
<% for (item of data) { %>
<tr>
  <td><%=item.id %></td>
  <td><%=item.name %></td>
  <td><%=item.email %></td>
  <td><%=item.age %></td>
  <td><%=item.updatedAt %></td>
</tr>
<% } %>
```

このようになっていますね。for-ofを使い、dataから順にオブジェクトを取り出して、その中の値を順に書き出しています。Userモデルの項目名で値が取り出されているのがわかりますね。

レコードの新規作成

Prismaによるデータベースアクセスの基本がわかったところで、具体的なデータベース操作について考えていきましょう。まずは、「レコードの新規作成」です。

これは、実際にサンプルを作成してからそのコードを見ていったほうがわかりやすいでしょう。先ほど作成した/dbのページに、レコード作成のためのフォームを追加し処理することにしましょう。

「views」内の「db.ejs」を開き、<table>の手前に以下のコードを追記してください。

リスト2-33

```
<form method="post" action="/db">
  <div class="mb-3">
    <label for="name" class="form-label">Name</label>
    <input type="text" class="form-control"
      id="name" name="name">
  </div>
  <div class="mb-3">
    <label for="email" class="form-label">Email</label>
    <input type="email" class="form-control"
      id="email" name="email">
  </div>
  <div class="mb-3">
    <label for="age" class="form-label">Age</label>
    <input type="number" class="form-control"
      id="age" name="age">
  </div>
  <button type="submit" class="btn btn-primary">送信</button>
</form>
```

ここでは、<form method="post" action="/db">というようにフォームを用意しています。/dbにPOST送信して、そこで処理を行わせるわけですね。

フォーム内には、name, email, ageという3つの入力フィールドを用意してあります。いずれもUserモデルに用意されていた項目と同じ名前ですね。これらはそれぞれtype="text", type="email", type="number"として作成をしてあります。

Userモデルには他にidとupdateAtがありますが、これらは自動設定されるので用意する必要はありません。

POST送信の処理を用意する

では、フォームをPOST送信した後の処理を用意しましょう。ここでUserモデルの新規作成処理を行います。

では「routes」内の「db.js」を開き、先ほど作成したrouter.getの処理の後に以下のコードを追記してください。

リスト2-34

```
router.post('/', async function(req, res, next) {
  const {name, email, age} = req.body
  await prisma.user.create({
    data:{name:name, email:email, age:parseInt(age)}
  })
  res.redirect('/db')
})
```

図2-26　/dbに表示されるフォームに入力し送信すると、レコードが追加される。

完成したら、/dbにアクセスしましょう。そして表示されるフォームに入力をし、送信すると、レコードが追加されます。

createによるレコード作成

では、作成したコードを見ながらレコードの作成について説明をしましょう。レコードの作成は、モデルのオブジェクトにある「create」というメソッドを使って行います。これは以下のようになっています。

●レコードの作成

```
《PrismaClient》.《モデル》.create( { data:オブジェクト } )
```

PrismaClientには、モデルがプロパティとして用意されていました。その中のcreateメソッドを実行すると、そのモデルのレコードが作成できます。

createメソッドは、引数にオブジェクトを用意します。このオブジェクトにはdataというプロパティを用意し、そこに保管する値をまとめておきます。

では、ここで行っている処理を見てみましょう。まず、送られてきた値をそれぞれ変数に取り出しています。

```
const {name, email, age} = req.body
```

これでフォームのname, email, ageの値がそれぞれ変数に取り出せました。後は、これらをオブジェクトにまとめてcreateを呼び出すだけです。

```
await prisma.user.create({
  data:{name:name, email:email, age:parseInt(age)}
})
```

今回も関数は非同期にしているので、awaitをつけて処理が完了してから次に進むようにしておきます。

createの引数のオブジェクトにあるdataには、name, email, ageの値がオブジェクトにまとめて設定されているのがわかりますね。ここで注目してほしいのは、ageの値です。parseInt(age)というようにして整数に変換しています。req.bodyから得られる値は基本的にすべてテキストです。ageはInt型の項目ですから、値を整数に変換して渡す必要があるのです。

リダイレクトについて

さて、createで作成をした後、ここでは今までやっていないやり方で/dbを表示しています。この文です。

```
res.redirect('/db')
```

res（レスポンス）の「redirect」は、引数に指定したアドレスにリダイレクトします。これにより、/dbにGETアクセスで移動し、表示が更新されて新規作成したレコードが一覧に表示されるようになります。

このredirectは、ページの移動によく利用されるものなので、ここで覚えておきましょう。

レコードの更新

続いて、レコードの更新です。レコードの更新は、データベースに2回アクセスする必要があります。1回目は、更新するレコードを取得するためのもので、2回目が更新の実行です。レコードの更新は、いきなり更新内容を記入して送信するわけにはいきません。現在のレコードの内容をあらかじめ取得しておき、その内容を見ながら編集したいでしょう。

従って、更新を行うには「特定のレコードを取得する方法」と「レコードを更新する方法」を知っておく必要があります。

特定IDのレコードを取得する

更新するレコードの取得は、多くの場合、IDを指定してレコードを取得することになるでしょう。この場合、取得するレコードは常に1つだけです。

こうした「1つのレコードだけを取得する」という場合に用いられるのが「findFirst」というメソッドです。これもfindManyと同様、Prismaにプロパティとして保管されているモデルのオブジェクトから呼び出します。

●1つのレコードを取得する

```
《Prisma》.《モデル》.findFirst( 設定 )
```

このfindFirstは、1つのレコードだけを取り出すものです。findManyと使い方は同じですね。ただし、先に利用したfindManyは、ただ「全レコードを取り出す」というだけでしたので、引数などもまったく用意する必要はありませんでした。

しかし、findFirstは「1つだけ」ですから、常に「どういうレコードを1つだけ取り出すのか」という条件の設定情報を用意する必要があります。これは引数として以下のようなオブジェクトを用意します。

●検索設定のオブジェクト

```
{ where:{…条件…} }
```

whereという項目を用意し、そこに検索の条件となるオブジェクトを用意します。このオブジェクトの書き方はいろいろとあるのですが、単純に「フィールドの値」を指定して検索するのであれば、{フィールド:値}というようにフィールド名と値を記述するだけです。

例えば、idが1のレコードを検索するのであれば、このように記述すればいいでしょう。

```
{ where: {id:1} }
```

これで指定したidのレコードが得られます。もし、条件に合致するレコードが複数あった場合は、最初のレコードだけが取り出されます。

レコードの更新

続いて、レコードの更新です。これはモデルにある「update」というメソッドを使います。このメソッドは以下のように利用します。

●レコードを更新する

```
《Prisma》.《モデル》.update( 設定 )
```

updateの引数に、更新に関する設定情報をまとめたオブジェクトを用意します。このオブジェクトは、だいたい以下のような形になるでしょう。

●更新の設定オブジェクト

```
{
  where: {…条件…},
  data: {…データ…}
}
```

whereに更新するレコードを特定するための検索条件を要します。例えばidが10のレコードを更新したければ、where{id:10}といった値を用意すればいいわけですね。

そして更新する内容は、dataにオブジェクトとしてまとめておきます。このdataには、レコードにあるすべての項目の値を用意する必要はありません。値を更新したい項目のみを用意すればそれだけが書き換えられます。

edit.ejsの作成

では、更新のページを作成してみましょう。まずはテンプレートから用意します。「views」フォルダー内に「edit.ejs」という名前でファイルを用意してください。そして、以下のように記述をします。

リスト2-35

```
<%- include('header', title) %>
<h6 class="my-3" id="msg"><%= message %></h6>
<form method="post" action="/db/edit">
  <input type="hidden" name="id" id="id" value="<%=user.id %>">
  <div class="mb-3">
    <label for="name" class="form-label">Name</label>
```

```
      <input type="text" class="form-control"
        id="name" name="name" value="<%=user.name %>">
    </div>
    <div class="mb-3">
      <label for="email" class="form-label">Email</label>
      <input type="email" class="form-control"
        id="email" name="email" value="<%=user.email %>">
    </div>
    <div class="mb-3">
      <label for="age" class="form-label">Age</label>
      <input type="number" class="form-control"
        id="age" name="age" value="<%=user.age %>">
    </div>
    <button type="submit" class="btn btn-primary">送信</button>
  </form>
  <%- include('footer') %>
```

ここでは、編集用のフォームが用意されています。これは整理すると以下のような形になっています。

```
<form method="post" action="/db/edit">
  <input type="hidden" name="id" id="id" …>
  <input type="text" id="name" name="name" …>
  <input type="email" id="email" name="email" …>
  <input type="number" id="age" name="age" …>
  <button type="submit" …>送信</button>
</form>
```

フォームの送信先は、action="/db/edit"としてあります。これが更新処理のページのパスになります。

フォームでは、type="hidden"でidの項目を用意しておき、後はname, email, ageといったデータ用のフィールドを用意しておきます。それぞれのフィールドには、valueで以下のように値を設定しています。

```
value="<%=user.id %>"
value="<%=user.name %>"
value="<%=user.email %>"
value="<%=user.age %>"
```

userというオブジェクトとしてレコードが渡されており、そこから値を取り出してvalueに設定しているのがわかるでしょう。後はルーティングの処理でuserにレコードを入れてテンプレートに渡すだけです。

db.jsに更新処理を追記する

では、ルーティングの処理を用意しましょう。「routers」内から「db.js」を開き、module.exports = routerの手前に以下の処理を追記してください。

リスト2-36

```
router.get('/edit/:id', async function(req, res, next) {
  const { id } = req.params
  const user = await prisma.user.findFirst(
    { where:{ id:parseInt(id) }})
  const data = {
    title:'Prisma',
    message:'ID = ' + id + ' のデータの更新。',
    user:user
  }
  res.render('edit', data)
})

router.post('/edit', async function(req, res, next) {
  const {id, name, email, age} = req.body
  await prisma.user.update({
    where:{ id:parseInt(id) },
    data:{name:name, email:email, age:parseInt(age)}
  })
  res.redirect('/db')
})
```

Prisma

ID = 5 のデータの更新。

Name

ichiro

Email

ichiro@baseball

Age

51

送信

copyright 2022 SYODA-Tuyano.

図2-27 /db/edit/番号 にアクセスするとそのID番号のレコードを書き換えられる。

修正できたら実際にアクセスしてみましょう。/db/edit/番号 というように、最後に編集したいレコードのID番号をつけてアクセスをします。例えばID = 1のレコードを変更したければ、/db/edit/1とするわけです。

アクセスすると、そのレコードの内容がフォームに設定された形で現れます。そのままフォームのフィールドの値を書き換えて送信すれば、そのIDのレコードが更新されます。

指定IDのレコードを表示する

では、実行している処理を見てみましょう。まずはrouter.getの部分です。これは、以下のような形でメソッドが書かれていますね。

```
router.get('/edit/:id', async function(req, res, next) {……
```

パスの指定が、'/edit/:id'となっています。/edit/の後にある「:id」というのは、パラメーターです。このようにパスのテキスト内に「:名前」という形で記述をしておくと、その部分のテキストが指定された名前のパラメーターとして取り出せるようになります。

ここでは、idというパラメーターを用意していたわけです。この値は、以下のようにして取り出しています。

```
const { id } = req.params
```

paramsは、パラメーターとして渡された値をオブジェクトにまとめたものです。これでidというパラメーターが定数idに取り出されました。後は、これを使ってレコードを取得するだけです。

```
const user = await prisma.user.findFirst({ where:{ id:parseInt(id) }})
```

findFirstメソッドでUserモデルのレコードを取り出します。引数には、{ where:{ id:parseInt(id) }}と値が用意されていますね。whereには、{ id:parseInt(id) }と値が用意されています。これで、idフィールドの値が(整数に変換された) idと等しいレコードが検索されます。

編集リンクを追加する

これで、レコードを更新する処理はできました。ただし、この編集ページは、/db/edit/1というようにID番号をURLにつけてアクセスしないといけません。これでは不便ですね。そこで、/dbのレコード一覧表示のページに編集ページへのリンクを追加することにしましょう。

「views」フォルダーの「db.ejs」を開き、<table>タグの部分を以下のように書き換えてください。

リスト2-37

```
<table class="table">
  <thead>
    <tr>
      <th>id</th><th>name</th>
      <th>email</th><th>age</th>
      <th>update</th>
      <th></th>
    </tr>
  </thead>
  <tbody>
    <% for (item of data) { %>
    <tr>
      <td><%=item.id %></td>
      <td><%=item.name %></td>
      <td><%=item.email %></td>
      <td><%=item.age %></td>
      <td><%=item.updatedAt %></td>
      <th><a href="/db/edit/<%= item.id %>">編集</a></th>
    </tr>
    <% } %>
  </tbody>
</table>
```

送信

id	name	email	age	update	
1	taro	taro@yamada	39	Fri Feb 18 2022 18:36:49 GMT+0900 (日本標準時)	編集
2	hanako	hanako@flower	28	Fri Feb 18 2022 18:37:22 GMT+0900 (日本標準時)	編集
3	sachiko	sachiko@happy	17	Fri Feb 18 2022 18:37:34 GMT+0900 (日本標準時)	編集
4	jiro	jiro@change	6	Fri Feb 18 2022 18:37:41 GMT+0900 (日本標準時)	編集
5	ichiro	ichiro@baseball	51	Mon Feb 21 2022 10:08:36 GMT+0900 (日本標準時)	編集

copyright 2022 SYODA-Tuyano.

図2-28 /dbのページ。レコードの一覧に編集ページへのリンクが追加される。

これを修正して/dbにアクセスしてみると、テーブルにまとめて表示されるレコードの一覧部分に「編集」というリンクが追加されます。これをクリックすると、そのレコードの編集ページに移動します。

これで、いちいちIDを調べてURLの末尾に追記する必要もなくなりました。

レコードを削除する

残るは、レコードの削除ですね。これもモデルに用意されているメソッドを使います。削除は「delete」というメソッドとして用意されています。

●レコードを削除する

```
《Prisma》.《モデル》.delete( 設定 )
```

これも、引数を指定せずに実行するとすべてのレコードを削除してしまうので注意が必要です。削除するレコードの条件を引数にオブジェクトとして用意しなければいけません。

これは、findFirstで指定したIDを検索したときと同じように値を用意すればいいでしょう。指定したIDのレコードを削除するなら、以下のようにオブジェクトを用意し、deleteに引数指定すればいいでしょう。

●削除の条件設定オブジェクト

```
{ where:{id: 番号} }
```

トップページに削除リンクを追加する

では、削除の機能を作成しましょう。今回は、/dbに表示されるテーブルに「削除」のリンクを用意し、これをクリックしたら削除を行うようにしてみましょう。

では、「views」内にある「db.ejs」を開き、<table>の部分を以下のように書き換えてください。なお、今回は<table>の後に<form>と<script>もありますがすべて記述してください。

リスト2-38

```
<table class="table">
  <thead>
    <tr>
      <th>id</th><th>name</th>
      <th>email</th><th>age</th>
      <th>update</th>
      <th></th><th></th>
    </tr>
  </thead>
  <tbody>
    <% for (item of data) { %>
```

```
      <tr>
        <td><%=item.id %></td>
        <td><%=item.name %></td>
        <td><%=item.email %></td>
        <td><%=item.age %></td>
        <td><%=item.updatedAt %></td>
        <th><a href="/db/edit/<%= item.id %>">編集</a></th>
        <th><a href="#" onsubmit="false"
          onclick="doDelete(<%= item.id %>)">削除</a></th>
      </tr>
      <% } %>
    </tbody>
  </table>
  <form id="delform" method="post" action=""></form>
  <script>
  function doDelete(id) {
    if (window.confirm('id=' + id + 'のレコードを削除しますか？')) {
      const frm = document.querySelector('#delform')
      frm.action = '/db/delete/' + id
      frm.submit()
    }
  }
  </script>
```

ここでは、<form>を用意し、これを送信して削除を行うようにしてあります。削除のリンクである<a>には、onclick="doDelete(<%= item.id %>)" というようにクリック時の処理を用意し、クリックしたらdoDeleteという関数を実行するようにしてあります。

doDelete関数では、引数で渡されたidを使い、フォームのactionを/db/delete/番号 というテキストに変更しています。そしてフォームをsubmitで送信します。後は、ルーティングのコードに/db/deleteにPOST送信されたときの処理を用意すればいいわけです。

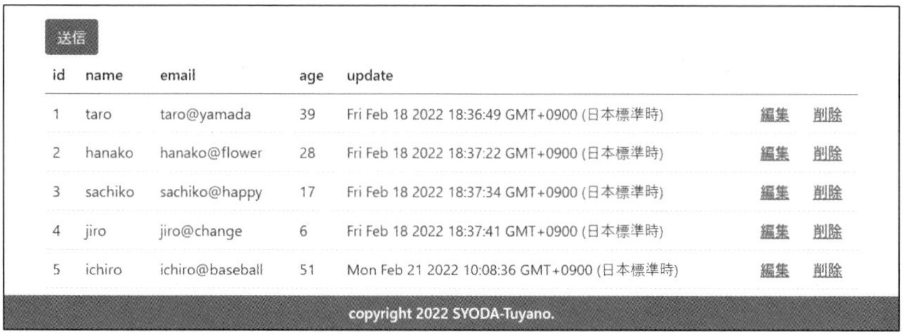

送信

id	name	email	age	update		
1	taro	taro@yamada	39	Fri Feb 18 2022 18:36:49 GMT+0900 (日本標準時)	編集	削除
2	hanako	hanako@flower	28	Fri Feb 18 2022 18:37:22 GMT+0900 (日本標準時)	編集	削除
3	sachiko	sachiko@happy	17	Fri Feb 18 2022 18:37:34 GMT+0900 (日本標準時)	編集	削除
4	jiro	jiro@change	6	Fri Feb 18 2022 18:37:41 GMT+0900 (日本標準時)	編集	削除
5	ichiro	ichiro@baseball	51	Mon Feb 21 2022 10:08:36 GMT+0900 (日本標準時)	編集	削除

copyright 2022 SYODA-Tuyano.

図2-29　/dbに表示されるテーブルに「削除」のリンクを追加する。

削除の処理を作成する

では、ルーティングに処理を追加しましょう。「routers」内の「db.js」を開き、module.exports = routerの手前に以下の処理を追記してください。

リスト2-39
```
router.post('/delete/:id', async function(req, res, next) {
  const {id} = req.params
  await prisma.user.delete({where:{id:parseInt(id)}})
  res.redirect('/db')
})
```

修正できたら、実際に/dbにアクセスして動作を確認しましょう。レコード右端の「削除」リンクをクリックすると、削除を行うか確認するアラートが表示されます。そのまま「OK」すると、そのレコードが削除されます。

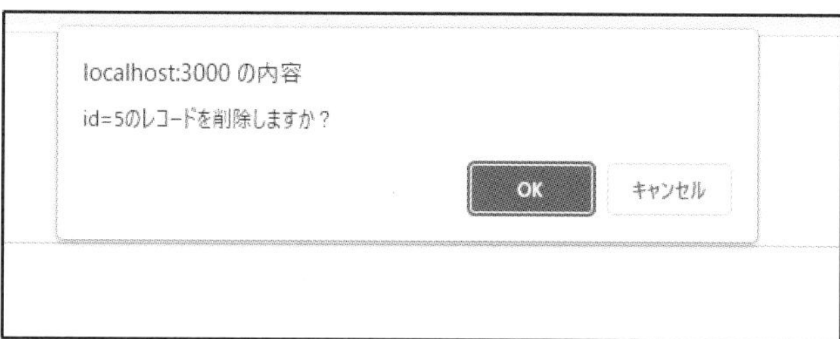

図2-30 /dbで「削除」をクリックすると確認のアラートが表示される。そのままOKすると、そのレコードが削除される。

レコード削除の流れ

では、処理の流れを見てみましょう。まずrouter.postがどのように作成されているか見てください。

```
router.post('/delete/:id', async function(req, res, next) {……
```

このようになっていました。'/delete/:id'として、idの値をパラメーターとして取り出せるようにしていますね。

```
const {id} = req.params
```

これでidパラメーターが定数idに取り出されました。後は、これを使ってdeleteメソッドを呼び出し、レコードを削除するだけです。

```
await prisma.user.delete({where:{id:parseInt(id)}})
```

deleteの引数には、{where:{id:parseInt(id)}}と値を用意してあります。これで、idパラメーターで渡された値を元にレコードが削除されるようになります。

Prisma活用のポイントは設定オブジェクト

これで、Prismaを使ったCRUD（Create, Read, Update, Delete）の基本操作ができるようになりました。後は、それぞれで自分なりにデータベースを作成し、アクセスをして使い方をマスターしていってください。

Prismaのデータベースアクセスのためのメソッドをいくつか使いましたが、それらのメソッドはすべて共通して「アクセスの設定をするオブジェクトを引数に指定する」という形になっていました。オブジェクトにはwhereで検索条件を指定し、updateやcreateのようにデータを送信する場合はdataに値をまとめておきました。この基本がわかれば、どんなメソッドでも同じように使うことができます。

Prismaは、Express用のフレームワークではありません。独立して扱えるものですので、素のNode.jsでも使えますし、Express以外のフレームワークと併用することもできます。Node.jsのORMフレームワークとしては、おそらく現在、もっとも注目されているものです。使えるようになればぐんと開発の幅が広がるでしょう。Expressと合わせて、ぜひ使い方を覚えてください。

Chapter

3

Sails.js

Sails.jsは、MVCアーキテクチャーに基づいて設計された、Railsライクなアプリケーションフレームワークです。アプリケーションの作成からMVCの基本的な使い方まで一通り学習しましょう。

Section 3-1 Sails.jsの基本

MVCアプリケーションフレームワーク

Expressでフレームワークを利用したアプリケーション開発を行いました。ExpressはNode.jsの開発スタイルに近い形をしているため、それほど劇的な変化はなかったかも知れません。

Expressは、ルーティングごとに処理を用意していくやり方で、これはちょっとしたアプリを作るには非常に快適なシステムです。しかし本格的なアプリケーションの開発となると、Expressで行うのは次第に大変になります。

またExpress自体にはデータベース周りの処理がないため、そのあたりをどうするかも考えなければいけません。先にPrismaを取り上げましたが、それ以外にも多数のフレームワークがあり、何を選ぶかによって開発の仕方も変わってくるでしょう。

大きなプロジェクトでは、アプリケーション全体のシステムがきっちりとできあがっているフレームワークのほうが向いています。最初から大掛かりな開発に対応できるように作られたもののほうが安心です。

こうした本格的なWebアプリケーション構築を念頭に置いて作られたアーキテクチャーが「MVC」というものです。これはアプリケーション全体を「Model」「View」「Controller」の3つに分けて構築していく考え方です。

Mode	データアクセスに関する部分
View	画面表示に関する部分
Controller	アプリケーション全体の制御

このMVCというアーキテクチャーは、現在、Webアプリケーション開発のフレームワークで広く採用されています。Node.jsの世界でも、MVCを採用するフレームワークは多数存在するのです。

そうした中で、おそらくもっとも長く安定して使われ続けているのが「Sails.js」というフレームワークでしょう。

老舗のフレームワーク「Sails.js」

Sails.jsは、2012年にリリースされたオープンソースのフレームワークです。既に今から10年も前からMVCをベースとしたフレームワークとして広く使われていたのです。Node.jsの世界においては、既に老舗といっていいでしょう。

Sails.jsの最大の特徴は、「Railsライクなフレームワーク」という点にあるでしょう。Railsというのは、「Ruby on Rails」(以下、Rails)というフレームワークのことです。

RailsはRuby言語のフレームワークで、現在さまざまな言語で当たり前のように作られている多くのMVCフレームワークの「元祖」といっていいものです。2004年、このRailsが登場したときの衝撃は言葉にできないほどのものでした。「それまで何十時間もかかって作っていたものが数分でできる」などといわれ、多くの技術者がRubyに殺到したものです。

その後、さまざまな言語でMVCフレームワークが生まれましたが、それらの多くがRailsのシステムを踏襲していました。Ruby以外の言語を使っている人は「自分の言語でもRailsみたいなものがほしい」と思っていましたし、開発する側も「Railsと同じシステムならみんなわかるだろう」と考えたのでしょう。

Sails.jsは、Node.jsのフレームワークとしては最初期の部類に入ります。まだまともなMVCフレームワークがNode.jsの世界に殆どない頃でしたから、Railsスタイルを踏襲したRails.jsは、Node.js利用者に大きな希望を与えたのです。

それから10年、Sails.jsは着実にアップデートを重ねて、現在ではNode.jsを代表するフレームワークとして認知されるようになっています。

Sails.js開発の準備

では、実際にSails.jsを利用するための準備を整えましょう。これは、npmでソフトウェアをインストールするだけです。

コマンドプロンプトまたはターミナルを起動してください。そして以下のコマンドを実行します。

```
npm install -g sails
```

```
D:¥tuyan>npm install -g sails

changed 229 packages, and audited 230 packages in 49s

1 package is looking for funding
  run `npm fund` for details

9 vulnerabilities (1 low, 8 moderate)

To address all issues possible (including breaking changes), run:
  npm audit fix --force

Some issues need review, and may require choosing
a different dependency.

Run `npm audit` for details.

D:¥tuyan>
```

図3-1　Sails.jsをインストールする。

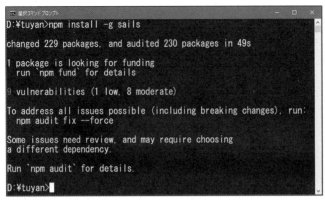

これで、Sails.jsがグローバル環境にインストールされます。以後は「sails」コマンドを使ってSails.jsによるアプリケーションの開発を行えます。

アプリケーションの作成

では、Sails.jsによるWebアプリケーションを作成しましょう。アプリケーションの作成は、npmでインストールした「sails」というコマンドを使って行います。アプリケーションの作成は以下のように実行します。

```
sails new アプリケーション名
```

これで、指定の名前でフォルダーが作成され、その中にSails.jsを使ったアプリケーションのファイル一式が作成されます。

では、実際にやってみましょう。コマンドプロンプトまたはターミナルを開き、アプリケーションを作成する場所にcdコマンドで移動してください(「cd Desktop」でデスクトップに移動できます)。そして以下のコマンドを実行しましょう。

```
sails new sails_app
```

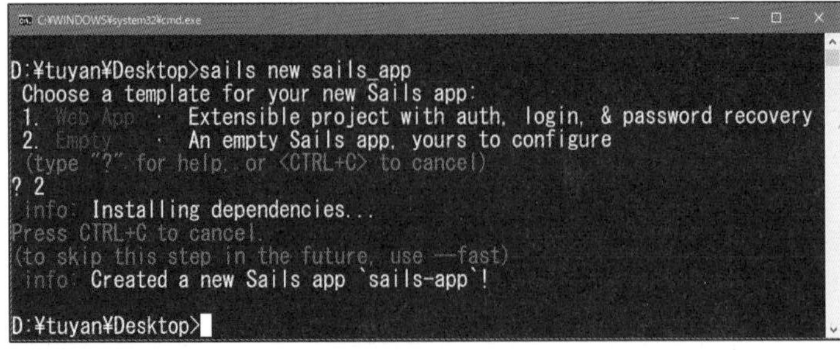

図3-2　アプリケーションを作成する

これを実行すると、その後に作成するアプリケーションのテンプレートを尋ねる出力が以下のようにされます。

```
Choose a template for your new Sails app:
1. Web App  ·  Extensible project with auth, login, & password recovery
2. Empty    ·  An empty Sails app, yours to configure
(type "?" for help, or <CTRL+C> to cancel)
```

ここでは「Web App」と「Empty」のいずれかを選択できます。Web Appは、Webアプリケーションの雛形で、デフォルトでいくつかのページなどが組み込まれています。Sails.jsに慣れればこれを使うほうがいいのですが、まだSails.jsがどのようなものかわからない状態では(デフォルトで膨大なファイル類が作られるので)かえって混乱してしまうでしょう。

そこで、ここでは2の「empty」を使うことにします。これは空のアプリケーションです。空といっても、アプリケーションとして実行するのに必要なものはすべて用意されます。

ではキーボードから「2」とタイプし、Enterキーを押してください。これでEmptyのテンプレートを使ってアプリケーションが作成されます。必要なパッケージのインストールに結構時間がかかるので気長に待ちましょう。

アプリケーションを実行する

アプリケーションが問題なく作成されたなら、どんなものが作られているのか実行して確認をしましょう。

そのままコマンドプロンプトあるいはターミナルから「cd sails_app」を実行してカレントディレクトリをフォルダー内に移動してください。そして、以下のコマンドを実行します。

```
sails lift
```

これが、Sails.jsのアプリケーションを実行するためのコマンドです。実行するとメッセージがいくつか出力されていきます。出力が止まったところで、Webブラウザから以下のアドレスにアクセスをしてください。

```
http://localhost:1337/
```

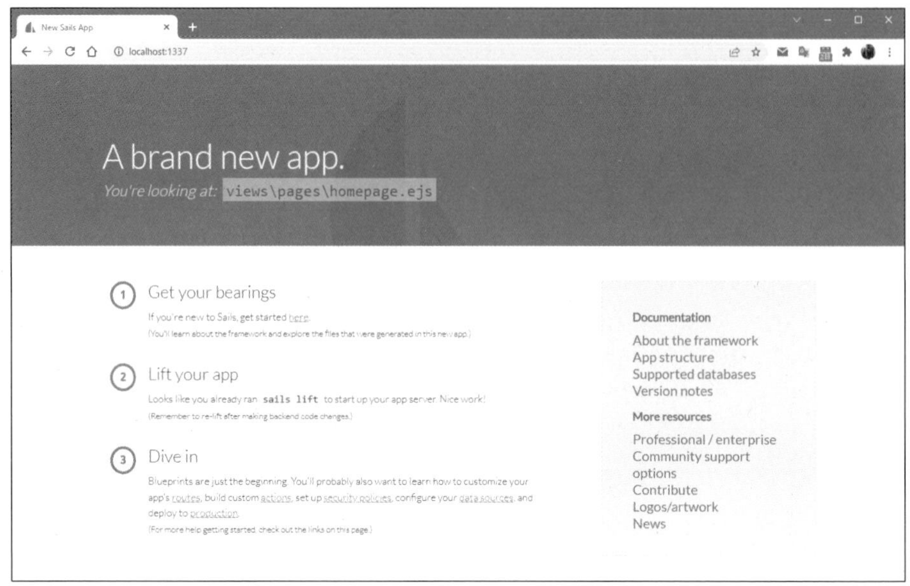

図3-3　サンプルで作成されたアプリケーションのページ。

アクセスすると、「A brand new app」と表示された画面が現れます。これが、アプリケーションにサンプルとして用意されているダミーページです。まだ何もしていませんが、「アプリを作って実行する」という基本はこれでできました！

アプリケーションの終了は、Ctrlキー+「C」キーで強制終了すれば終わります。なお、これより先もsailsコマンドは頻繁に使うので、コマンドプロンプト(ターミナル)は開いたままにしておいてください。

「sails_app」アプリケーションの構成 

では、作成された「sails_app」というフォルダーについて調べていきましょう。この中を覗いてみると、多数のファイルやフォルダーが作成されているのがわかります。すべてを理解するのは大変ですから、「これだけ覚えておけばOK」というものだけピックアップして説明しておきましょう。

●アプリケーション内のフォルダー

api	ここにアプリケーションのコードのファイルを作成する
assets	スタイルシートやイメージなどの静的ファイルを保存する
config	アプリケーションの設定ファイルがまとめてある
views	ページに表示するテンプレートファイルがまとめてある

これらのうち、もっとも重要なのは「api」です。この中にソースコードファイルが作成され、そこに具体的なコードを書いてアプリケーションを作成していきます。また、画面に表示する内容は、「views」に用意するテンプレートファイルを使うことになります。

この2つのフォルダーの役割をまずはしっかりと覚えてください。この他、「config」にあるルーティングの設定ファイルなども使いますが、当面の間、アプリケーションの作成で使うのは「api」と「views」のフォルダーだけ、と考えておいていいでしょう。

この2つのフォルダーは、その中に更にいくつかのフォルダーが作成されています。

●「api」フォルダー内

controllers	コントローラー関係のフォルダー
models	モデル関係のフォルダー
helpers	ヘルパー（拡張プログラム）のフォルダー
policies	セキュリティポリシー関係

●「views」フォルダー内

layouts	レイアウトのためのテンプレート
pages	各ページで表示するテンプレート
404.ejs, 500.ejs	HTTPエラー関係のファイル

これらも、すべて覚える必要はありません。当面は、「api」内の「controllers」フォルダーと、「views」内の「pages」フォルダーぐらいしか使いません。それ以外のものは、しばらくして使うようになってから覚えればいいでしょう。

アクションとコントローラー

では、作成されたアプリケーションに、新しいページを作成してみましょう。Sails.jsは、MVCアーキテクチャーで設計されていますから、新しいページを作る場合は、そのためのコントローラーを用意し、そこで表示するビューを作成することになります。

Sails.jsのコントローラーは、特定のパスを割り当て、そのパス内の処理を一手に引き受けます。例えば、/hogeというパスにHogeコントローラーというものが割り当てられた場合、そのパス下にある/hoge/helloや/hoge/byeといったものの処理もすべてHogeコントローラーの中で行うようになります。/hoge内にあるものはすべてHogeコントローラーが担当する形になるのですね。

コントローラーの中には、それぞれのパスにアクセスした際の処理が「アクション」として用意されます。例えば、/hoge/a, /hoge/b, /hoge/cといったパスにページがあり処理を行う必要があったなら、Hogeコントローラーの中にはa, b, cという3つのアクションが用意され、それぞれのパスにアクセスした際の処理を行うのですね。

この「コントローラー」と「アクション」という構造を、まずはよく頭に入れておいてください。

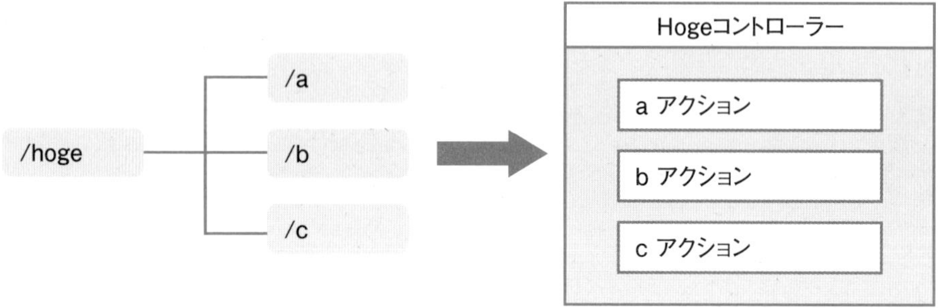

図3-4 /hoge下にある/a, /b, /cといったパスの処理は、Hogeコントローラー内にa, b, cというアクションとして用意される。

ページ=アクション+ビュー

従来ならば、「では、コントローラーを作成し、そこにアクションを用意して、それに対応するビューを作成して……」と説明が続くことになるのですが、Sails.jsではちょっと違います。

コントローラーというのは、説明でもわかるように「あるパス下にある多数のアクションをひとまとめに扱う」というものです。これは、いくつものアクションがずらっと必要になるような場合はとても便利です。けれど、「このパスに1つのアクションを用意するだけ」といったときには、少々大げさです。

単純に「1つページを作りたい」というような場合は、「アクションとビュー」が1つずつあればいいのです。コントローラーなんて大げさなものは必要ありません。

そこでSails.jsでは、コントローラーとは別に「単体のアクション」も作れるようになっています。「1つページを作るだけ」という場合、そのためのアクションとビューをセットで作成し、すぐに処理を書けるようにしているのですね。

 /helloアクションを作る 

では、アクション+ビューのシンプルなページから作っていきましょう。これは、sailsコマンドを使って作成できます。

まだコマンドプロンプト(ターミナル)は開いたままになっていますか? では、以下のようにコマンドを実行しましょう。

```
sails generate page hello
```

```
ターミナル　問題　出力　デバッグ コンソール　cmd

D:\tuyan\Desktop\sails_app>sails generate page hello

Successfully generated:
 •- views\pages\hello.ejs
 •- api\controllers\view-hello.js
 •- assets\styles\pages\hello.less
 •- assets\js\pages\hello.page.js
```

図3-5　sailsコマンドでページを作る。

これで「hello」というページに必要なファイル類が作成されます。新しいページの作成は、このように「sails generate page」というコマンドを使います。最後にページの名前をつけて実行すると、その名前のページが作成されます。

作成されるファイルについて

では、「hello」ページを作成すると、どのようなファイルが用意されるのでしょうか。新たに追加されるファイルを整理すると以下のようになります。

```
views/pages/hello.ejs
ap/controllers/view-hello.js
assets/styles/pages/hello.less
assets/js/pages/hello.page.js
```

「views」フォルダー内の「pages」フォルダーの中に作成される「hello.ejs」が、/helloにアクセスした際に表示されるページのテンプレートファイルになります。

また「api」フォルダー内の「controllers」フォルダーに作成される「view-hello.js」は、/helloでの処理を担当するアクションファイルです。

この他、「assets」フォルダー内の「styles」と「js」の中にそれぞれファイルが作成されますが、これらはhello.ejsのテンプレートが画面に表示される際に読み込まれるスタイルシートとJavaScriptファイルです。

(ただし、これらはアプリケーションを作成する際、「Web App」を選んで作成した場合を前提に作られているため、「Empty」を選んで作ったアプリケーションではデフォルトでこ

Chapter 1 Chapter 2 Chapter 3 Chapter 4 Chapter 5 Chapter 6

れらのファイルが使われるようにはなっていません。従って削除して構いません)

 view-hello.jsアクションについて 

では、作成されたファイルを見ていきましょう。まずは、アクションファイルからです。「api」内の「controllers」フォルダーの中にある「view-hello.js」ですね。sails generate pageで作成されるアクションは、「view-アクション.js」という名前のファイルとして作成されます。

このファイルには、デフォルトで以下のようなコードが書かれています。

リスト3-1

```
module.exports = {
  friendlyName: 'View hello',
  description: 'Display "Hello" page.',
  exits: {
    success: {
      viewTemplatePath: 'pages/hello'
    }
  },
  fn: async function () {
    return {};
  }
};
```

なんだかよくわからないな…と思ったかも知れませんね。これは、わかりやすく整理するとこのような文が書かれているのです。

```
module.exports = オブジェクト;
```

module.exportsというのは、Expressのところで登場しましたね。モジュールとして呼び出した側にオブジェクトを返すものでした。つまりこれは、このアクションファイルのコードをどこかから呼び出したときに、オブジェクトを返す文が書かれていたわけです。

アクションのオブジェクト

では、どのようなオブジェクトが返されているのでしょうか。整理すると以下のようになっています。

```
{
  friendlyName: 'View hello',
  description: 説明文,
  exits: ページを抜けるときの設定,
  fn: async function () {
   実行する処理
  }
};
```

これらの設定情報をまとめたものを用意すれば、アクションが完成するというわけです。このうち、fnに設定されている関数以外のものはデフォルトで必要な値が用意されていますから特に編集する必要はありません。「fnの関数を用意する＝アクションを作成する」ということだと考えていいでしょう。

アクションの関数を作成する

では、このアクションはどのような処理を書けばいいのでしょうか。デフォルトでは、return {}; という文があるだけですね。

このreturn {}; という文は、重要です。これは「空のオブジェクトを返している」というものです。これで、ページを表示する処理は完成しているのです。つまり、アクションにおいては、「何も処理など用意しなくてもページの表示は完成している」のです。コードを書かなくとも、「views」内の「pages」から対応するページのテンプレートを読み込み、レンダリングしてクライアントに表示する、という処理は自動的に行われるのです。

では、ここでreturnしているオブジェクトは一体、何なのか？ それは、「テンプレートに渡す情報」です。ここにさまざまな値をまとめたオブジェクトを用意しreturnすれば、それがテンプレート側で利用できるようになるのです。

では、実際に簡単なオブジェクトを作って返してみましょう。fnに設定されている関数を以下のように書き換えてください。

リスト3-2

```
fn: async function () {
  return {
    title: '新しいアクション！',
    message: 'これは、新たに作成したアクションです。'};
}
```

ここでは、title, messageという2つの値をオブジェクトの中に用意しています。これらの値がテンプレート側に渡され、利用できるようになります。

Chapter 1 Chapter 2 Chapter 3 Chapter 4 Chapter 5 Chapter 6

 pages/hello.ejsを修正する 

では、テンプレートファイルを作りましょう。「views」内にある「pages」フォルダーの中に「hello.ejs」というファイルが作成されています。これを開いてください。そして、以下のように内容を記述しましょう。

リスト3-3

```
<div id="hello" v-cloak>
  <h1><%= title %></h1>
  <p><%= message %></p>
</div>
<%- exposeLocalsToBrowser() %>
```

ejsテンプレートエンジンの使い方は、Expressで説明しましたね。<%= title %>と<%= message %>は、それぞれサーバー側のコードから渡された値を出力するものです。アクションのfnに用意した関数でこれらの値がreturnされていました。それらを使って表示を行っているのです。

コラム exposeLocalsToBrowserって、なに？ Column

ここでは、最後にexposeLocalsToBrowserという関数が実行されています。これは一体、何でしょう？

これは、サーバー側に用意された値をクライアント側のJavaScriptに渡すためのものです。例えばここではtitleやmessageといった値を出力しています。が、これらはサーバー側でレンダリングされる際に値が書き出され、クライアント側に送られた段階ではこれらの変数は消え、テキストになっています。つまり、クライアント側では、どんな値がサーバーから渡されているのかわからないし、それらの値は使えないのです。

このexposeLocalsToBrowser関数は、この問題を解消します。これを用意しておくと、SAILS_LOCALSという値の中にサーバーからテンプレートにreturnされた値が保管されます。クライアント側のJavaScriptから、これらの値が使えるようになるのです。

 routes.jsにルーティングを追加する 

これでページは完成しました。が、まだこれだけではページは表示されません。最後にルーティングの情報を設定ファイルに追記しておく必要があります。

「config」フォルダーの中に「routes.js」というファイルがあるので、これを開いてください。これが、アプリケーションのルーティングを管理するファイルです。この中を見ていくと、このような文が見つかります。

```
'/': { view: 'pages/homepage' },
```

これは、トップページにアクセスしたときに「pages」内のhomepage.ejsを表示する設定です。そう、ダミーページとして用意されていたページのことです。ルーティングの設定は、このようにパスと設定情報オブジェクトで構成されます。

```
パス： 設定オブジェクト
```

このような形ですね。ここでは「view」という項目が用意されていました。これは、指定したテンプレートファイルを読み込んで表示するためのものです。つまり、アクションなどは使わず、ただテンプレートの内容をそのまま表示するためのものです。

/helloのルーティングを追記する

では、この文の下に、/helloのルーティング設定を追記しましょう。以下のように追加をしてください。

リスト3-4

```
'/hello': { action: 'view-hello' },
```

ここでは'/hello'というパスにアクセスしたら、{ action: 'view-hello' }という設定情報を元に処理を行います。actionは、実行するアクションを示す項目です。アクションの場合、このように「action」という項目を用意すれば、アクセス時にそのアクションが実行されるようになります。

表示を確認！

これで/helloページが作成できました。実際にWebブラウザからhttp://localhost:1337/helloにアクセスをしてみてください。タイトルとメッセージが表示されるのがわかるでしょう。

図3-6 /helloにアクセスすると、view-hello.jsアクションが実行されページが表示される。

コントローラーを作成する

これでアクションによるページの作成ができました。アクションは、generate pageでアクションファイルとテンプレートファイルが自動生成されるため、ページ作成もとても簡単でした。

今度は、コントローラーを使ってみることにしましょう。コントローラーの場合、アクションのように「コントローラーとテンプレートを同時に作る」ということは行ってくれません。その代りといってはなんですが、コントローラーに用意するアクションを必要なだけ用意しておくことができます。

コントローラーの作成は、以下のようなコマンドを使って行います。

```
sails generate controller コントローラー名 アクション1 アクション2 ……
```

sails generate controllerの後にコントローラーの名前を指定します。そしてその後に、コントローラーに用意しておくアクションの名前を必要なだけ記述します。

Sampleコントローラーを作る

では、実際にコントローラーを作成してみましょう。コマンドプロンプトあるいはターミナルでカレントディレクトリがアプリケーションフォルダー（sails_app）内にあるのを確認し、以下のコマンドを実行します。

```
sails generate controller sample index add edit delete
```

```
ターミナル　問題　出力　デバッグ コンソール　　node

D:\tuyan\Desktop\sails_app>sails generate controller sample index add edit delete
 info: Created a new controller ("sample") at api/controllers/SampleController.js!

D:\tuyan\Desktop\sails_app>
行 8、列 1　スペース: 2　UTF-8　LF　HTML
```

図3-7　sails generate controllerでコントローラーを作成する。

これで、「api」内の「controllers」フォルダーの中に「SampleController.js」というファイルが作成されます。これがSampleコントローラーのソースコードファイルです。デフォルトでは以下のようなコードが記述されています(コメントは省略)。

リスト3-5

```
module.exports = {
  index: async function (req, res) {
    return res.json({
      todo: 'index() is not implemented yet!'
    });
  },

  add: async function (req, res) {
    return res.json({
      todo: 'add() is not implemented yet!'
    });
  },

  edit: async function (req, res) {
    return res.json({
      todo: 'edit() is not implemented yet!'
    });
  },

  delete: async function (req, res) {
    return res.json({
      todo: 'delete() is not implemented yet!'
    });
  }
};
```

やはり、アクションの場合と同様にmodule.exports = {…}というようにオブジェクトをエクスポートする形になっています。オブジェクトの内容を整理すると、このようになっています。

```
{
  index: 関数,
  add: 関数,
  edit: 関数,
  delete: 関数
}
```

見ればわかるように、sails generate controllerで指定したアクションがそのままオブジェクトの項目として用意されています。

アクションの非同期関数

それぞれのアクションには非同期関数が用意されています。関数の内容はいずれも同じもので、以下のようになっています。

```
async function (req, res) {
  return res.json({
    todo: '○○ is not implemented yet!'
  });
}
```

引数には、req, resという2つの値が渡されています。これらは、それぞれリクエスト(クライアントからサーバーへのアクセス情報)とレスポンス(サーバーからクライアントへの返信情報)の2つのオブジェクトになります。ここから必要なものを取り出して処理を行っていきます。

先に作成したアクションでは、実行する関数には引数はありませんでした。コントローラーのアクションと、rails generate pageで作成されるアクションは、同じものではありません。rails generate pageで作られるアクションは、簡単にアクションの処理を作れるようにしたものであり、リクエストやレスポンスの処理などを細かく設定するようなことは想定していないのです。こうしたことまで考えなければならないような場合は、コントローラーを利用するべきでしょう。

jsonメソッドについて

これらの関数では、returnで値を返すようになっています。ここでは、レスポンスにある「json」というメソッドを使っています。これは以下のように利用します。

```
《レスポンス》.json( オブジェクト )
```

このjsonは、引数に指定したオブジェクトをJSON形式のデータをレスポンスのボディ(送り返されるコンテキスト)に設定します。これをそのままreturnすれば、設定されたJSONデータがクライアント側に返されるのです。

このことからもわかるように、コントローラーのアクション関数は、単にオブジェクトを返せばいいわけではありません。レスポンスの返信を扱うオブジェクトをreturnする必要があるので。これは、res (レスポンス)に用意されているメソッドを呼び出し、その戻り値をreturnするのが基本です。

 ルーティング設定を追加し公開する 

では、コントローラーはそのままにしておいて、とりあえず用意されたアクションを公開してみましょう。sails generate controllerは、コントローラーとアクション関数は生成しますが、これらを自動的に公開してくれるわけではありません。公開は、「config」フォルダー内にある「routes.js」にルーティングの情報を記述する必要があります。

では、routes.jsファイルを開き、先に記述した'/hello'の設定の下に以下の文を追記してください。

リスト3-6

```
'/sample': { controller: 'SampleController', action: 'index' },
```

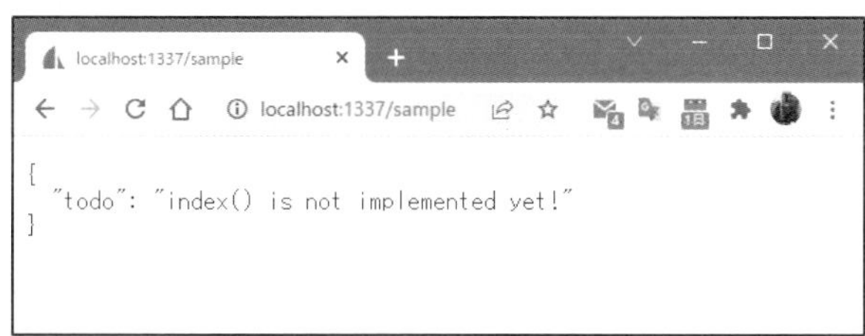

図3-8 /sampleにアクセスすると、JSONデータが表示される。

修正できたら、実際に動作を確認しましょう。コマンドプロンプト(ターミナル)から「sails lift」を実行し、Webブラウザからhttp://localhost:1337/sampleにアクセスをしてみましょう。すると、"todo"という項目が1つあるだけのJSONデータが出力されます。これが、デフォルトで用意されているアクションの出力です。

まだ何も処理らしいものは書いていませんが、これで「コントローラーのアクションにルーティングを設定し、公開する」という基本の作業はできるようになりました。

indexページを作る

では、ルーティングを設定した/sampleのページに何かを表示させてみましょう。コントローラーにあるindexアクションの関数を修正し、このアクションで呼び出されるテンプレートを用意すれば、ページを作成できます。

まずはコントローラー側の修正からです。SampleController.jsのindexに設定されている関数を以下のような形に書き直してください。

リスト3-7

```
index: async function (req, res) {
  return res.view({
    title:'Sample!',
    message:'これはサンプルで作成したコントローラーです。'
  })
},
```

これは、テンプレートに値を渡してレンダリングし、その結果を出力させるものです。ここでは、先ほどのres.jsonに代り、「view」というメソッドが呼び出されています。

```
《レスポンス》.view( オブジェクト )
```

viewは、引数にオブジェクトを指定して呼び出します。これにより、引数のオブジェクトがテンプレートファイルに渡され、レンダリングされます。returnにより、このres.viewの戻り値をコンテンツとしてクライアント側に渡します。

ここでは、オブジェクトの中にtitleとmessageという2つの値を用意しておきました。これらの値をテンプレート側で使って表示を作ればいいわけですね。

テンプレートファイルの用意

では、テンプレートを用意しましょう。今回は、Sampleコントローラーにあるindexアクションで使うテンプレートです。

テンプレートは、「views」フォルダーの中に保管されています。これはフォルダー内に適当においていいわけではありません。基本的に「コントローラー名のフォルダー」を用意し、その中に各アクション名のテンプレートファイルを用意していくことになります。

では、「views」フォルダーの中に、新たに「sample」という名前のフォルダーを作成してください。これがSampleコントローラーのアクションで使われるテンプレートを保管する場所になります。

そして、その「sample」フォルダーの中に「index.ejs」という名前でファイルを作成してください。これが、コントローラーのindexに設定された関数で利用されるテンプレートになります。

ファイルを用意したら、以下のように記述をしましょう。

リスト3-8

```
<div id="hello" v-cloak>
  <h1 class="display-4"><%= title %></h1>
  <p><%= message %></p>
</div>
<%- exposeLocalsToBrowser() %>
```

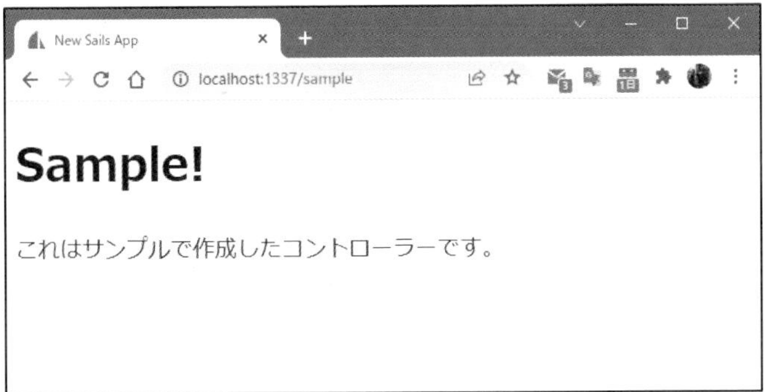

図3-9 /sampleにアクセスするとページが表示される。

作成できたら、アプリケーションを実行して/sampleにアクセスをしてみてください。「Sample!」とタイトルが表示されたページが現れます。これが、作成したテンプレートによる表示です。

テンプレートの内容を見ると、<%= title %>と<%= message %>といった記述があるのがわかります。これらはejsテンプレートエンジンで利用できる特別な記号でしたね。ejsの使い方については、前章でExpressを利用したときに説明しました。<%= %>により、titleやmessageといった値が出力されていたわけです。

このtitle, messageといった値は、indexアクションでres.viewの引数に設定したオブジェクトに用意されていました。アクション側で用意した値がテンプレートで出力されているのがこれでわかります。

コラム 「pages」フォルダーは何のためにある？ Column

前回、sails generate pageでhelloページを作成したときは、hello.ejsというテンプレートファイルは「views」内の「pages」というフォルダーの中にまとめられていました。これは、このアクションがsails generate pageによってページとして作成されているからです。

ページとして作られたアクションに割り当てられるテンプレートは、「views」内の「pages」というフォルダーの中に用意されます。ページとして作られたアクションはコントローラーの中にあるわけではないので、「pages」という特別なフォルダーを用意してまとめているのですね。

レイアウトを編集する

これでページの表示はできましたが、よく見るとちょっと問題があるのに気がつくでしょう。先ほどのindex.ejsでは、表示する要素のclass属性にBootstrapのクラスを設定してありました。けれど、それらが適用された様子はありません。

これは、考えてみれば当然ですが、Bootstrapを読み込む<link>を追加していないためです。index.ejsに<link>タグを追加して読み込ませることもできますが、それではすべてのページのテンプレートに<link>を用意しなければいけません。

こうしたすべてのページに適用したいものは、もっと別のやり方で組み込んだほうがいいでしょう。それは「レイアウト」を使うのです。

ここまで作成したテンプレートファイルでは、<htlm>も<body>もなく、ただ表示したいコンテンツだけをHTMLとして書いていました。なぜ、それで問題なくページが表示されたのか。それは、Sails.jsのアプリケーションには「レイアウト」のテンプレートがあり、それを利用して各ページが作られていたからです。

レイアウトのテンプレートファイルは、「views」内の「layouts」フォルダーに保管されます。このフォルダーにはデフォルトで「layout.ejs」というファイルが用意されています。これがアプリケーションのレイアウトファイルです。

では、このファイルを開いて、中身を以下のように書き換えてください。

リスト3-9

```
<!DOCTYPE html>
<html>
  <head>
    <title><%=title %></title>
    <meta name="viewport" content="width=device-width, initial-scale=1,↵
        maximum-scale=1">
```

```
    <link rel="stylesheet" href="/styles/importer.css">
    <link href="https://cdn.jsdelivr.net/npm/bootstrap@5.0.2/dist/css/ ↵
        bootstrap.min.css" rel="stylesheet">
  </head>
  <body class="container mt-2">
    <%- body %>
    <div class="m-4"> </div>
    <div style="width:100%"
      class="fixed-bottom bg-secondary p-2">
      <h6 class="text-center text-white m-0">
        copyright 2022 SYODA-Tuyano.</h6>
    </div>
    <script src="/dependencies/sails.io.js"></script>
    <script src="/js/pages/hello.page.js"></script>
  </body>
</html>
```

図3-10　/sampleにアクセスすると、このようにレイアウトされて表示される。

修正できたら、再びアプリケーションを実行して/sampleにアクセスしてみましょう。すると、今度はBootstrapのクラスが適用された形でページが表示されるようになります。

/sampleだけでなく、/helloにアクセスすると、ページの下部にフッターが表示されるのがわかるでしょう。layout.ejsにフッターを追加しているため、すべてのページで表示されるようになっているのです。

ただし、トップページにアクセスをすると、エラーになって表示されないはずです。これは、layout.ejsの中に<%= title %>を使ってページのタイトルを表示するようにしているため、titleの値が用意されていないページではエラーになるのです。

コラム レイアウトの指定はconfig/views.jsで行う Column

レイアウトは「layouts」フォルダーにあるlayout.ejsとして用意されていました。では、自分でオリジナルのレイアウトファイルを作成して使用したいときはどうすればいいのでしょう。

使用するレイアウトファイルは、「config」フォルダーにある「views.js」というファイルで設定されています。この中にある、以下の文がレイアウトを指定する設定です。

```
layout: 'layouts/layout'
```

この値を変更すれば、layout.ejs以外のファイルをレイアウトファイルに指定することもできます。

Section 3-2 Webアプリの基本機能を考える

フォームの送信

では、アクションとテンプレートの基本的な使い方がわかったところで、Webアプリケーションで使われる各種の機能の実装方法について見ていくことにしましょう。まずは、フォームの送信からです。

フォームの送信では、<form>を使って特定のパスにフォームの内容を送信し、アクション側でそれを受け取って処理を行うことになります。このとき考えなければならないのが「POST送信時の処理」です。

アクションとその関数を見れば気がつくことですが、Sails.jsのアクションでは、パスと関数を割り当てているだけで、メソッド(GETやPOST)による割り当てなどは特に考えていません。従って、フォームの送信先となるアクションでは、「POSTで送信されたかどうか」をチェックして処理を行うような工夫が必要になります。

では、実際に簡単なサンプルを作って説明をしましょう。まずはテンプレートを修正します。「views」内の「sample」フォルダーにある「index.ejs」を開き、内容を以下に書き換えてください。

リスト3-10

```
<div id="hello" v-cloak>
  <h1 class="display-4"><%= title %></h1>
  <p><%= message %></p>
  <form method="post" action="/sample">
    <div class="mb-3">
      <label for="msg" class="form-label">ID</label>
      <input type="text" class="form-control"
        id="msg" name="msg">
    </div>
    <button type="submit" class="btn btn-secondary">送信</button>
  </form>
</div>
```

```
<%- exposeLocalsToBrowser() %>
```

ここでは、<form>の属性にmethod="post" action="/sample"と指定をし、/sampleにPOST送信するようにしてあります。フォームには、name="msg"の入力フィールドを1つだけ用意してあります。

indexアクションをPOSTに対応させる

では、フォームの表示と送信の処理を行うアクションを用意しましょう。「api」内の「controllers」からsample.jsを開き、indexの項目を以下のように修正してください。

リスト3-11

```
index: async function (req, res) {
  message = '名前を入力：'
  if (req.method == 'POST'){
    message = 'こんにちは、' + req.body.msg + 'さん！'
  }
  return res.view({
    title:'Sample!',
    message:message
  })
},
```

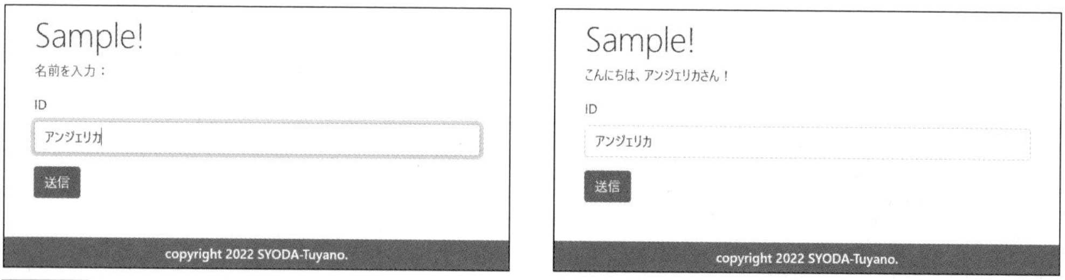

Sample!
名前を入力：
ID
アンジェリカ
送信
copyright 2022 SYODA-Tuyano.

Sample!
こんにちは、アンジェリカさん！
ID
アンジェリカ
送信
copyright 2022 SYODA-Tuyano.

図3-11　フォームに名前を書いて送信すると、メッセージが表示される。

/sampleにアクセスし、フォームのフィールドに名前を記入して送信してください。「こんにちは、○○さん！」とメッセージが表示されます。

req.methodとreq.body

この関数では、messageにメッセージを用意した後、POST送信されていた場合は送信されたフォームの値を使ってmessageを再設定しています。この部分ですね。

```
if (req.method == 'POST'){
    message = 'こんにちは、' + req.body.msg + 'さん！'
  }
```

リクエストの「method」プロパティは、クライアントがどのようなHTTPメソッドでアクセスしてきたかを保管するものです。この値がPOSTならば、アクセスに使われたメソッドはPOSTであるとわかります。

そしてPOST送信だった場合は、リクエストの「body」から指定した名前の値を取り出します。bodyは、クライアントから送られてきたコンテンツのボディ部分を示すもので、フォーム送信の値はすべてこの中に保管されています。name="msg"であれば、req.body.msgで値が得られるというわけです。

この「req.methodでメソッドを調べる」「req.bodyで送信データを取り出す」という2点さえしっかり理解していれば、フォーム送信は簡単に作成できます。

GETとPOSTを分けて処理する

フォームの送信は簡単にできましたが、これは「実行する処理が簡単だから」でもあります。本格的なアプリ開発になれば、GETでもPOSTでもより複雑な処理を行うことになるでしょう。

そうなると、GETとPOSTを1つのメソッドの中で対応するのは、コードもわかりにくくなりますし、バグなどが交じる可能性も高まります。やはり、「GETはこのメソッド」「POSTはあっちのメソッド」というように両者をきっちり分けて管理できたほうが安心ですね。

これは、実はルーティングを書き換えることで対応できます。「config」内の「routes.js」には、以下のような形でSampleのindexアクションのルーティングが設定されていました。

```
'/sample': { controller: 'SampleController', action: 'index' },
```

この文を削除し、以下の2文を新たに追記してください。

リスト3-12

```
'GET /sample': { controller: 'SampleController', action: 'index' },
'POST /sample': { controller: 'SampleController', action: 'index_posted'
},
```

パスの指定のところに、'GET /sample'というようにメソッド名が追加されています。このように「メソッド パス」という形で記述することで、メソッドごとにアクションを割り当てることができるようになるのです。

今回は、GET時にindexアクションを、POST時にはindex_postedというアクションを割り当てることにしました。

テンプレートを追加する

このやり方は、メソッドを簡単に分けることができ便利ですが、1つだけ欠点があります。それは「2つのアクションに分かれるので、テンプレートもそれぞれ用意しないといけない」という点です。

今回はPOST時にindex_postedというアクションに送信するようにしましたので、これ用のテンプレートを追加する必要があります。「views」内の「sample」フォルダーに、新たに「index_posted.ejs」というファイルを作成してください。そして以下のように記述しましょう。

リスト3-13

```
<div id="hello" v-cloak>
  <h1 class="display-4"><%= title %></h1>
  <p><%= message %></p>
  <form method="post" action="/sample">
    <div class="mb-3">
      <label for="msg" class="form-label">ID</label>
      <input type="text" class="form-control"
        id="msg" name="msg" value="<%=msg %>">
    </div>
    <button type="submit" class="btn btn-secondary">送信</button>
  </form>
</div>
<%- exposeLocalsToBrowser() %>
```

基本的にはindex.ejsと同じです(<inputのvalueに<%= msg %>を追加しただけです)。index.ejsのほうは先ほど作ったものをそのまま使います。

index/index_postedアクションの用意

では、アクションを作成しましょう。「api」内の「controllers」内にある「SampleController.js」を開き、indexアクションを削除して、そこに以下の2つのアクションを追記しましょう。

リスト3-14

```
index: async function (req, res) {
  message = '名前を入力：'
```

```
    msg = ''
    return res.view({
      title:'Sample!',
      message:message
    })
  },
  index_posted: async function (req, res) {
    msg = req.body.msg
    message = 'こんにちは、' + msg + 'さん！'
    return res.view({
      title:'Sample!',
      message:message,
      msg:msg
    })
  },
```

これで完成です。/sampleにアクセスしてフォームを送信しましょう。先ほどと見た目も動作も全く変わりありませんが、内部的にはindexとindex_postedでそれぞれ処理を分けて実行するようになりました。

パラメーターの利用

値の受け渡しは、フォーム以外にもあります。それは「パラメーター」です。アクセスするURLに値を付け足すことで必要な情報をサーバー側に送ることができます。

これは、ルーティングの設定で、パラメーターに関する記述をする必要があります。例えば、ルーティングを設定するパスに以下のような形でパラメーターの指定をしておくのです。

```
'/○○/:名前'
```

これで、指定した名前でパラメーターを渡すことができます。/:a/:b/:cというように連続して記述していけば、複数の値をパラメーターとして渡すこともできます。

idパラメーターを追加する

では実際にやってみましょう。「config」内の「routes.js」を開き、'GET /sample'の設定を以下のように修正してください。

リスト3-15

```
'GET /sample/:id?': { controller: 'SampleController', action: 'index' },
```

ここでは「:id」というようにして、idというパラメーターを渡すようにしました。これで、例えば/sample/hogeにアクセスすると、hogeという値がidパラメーターとして渡されるようになります。

よく見ると、:idの後に?がついていますね？ これは「省略可」であることを示します。/sample/:idとすると、idパラメーターは必須であり、/sampleではエラーが発生するようになります。が、/sample/:id?とするとidは省略可能になり、/sampleとidをつけずにアクセスすることもできるようになります。

indexアクションを修正する

では、アクションを修正しましょう。「api」内の「controllers」内にある「SampleController.js」を開き、indexアクションの内容を以下のように修正してください。

リスト3-16

```
index: async function (req, res) {
  if (req.param('id')) {
    message = 'あなたのIDは、' + req.param('id') + ' です。'
  } else {
    message = '名前を入力：'
  }
  if (req.method == 'POST'){
    message = 'こんにちは、' + req.body.msg + 'さん！'
  }
  return res.view({
    title:'Sample!',
    message:message
  })
},
```

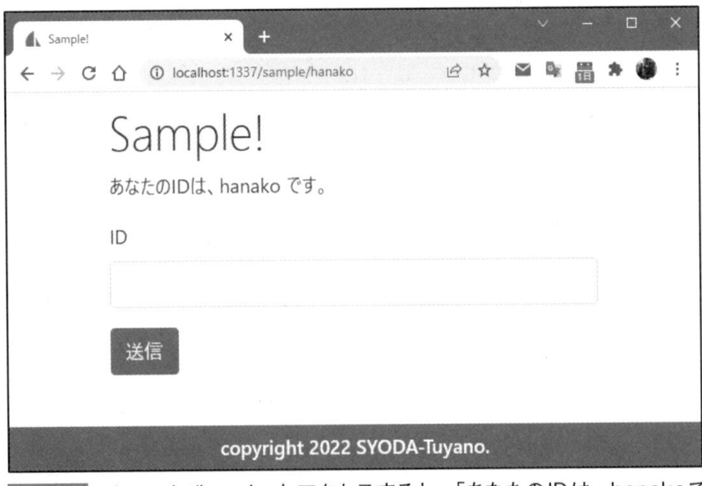

図3-12　/sample/hanakoとアクセスすると、「あなたのIDは、hanakoです。」と表示される。

修正できたら、リスタートして/sampleにアクセスしましょう。普通に/sampleにアクセスすると、「名前を入力：」とメッセージが表示されます。/sample/hanakoというように/sampleの後にパラメーターを付けてアクセスすると、「あなたのIDは、hanakoです。」というようにメッセージが変わります。

req.paramメソッドについて

ここでは、以下のようにしてidパラメーターがあるかどうかをチェックし、値を利用しています。

```
if (req.param('id')) {
  message = 'あなたのIDは、' + req.param('id') + ' です。'
}
```

req（リクエスト）にある「param」というメソッドは、パラメーターの値を取得するためのものです。引数にパラメーター名を指定すると、そのパラメーターの値が返されます。これでパラメーターの値を簡単に利用できるようになりますね！

クエリーパラメーターは？

パラメーターには、もう1つ別のものがあります。それは「クエリーパラメーター」というものです。Webサイトにアクセスしていると、ときどき「http://〇〇/?xxx=zzz&yy=……」というようなURLにアクセスしていることがあります。この？以降の部分がクエリーパラメーターです。

これは、以下のような形でURL末尾に記述をします。

```
?キー=値&キー=値&……
```

キー（パラメーター名）にイコール記号で値を設定したものを&で必要なだけつなげて記述します。

このクエリーパラメーターは、ルーティングなどに記述をする必要がありません。アクションにコードを追記するだけですぐに利用できます。

indexアクションでクエリーパラメーターを利用する

ではアクションを修正して、クエリーパラメーターの値を扱うようにしてみましょう。SampleController.jsのindexアクションを以下のように書き換えてください。

リスト3-17

```
index: async function (req, res) {
  if (req.param('id')) {
    message = 'あなたのIDは、' + req.param('id') + ' です。'
  } else {
    message = '名前を入力：'
  }
  if (req.query.name) {
    message += '（あなたの名前は、' + req.query.name + 'ですね？）'
  }
  if (req.method == 'POST'){
    message = 'こんにちは、' + req.body.msg + 'さん！'
  }
  return res.view({
    title:'Sample!',
    message:message
  })
},
```

図3-13 URL末尾に?name=yamadaとつけると、「あなたの名前は、yamadaですね？」とメッセージが追加される。

修正したら、/sampleにアクセスし、URLの末尾に「?name=○○」という形で名前を追加してみてください。メッセージに、「あなたの名前は、○○ですね？」と追加されます。通常のパラメーターをつけた場合とつけない場合で表示を確認しましょう。

req.queryについて

ここでは、パラメーターの処理を行った後、以下のようにしてクエリーパラメーターを利用しています。

```
if (req.query.name) {
  message += '（あなたの名前は、' + req.query.name + 'ですね？）'
}
```

req（リクエスト）の「query」というプロパティに、クエリーパラメーターの値がまとめられています。今回は、nameパラメーターの値を利用しますから、req.query.nameの値があれば、それを元にメッセージを追加しています。

このように、クエリーパラメーターはreq.queryの使い方さえ知っていれば簡単に情報をURL経由で受け取ることができます。通常のパラメーターよりも使い勝手はいいかも知れません。

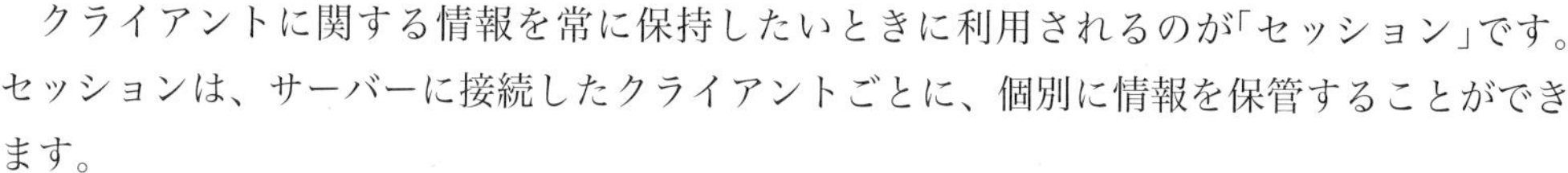

セッションの利用

クライアントに関する情報を常に保持したいときに利用されるのが「セッション」です。セッションは、サーバーに接続したクライアントごとに、個別に情報を保管することができます。

このセッションを利用するためには、準備が必要です。「config」フォルダーの中に「session.js」というファイルがあります。これを開いてください。ここには以下のような記述がされています。

リスト3-18

```
module.exports.session = {
  secret: '……ランダムなテキスト……',
};
```

長いコメントが付けられているので複雑そうに見えますが、実際のコードはたったこれだけなのです。

ここでは、「secret」という値が用意されています。これは、サーバーに設定される秘密キーとなる値です。セッションを利用する場合は、まずこのsecretの値をそれぞれで書き換えてください。見ればわかるように、ランダムな英数字ならばどんなものでも構わないので、必ず値を変更してください。

テンプレートに追記する

セッションでは、必要な値をいくらでも保管することができます。ここではサンプルとして、送信されたメッセージをすべてセッションに保管してみましょう。

まず、テンプレートにセッションの内容を表示するためのコードを追加しておくことにします。「veiws」内の「sample」フォルダーにある「index.ejs」を開き、適当なところ(<form>～</form>の下あたり)に以下のコードを追加してください。

リスト3-19

```
<ul>
  <% for(var item of data) { %>
    <li><%= item %></li>
  <% } %>
</ul>
```

これは、アクションから渡されたdataという配列の内容をリスト出力するものです。アクション側で、セッションのデータをdataに設定してテンプレートに渡すようにすれば、その内容がここに出力されます。

indexアクションを修正する

では、アクションを修正してセッションにメッセージを保管していくようにしましょう。「SampleController.js」を開き、indexとindex_postedアクションの内容を以下のように書き換えてください。

リスト3-20

```
index: async function (req, res) {
  if (!req.session.data) {
    req.session.data = []
  }
  return res.view({
    title:'Sample!',
    message:'メッセージを送信してください。',
    data:req.session.data
  })
},

index_posted: async function (req, res) {
  msg = req.body.msg
  req.session.data.unshift(msg)
  return res.redirect('/sample')
```

```
},
```

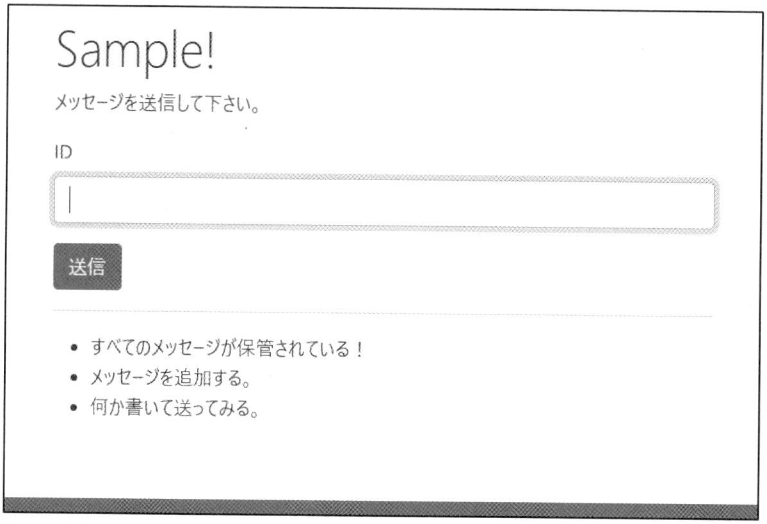

Sample!

メッセージを送信して下さい。

ID

送信

- すべてのメッセージが保管されている！
- メッセージを追加する。
- 何か書いて送ってみる。

図3-14 フィールドにメッセージを書いて送信すると、それが下に表示される。送信したメッセージはすべて記憶されていく。

/sampleにアクセスし、フォームのフィールドに適当にテキストを書いて送信してみましょう。送ったメッセージが、リストとして表示されます。何回かメッセージを送ると、それらがすべて記憶されているのがわかるでしょう。

req.sessionについて

では、コードを見てみましょう。indexアクションでは、以下のようにしてセッションのdataの値を準備しています。

```
if (!req.session.data) {
  req.session.data = []
}
```

ここで使われている、req（リクエスト）の「sessionというプロパティが、セッションの情報を管理するものです。この中に、さまざまな値がプロパティとして保管されます。

ここでは、req.session.dataの値がなければ、req.session.dataに空の配列を設定しています。そしてres.viewで渡すオブジェクトでは、data:req.session.dataというようにしてdataセッションの値をdataに設定して渡します。テンプレート側は、このdataから配列を取り出し表示するわけです。

dataセッションに追加する

フォームの送信後の処理を行うindex_postedでは、フォームから送信された値を以下のようにしてdataセッションに追加しています。

```
msg = req.body.msg
req.session.data.unshift(msg)
```

req.body.msgの値を変数に取り出し、unshiftで一番前にメッセージを追加します。これで、dataセッションに値が追加されます。

リダイレクトについて

index_postedでは、セッションへの値の格納が終わったら、以下のようなメソッドを呼び出していますね。

```
return res.redirect('/sample')
```

このres（レスポンス）の「redirect」というメソッドは、リダイレクトを行うためのものです。これにより、引数に指定した/sampleに移動します。

このredirectによるリダイレクトは、特定のパスにアクセスするのに多用されます。ここで合わせて覚えておいてください。

Chapter 1
Chapter 2
Chapter 3
Chapter 4
Chapter 5
Chapter 6

Section 3-3 モデルとデータベース

Sails.jsのデータベース利用

ここまでのサンプルは、基本的にMVCの「VとC」のみで作成されていました。データベースとのやり取りを行う「M（モデル）」の部分は使ってきませんでした。

Sails.jsには、データベースアクセスに関する機能はないのか？ いいえ、もちろん用意されています。Expressのように「データベース関係は別途フレームワークをインストールして」とはなっていません。標準でデータベース関係の機能も完備しています。

Sails.jsのデータベース関連の機能は、大きく「データベース利用の設定」と「データベース利用のためのコード」に分けて考えることができます。

設定	Sails.jsからデータベースを利用するための設定が必要です。どんなデータベースにどのような設定でアクセスするか。また、後述の「モデル」を利用する上でどのような設定が必要か。これらを考えて、あらかじめ設定ファイルに記述をしておきます。
コード	データベースに保管されているレコード類は「モデル」というオブジェクトとして扱われます。このモデルの定義を用意しておく必要があります。

これらの用意ができたら、Sails.jsのアクション内からデータベースにアクセスができるようになります。

ORMとモデル

前章でPrismaについて説明する際に触れましたが、プログラミング言語からデータベースにアクセスする場合、よく用いられるのが「ORM（Object-Relational Mapping）」と呼ばれる技術です。これは、データベースにアクセスするのに専用のデータベース言語(SQLというもの)を使わず、プログラミング言語のオブジェクトを扱うのと同じ感覚でアクセスできるようにする技術です。

Sails.jsのデータベース機能も、独自に用意されたORMを用いて行われます。Sails.jsでは、データベースのテーブルへのアクセスは「モデル」と呼ばれるものを利用して行います。このモデルは、データベースのテーブルに相当するものであり、またそこに保管されているレコードをオブジェクトとして扱うためのものでもあります。

Sails.jsでは、データベースのテーブルに相当するものがモデルの定義として用意されます。そしてテーブルへのアクセスも、このモデルのオブジェクトにあるメソッドを使って行います。取得されるレコードは、モデルで定義したオブジェクトとして取り出し、扱うことができます。

データベース言語であるSQLを使う必要はなく、最初から最後までJavaScriptのメソッドとオブジェクトでデータベースを操作できるようになっているのです。

datastore.jsを設定する

では、データベース利用の準備をしていきましょう。まずは、データベースの設定からです。

データベースの設定は、「config」内にある「datastore.js」というファイルで行います。このファイルを開くと、以下のようなコードが書かれています(コメントはすべて省略)。

リスト3-21

```
module.exports.datastores = {
  default: {
  },
};
```

オブジェクト内にdefaultという値が1つだけ用意されています。そして、初期状態では何も値は設定されていません。

ここに、データベースに関する設定情報を記述していきます。ただし、開発の段階では、ここには何も書く必要はありません。Sails.jsには、標準でファイルにデータを書き出しアクセスするデータ・ベース機能が内蔵されており、何も設定していない場合はそれが利用されます。つまり、データベースなど一切用意しなくとも、Sails.jsは標準でデータベースアクセスができるようになっているのです。

というわけで、ここではこの状態のまま利用することにします。

MySQLで使う場合

実際の運用では、専用のデータベースサーバーなどにアクセスしてデータをやり取りすることになるでしょう。そうした場合を考え、例として「MySQLサーバーを利用する」ための設定についても触れておきましょう。

MySQLを利用する場合は、datastore.jsの内容を以下のように修正します。

●MySQLの設定

```
module.exports.datastores = {
  default: {
    adapter: 'sails-mysql',
    host: ホスト名,
    port: ポート番号,
    user: ユーザー名,
    password: パスワード,
    database: データベース名
  }
};
```

これらは、すべて必須項目として設定する必要があります。最初の「adapter」というのは、データベースとの接続を行うアダプタープログラムの指定で、MySQLの場合は必ず'sails-mysql'と設定します。その他は、利用する環境に応じて値を記述します。

例えば、ローカル環境にMySQLサーバーがあり、そこにsails_dbというデータベースを用意してアクセスする場合を考えてみましょう。すると設定は以下のような形になるでしょう。

リスト3-22

```
module.exports.datastores = {
  default: {
    adapter: 'sails-mysql',
    host:'localhost',
    port: 3306,
    user: 'root',
    password:'',
    database: 'sails_db'
  }
};
```

ここではrootでアクセスする前提で記述してあります。passwordの値は、それぞれの設定したパスワードに変更する必要があります。

設定後、コマンドプロンプトまたはターミナルから以下を実行し、sails-mysqlをインストールしておきます。

```
npm install sails-mysql
```

これで、MySQLにアクセスするようになります。なお、MySQL側では、事前に指定の名前のデータベース(ここでは、sails_db)を用意しておく必要があります。

models.jsを設定する

続いて、モデルに関する設定を行いましょう。これは「config」内にある「models.js」ファイルに記述されています。デフォルトでは以下のような内容になっています(コメント類はすべて省略)。

リスト3-23

```
module.exports.models = {
  // schema: true,
  // migrate: 'alter',

  attributes: {
    createdAt: { type: 'number', autoCreatedAt: true, },
    updatedAt: { type: 'number', autoUpdatedAt: true, },
    id: { type: 'number', autoIncrement: true, },
  },

  dataEncryptionKeys: {
    default: 'rhuTMHgg+qgvjjcrAs8FJyhMXtqrHzBwlKFh8X3NOjE='
  },

  cascadeOnDestroy: true
};
```

attributesというところに、モデルに自動的に追加する項目が用意されます。デフォルトでは、id, createdAt, updatedAtの3つの項目がすべてのモデルに要されるように設定されています。これらは、特に理由がない限り、このままにしておきましょう。

その下には、dataEncryptionKeysというキーがあります。これは、データを暗号化する際に利用されるキーです。この値は、それぞれで適当に書き換えておきましょう。

schemaとmigrate

ここで行う修正は、module.exports.modelsのすぐ下にある2行のコメント文を修正することです。この部分ですね。

Chapter 1
Chapter 2
Chapter 3
Chapter 4
Chapter 5
Chapter 6

```
// schema: true,
// migrate: 'alter',
```

これらの項目を設定するのが、行うべき作業です。これらは、以下のような働きをするものです。

<table>
<tr><td>schema</td><td colspan="2">モデルで定義された項目のみ保存するためのもの。</td></tr>
<tr><td rowspan="4">migrate</td><td colspan="2">データベースの自動マイグレーションの設定。これは以下のいずれかの値を設定する。</td></tr>
<tr><td>safe</td><td>自動でマイグレーションせず、すべて手動で行う。</td></tr>
<tr><td>alter</td><td>既存データを維持したままマイグレーションする。</td></tr>
<tr><td>drop</td><td>既存データを削除し、新たに用意する。</td></tr>
</table>

// schema: true,の設定は、SQLデータベースの場合はデフォルトでtrueとして扱われるので設定の必要はありません(設定を使うようにしても問題ありません)。// migrate: 'alter',のみ、冒頭の//を削除して設定が実行されるようにしてください。

このmigrateの値は、開発段階では'alter'か'drop'を指定します。そして実際の運用に入ったら'safe'にし、勝手にマイグレーションが行われないようにします。ここでは、'alter'を指定したままにしておきましょう。

Boardモデルの作成

では、実際に簡単なモデルを作って利用してみましょう。ここでは、メッセージとユーザー名などを保管する「Board」というモデルを作成し利用してみます。

モデルの作成は、以下のようにコマンドを実行して行います。

```
sails generate model 名前
```

では、コマンドプロンプトまたはターミナルでカレントディレクトリがアプリケーションフォルダー内にあるのを確認して、以下を実行してください。

```
sails generate model board
```

これで、「api」内の「models」というフォルダーの中に「Board.js」というファイルが作成されます。これが、Boardモデルのソースコードファイルです。

```
ターミナル　問題　出力　デバッグ コンソール　　cmd

D:\tuyan\Desktop\sails_app>sails generate model board
 info: Created a new model ("Board")!

D:\tuyan\Desktop\sails_app>
行 29、列 5　スペース: 2　UTF-8　LF　{} JavaScript
```

図3-15　Boardモデルを作成する。

作成されたモデルのコード

では、作成されたBoard.jsを開いてみましょう。するとデフォルトで以下のようなコードが記述されているのがわかります。

●モデルのデフォルトコード

```
module.exports = {
  attributes: {
  },
};
```

モデルは、attributesという項目に必要な情報を記述して定義します。これは、モデルの中に用意する項目の情報です。ここに、保管する項目名と値の型などの情報を記述していくことでモデルが定義されます。

Boardのattributesを定義する

では、Boardの中に用意する項目を記述しましょう。今回、Boardには、以下のような項目を用意することにします。

message	送信したメッセージ
user	送信者名
email	送信者のメールアドレス

このうち、messageとuserは必須、emailは必要なら記入する、というものにします。では、Board.jsのソースコードを修正しましょう。

リスト3-24

```
module.exports = {
  attributes: {
    message: { type: 'string', required: true },
    user: { type: 'string', required: true },
    email: { type: 'string' }
  },
};
```

これで、Boardモデルの項目が定義されました。この他、models.js設定ファイルで用意されたid, createdAt, updatedAtといった項目もデータベーステーブルには追加されることになります。

モデルのattributesについて

ここで作成したattributesでは、モデルに用意する項目(データベーステーブルのフィールドに相当するもの)を定義しています。これは、以下のような形で記述をします。

```
attributes: {
  項目名：{ type: 型名, …… },
  項目名：{ type: 型名, …… },
  ……略……
}
```

attributesに設定されているオブジェクトでは、各項目名のプロパティを用意し、その項目に関する情報をまとめたオブジェクトを値として設定します。

このオブジェクトに必ず用意する必要があるのは「type」です。これは、その項目の値の型を指定するもので、以下の項目があります。

●typeで使える型

string	テキスト
number	数値
boolean	真偽値
json	JSONデータ
ref	参照(別のモデルの参照)

これらをテキストの値としてtypeに指定します。

この他、項目の性質に関するオプションとして以下のようなものが用意されています。これらは、必要に応じて追加します。

required	必須項目とするためのもの。真偽値で設定し、trueだと必須になる。
defaultsTo	初期値を指定するためのもの。
allowNull	nullを許可する。真偽値で設定し、trueなら許可される。
columnName	項目名と、データベーステーブルのフィールド名が異なる場合、これでフィールド名を指定できる。
encrypt	暗号化する。真偽値で指定し、trueにすると暗号化される。
columnType	データベーステーブルの対応するフィールドの型名をテキストで指定する。
autoIncrement	オートインクリメントの指定。trueにするとデータベース側で自動で値が割り振られる。
unique	ユニーク(同じ値が他にない)の指定。trueにするとユニークになる。
isIn	値に配列を用意すると、その中の値のみしか設定できなくなる。

こうもくにこれらのオプションを指定することで、データベーステーブルにある対応フィールドに設定が反映されます。

Boardコントローラーの作成

これで、データベース利用のための設定、そしてモデルの定義がすべて完了しました。後は、アクションでモデルを利用した処理を作成し、動作を確認するだけです。

では、Boardを利用するコントローラーを作成しましょう。コマンドプロンプトまたはターミナルから以下のコマンドを実行してください。

```
sails generate controller board
```

これで、「api」内の「controllers」フォルダーに「BoardController.js」というファイルが作成されます。

```
ターミナル　問題　出力　デバッグ コンソール

D:\tuyan\Desktop\sails_app>sails generate controller board
 info: Created a new controller ("board") at api/controllers/BoardController.js!


D:\tuyan\Desktop\sails_app>
行 16、列 1　スペース: 2　UTF-8　LF　{} JavaScript
```

図3-16　Boardコントローラーを作成する。

コントローラーにアクションを追加する

では、作成したコントローラーにアクションを追加しましょう。まずは、Boardのデータを表示するページのアクションを作成することにします。BoardController.jsのソースコードを以下のように修正してください。

リスト3-25

```
module.exports = {
  index: async function (req, res) {
    var data = await Board.find()
    return res.view({
      title:'Sample!',
      msg:'Boardモデルを利用します。',
      data:data
    })
  },
};
```

これで、Boardモデルからデータをすべて取得し、dataという値としてテンプレートに渡して表示する処理ができました。

モデルの「find」メソッド

ここでは、Boardの全データを取得するのに以下のような文を実行しています。

```
var data = await Board.find()
```

モデルは、そのままモデル名のオブジェクトとして扱うことができます。BoardモデルはBoardというオブジェクトとして用意されており、その中からメソッドを呼び出してBoardを処理できるのです。

ここで使っている「find」は、そのモデルのデータ（テーブルのレコードに相当するもの）を取得するものです。このfindは非同期メソッドとして用意されているため、ここではawaitで実行を待って処理を進めるようにしています。

このメソッドは、モデルからデータをまとめて取り出して返すものです。取り出されたデータは、配列にまとめられ返されます。

ここでは戻り値をそのままdataとしてres.viewのオブジェクトに設定しています。後はテンプレート側で、このdataを使って内容を表示すればいいわけです。

find/findOneメソッドについて

では、データ取得のメソッドについてまとめておきましょう。

●データの取得

```
変数 = await《モデル》.find( 条件 )
変数 = await《モデル》.findOne( 条件 )
```

データの取得には、findの他に「findOne」というものもあります。こちらは1つのデータだけを取り出すものです。

これらは、いずれも引数に取り出すデータを指定するための条件となるオブジェクトを用意することができます。今回、indexアクションで使ったのは、特に条件など設定せずすべてのデータを取り出すものだったので、引数は空のままにしています。

なお、データ取得の検索条件については、もう少し後で説明します。ここでは「find()で全データが得られる」ということだけわかっていれば十分です。

index.ejsテンプレートの作成

では、テンプレートを作成しましょう。「views」フォルダーの中に、新たに「board」という名前のフォルダーを作成してください。そしてその中に「index.ejs」というファイルを用意します。これがBoardControllerのindexアクションで使われるテンプレートになります。

ファイルを作成したら、以下のようにコードを記述しましょう。

リスト3-26

```
<h1 class="display-4"><%= title %></h1>
<p><%= msg %></p>
<ul class="mt-4 list-group">
  <% for(var item of data) { %>
    <li class="list-group-item">
      <%= item.message %> (<%=item.user %>)
```

```
      </li>
    <% } %>
  </ul>
  <%- exposeLocalsToBrowser() %>
```

ここでは、dataからforで値を順に取り出し、その中のmessageとuserの値を<li>に出力しています。dataは、findで取り出したBoardデータの配列ですから、ここからBoardモデルのオブジェクトがitemに取り出されていくことになります。

Boardモデルのオブジェクトには、Boardモデルのattributesで定義された項目がプロパティとして用意されています。item.messageとすれば、Boardのmessage項目の値が取り出されるわけです。

ルーティングを追加する

これでアクションはできました。後は、このアクションを指定のパスにルーティングするだけです。「config」内の「routes.js」を開き、以下のようにルーティングの設定を追記しましょう。

リスト3-27

```
'GET /board': { controller: 'BoardController', action: 'index' },
```

これで作業は完成です。保存したらアプリを再起動し、/boardにアクセスしてみましょう。ページは表示されますが、データは何も表示されません。まだ何もデータを作成していないので当然といえば当然ですね。ただし、特にエラーもないならば、処理そのものは問題なく動いていることが確認できるでしょう。

図3-17 /boardにアクセスする。ただし、まだ何も表示されない。

 「.tmp」のboard.dbについて 

では、Boardモデルにいくつかダミーデータを用意することにしましょう。

現在、データベースの設定はデフォルトの状態になっています。これは、Sails.jsに用意されているデータベース機能を使ってモデルを保存していることを示します。

このデータは、どこに保存されているのでしょうか。それは、「.tmp」というフォルダーの中です。この中に「localDiskDb」というフォルダーがあり、そこに各モデルごとにデータベースの情報が保存されます。

では、この中にある「board.db」というファイルを開いてみましょう。これが、Boardモデルの内容を保存するファイルになります。ここには、デフォルトでおそらく以下のようなものが書かれているはずです。

```
{"$$indexCreated":{"fieldName":"id","unique":true,"sparse":false}}
```

中には、若干違っている("sparse"の項目がないなど)場合もあるかも知れませんが、これは自動生成されるものなので気にする必要はありません。Boardモデルにデータを保存すると、ここにその内容が追記されていくわけです。

ということは、ここにデータを記述しておけば、それがBoardのデータとして使われることになります。

初期データを追記する

では、実際にやってみましょう。board.dbの内容を以下のように修正してください。なお1行目は、もとから書かれている文ですのでそのままにしておき、2行目以降を追記すればいいでしょう。

リスト3-28

```
{"$$indexCreated":{"fieldName":"id","unique":true,"sparse":false}}
{"id":1, "message":"テスト送信", "user":"taro", "email":"taro@yamada",
"createdAt":1645580100000, "updatedAt":1645580100000, "_id":1}
{"id":2, "message":"こんにちは！", "user":"hanako", "email":"hanako@
flower", "createdAt":1645580200000, "updatedAt":1645580200000, "_id":2}
```

見ればわかるように、JSONデータとしてモデルのデータを記述しています。localDiskDbのデータベースファイルは、このような形でモデルのデータを記述するようになっています。

記述したらファイルを保存し、アプリケーションを再起動しましょう。そして、改めて

/boardにアクセスします。すると、今度はダミーデータが表示されるようになります。

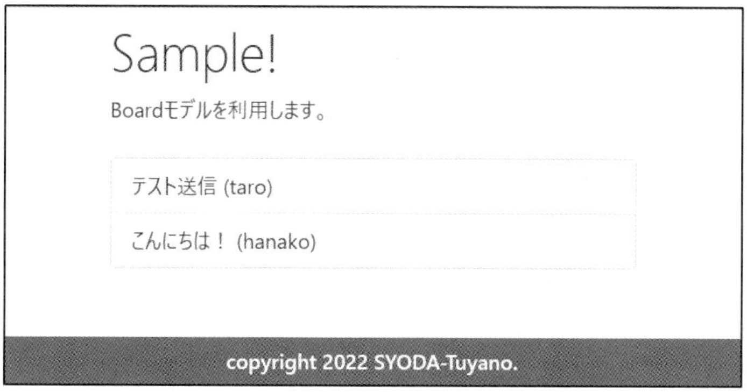

Sample!

Boardモデルを利用します。

テスト送信 (taro)
こんにちは！ (hanako)

copyright 2022 SYODA-Tuyano.

図3-18 /boardにアクセスするとダミーデータが表示される。

Section 3-4
CRUDとデータの検索

モデルの新規作成

データベースのアクセスができるようになったところで、データベースのさまざまな利用について考えていくことにしましょう。データベースアクセスの基本は「CRUD (Create, Read, Update, Delete)」といわれます。これらの機能について一通り作成していくことにしましょう。

まずは、データの新規作成からです。これは、先ほど作ったindexページにフォームを追加して対応することにしましょう。

「views」内の「board」フォルダーにある「index.ejs」ファイルを開き、適当なところ(<ul>の手前あたり)に以下のコードを追記してください。

リスト4-29

```
<form method="post" action="/board">
  <div class="mb-3">
    <label for="message" class="form-label">Message</label>
    <input type="text" class="form-control"
      id="message" name="message">
  </div>
  <div class="mb-3">
    <label for="user" class="form-label">User</label>
    <input type="text" class="form-control"
      id="user" name="user">
  </div>
  <div class="mb-3">
    <label for="email" class="form-label">Email</label>
    <input type="text" class="form-control"
      id="email" name="email">
  </div>
  <button type="submit" class="btn btn-secondary">送信</button>
</form>
```

ここでは、method="post" action="/board"というように属性を指定して<form>を用意しています。ページにアクセスする/boardと同じパスにPOST送信の処理を用意するわけですね。

フォームの項目としては、message, user, emailといったものを用意しています。これらは、いずれもBoardモデルに用意した項目と同じ名前になっています。この他の項目(id, createdAt, updatedAt)は、自動的に設定されるので入力フィールドは不要です。

POST送信された処理

では、フォームをPOST送信したあとの処理を作成しましょう。「api」の「controllers」内から「BoardController.js」を開き、適当なところ(indexアクションの下あたり)に以下のコードを追記してください。

リスト3-30

```
index_posted: async function (req, res) {
  await Board.create(req.body)
  return res.redirect('/board')
},
```

コードの内容は後で説明するとして、処理を完成させてしまいましょう。残るはルーティングの設定だけです。「config」内の「routes.js」を開き、以下の設定を追記してください。

リスト3-31

```
'POST /board': { controller: 'BoardController', action: 'index_posted' },
```

これで、/boardにポスト送信されたなら、BoardControllerのindex_postedアクションが実行されるようになります。修正ができたら実際に/boardにアクセスし、フォームを送信してみましょう。入力した値がそのままモデルに保存され、表示に追加されるのがわかるでしょう。

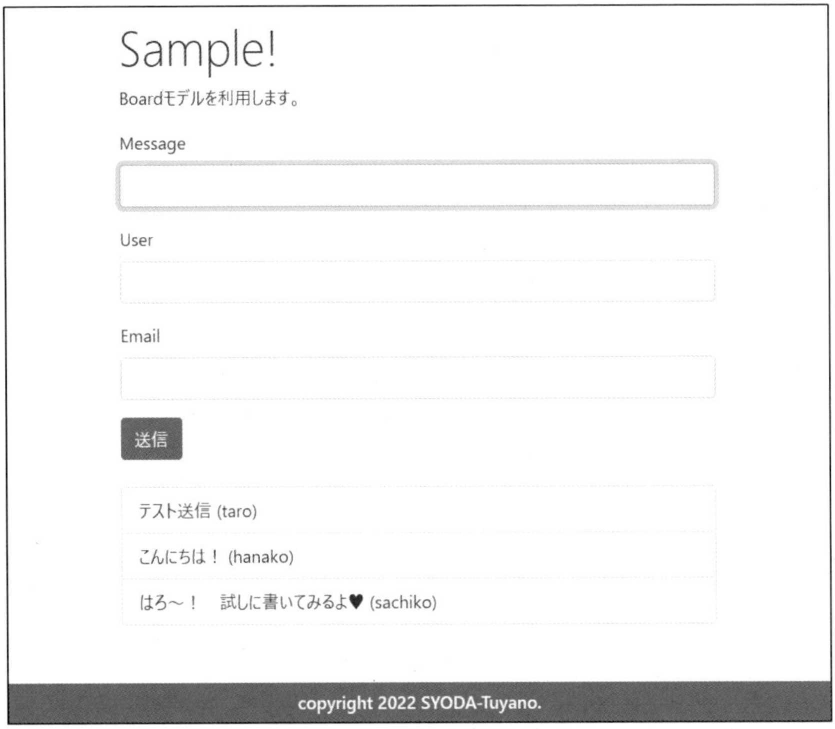

図3-19　/boardにアクセスする。フォームに入力して送信するとデータが追加される。

モデル作成と「create」

では、ここで実行している処理を見てみましょう。モデルに新しいデータを追加するには、「create」というメソッドを使います。

●データを新規作成する

```
《モデル》.create( データ )
```

引数には、保存するデータをオブジェクトにまとめたものが用意されます。これは、モデルのattributesに用意した項目に値が設定されたものになります。

今回のBoardモデルでは、message, name, emailといった項目が用意されていました。従ってcreateの引数に用意するオブジェクトにも、これらの値を用意する必要があります。実行している文を見てみましょう。

```
await Board.create(req.body)
```

ここでは、req（リクエスト）の「body」プロパティの値をそのままcreateの引数に指定していますね。bodyには、送信されたフォームの内容がまとめられています。これは、createの引数に設定するオブジェクトと同じ内容になっています(Boardの項目名と同じ名前で<input>を用意したのを思い出してください)。このため、req.bodyをそのままcreateの引数に指定するだけで、createが実行できるのです。

```
return res.redirect('/board')
```

後は、res.redirectを使って/boardにリダイレクトします。これで表示が更新され、追加したデータが表示されるようになります。データの作成は意外と簡単ですね！ ポイントは、「作成用のフォームには、モデルと同じ名前でフォールドを用意する」という点です。

データの更新

続いて、データの更新についてです。データの更新は、2つの部分から構成されます。1つは、どのデータを更新するのか特定する部分、もう1つはどの値をどう更新するかを特定する部分です。

これは、モデルに用意されている「update」と「set」という2つのメソッドを使って行います。

●データの更新

```
《モデル》.update( 条件 ).set( データ )
《モデル》.updateOne( 条件 ).set( データ )
```

updateの条件には取り出すデータを特定するための条件設定をするためのオブジェクトを、そしてsetの引数には新たに設定するデータをまとめたオブジェクトをそれぞれ指定します。この2つを連続して呼び出すことで、データの更新が行えます。

メソッドが2つありますが、updateは条件に合うデータが複数見つかった場合はそれらすべてを更新するのに対し、updateOneは見つかった最初のデータ1つだけを更新する、という違いがあります。

edit.ejsの用意

では、実際にBoardの更新を行うページを作成してみましょう。まず、データを編集するためのフォームを持ったテンプレートから作成します。「views」内の「board」フォルダーの中に、「edit.ejs」という名前でファイルを作成してください。そして以下のようにコードを記述しましょう。

リスト3-31

```
<h1 class="display-4"><%= title %></h1>
<p><%= msg %></p>
<form method="post" action="/board/edit/<%=data.id %>">
  <div class="mb-3">
    <label for="message" class="form-label">Message</label>
    <input type="text" class="form-control"
      id="message" name="message" value="<%=data.message %>">
  </div>
  <div class="mb-3">
    <label for="user" class="form-label">User</label>
    <input type="text" class="form-control"
      id="user" name="user" value="<%=data.user %>">
  </div>
  <div class="mb-3">
    <label for="email" class="form-label">Email</label>
    <input type="text" class="form-control"
      id="email" name="email" value="<%=data.email %>">
  </div>
  <button type="submit" class="btn btn-secondary">送信</button>
</form>
<%- exposeLocalsToBrowser() %>
```

ここでは、フォームの属性をmethod="post" action="/board/edit/<%=data.id %>"というように指定しています。dataというのが、更新するデータが保管された値です。そのidを指定して、/board/edit/番号 というパスにPOST送信するようにしています。

用意されているフィールドは、それぞれmessage, user, emailという名前にしてあります。Boardモデルに用意されている項目名と同じものですね。そして、それぞれにvalue="<%=data.○○ %>"というようにしてdataのプロパティを値として設定しています。これで、dataの内容がそのままフォームに値として設定されるようになります。

editアクションを作成する

テンプレートができたら、次はアクションです。「api」内の「controllers」フォルダーから「BoardController.js」を開いてください。そして先ほど作成したアクションの下に、以下のアクションを追記します。

リスト3-32

```
edit: async function (req, res) {
  const id = parseInt(req.param('id'))
  var data = await Board.findOne({id:id})
  return res.view({
```

```
      title:'Sample!',
      msg:'Boardモデルを更新します。',
      data:data
    })
  },

  edit_posted: async function (req, res) {
    const id = parseInt(req.param('id'))
    await Board.updateOne({id:id}).set(req.body)
    return res.redirect('/board')
  },
```

ルーティングの追加

アクションが用意できたら、ルーティングの設定も追記しておきましょう。「config」内の「routes.js」を開き、以下のコードを追記してください。

リスト3-33

```
'GET /board/edit/:id': { controller: 'BoardController', action: 'edit' },
'POST /board/edit/:id': { controller: 'BoardController', action: ↵
  'edit_posted' },
```

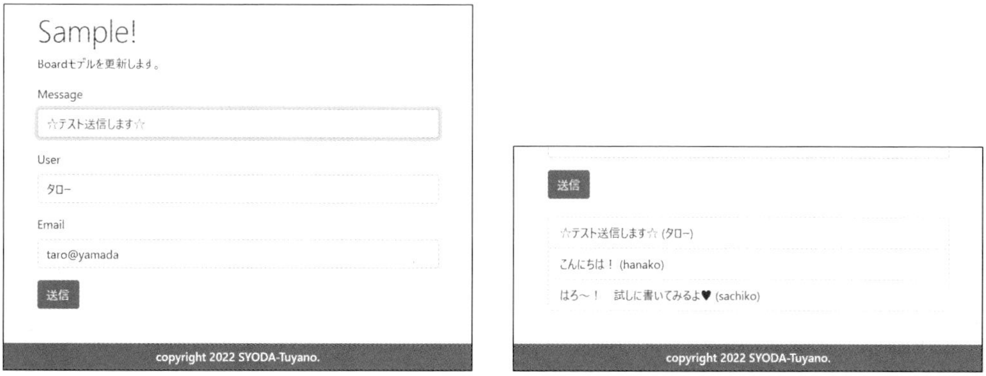

図3-20 /board/edit/番号 という形でアクセスすると、そのID番号のデータが表示される。それを書き換えて送信すると、データが更新される。

修正ができたら、実際に動作を確かめましょう。/board/edit/番号 というように、最後に編集したいデータのID番号をつけてアクセスしてみてください。そのID番号のデータがフォームに表示されます。そのまま値を書き換えて送信すると、そのデータの内容が書き換わります。

指定したIDのデータを取得する

では、作成したアクションの内容を見てみましょう。まず、editアクションからです。ここでは、最初にパラメーターからIDの値を取り出します。

```
const id = parseInt(req.param('id'))
```

req.paramで取り出される値はテキストですから、parseIntで整数に変換しておきます。そしてIDがこの定数idであるデータをBoardモデルから取り出します。

```
var data = await Board.findOne({id:id})
```


データを1つだけ取り出すには、「findOne」というメソッドを利用します。この引数に、取り出すレコードの条件となる値をオブジェクトとして用意します。ここでは、{id:id}と値が用意されていますね。これで、idの値が定数idと等しいものが検索されます。

検索条件は、このように、検索する項目名とその値をオブジェクトに用意して作成します。ここではidのみを用意しましたが、複数の項目を条件に設定することももちろん可能です。

updateOneによる更新

続いて、フォームをPOSTしたあとの処理を行うedit_postedアクションです。ここでも、まず送信されたパラメーターからIDの値を取り出します。

```
const id = parseInt(req.param('id'))
```

このIDの値を元に、updateOneでデータの更新を行います。送信されたフォームの内容はreq.bodyにまとめられていますから、これをsetに指定することでデータの更新が行えます。

```
await Board.updateOne({id:id}).set(req.body)
```

こうなりました。思った以上に簡単にデータの更新が行えてしまいました！

データの削除

残るは、データの削除ですね。これも、モデルに用意されているメソッドを使って行えます。

●データの削除

```
《モデル》.destroy( 条件 )
《モデル》.destroyOne( 条件 )
```

これも、2つのメソッドが用意されています。destroyは条件に合致するデータをすべて削除します。destroyOneは条件に合致する最初のデータを削除します。1つだけ削除するならdestroyOneを使い、複数削除するときはdestroyを使う、というわけです。

引数には、削除するデータを検索するための条件を指定します。これは、update/updateOneで使ったのと同じものと考えてください。とりあえず、{id: 番号}と値を用意すれば、特定のID番号のレコードを削除することができます。

delete.ejsを作成する

では、削除のページを用意しましょう。まずテンプレートファイルを作成します。「views」内の「board」フォルダーに「delete.ejs」という名前でファイルを用意してください。そして以下のように記述をしましょう。

リスト3-34

```
<h1 class="display-4"><%= title %></h1>
<p><%= msg %></p>
<form method="post" action="/board/delete/<%=data.id %>">
  <p>削除するメッセージ：
    <span class="border border-danger p-1">
      <%=data.message %>" (<%= data.user %>)
    </span>
  </p>
  <button type="submit" class="btn btn-secondary">送信</button>
</form>
<%- exposeLocalsToBrowser() %>
```

フォームを1つ用意しています。このフォームには、何も値は用意していません。送信先を、method="post" action="/board/delete/<%=data.id %>"というように指定をしていますね。これでパラメーターからIDを取り出し、そのIDのデータを削除します。従って、何も送らなくてもいいのです。

削除するデータの内容はわかったほうがいいので、data.messageとdata.userを使って内容を表示させています。

deleteアクションを作成する

続いて、削除のアクションです。「api」内の「controllers」フォルダーから「BoardController.js」を開き、以下のアクションを追記してください。

リスト3-35

```
delete: async function (req, res) {
  const id = parseInt(req.param('id'))
  var data = await Board.findOne({id:id})
  return res.view({
    title:'Sample!',
    msg:'Boardモデルを削除します。',
    data:data
  })
},

delete_posted: async function (req, res) {
  const id = parseInt(req.param('id'))
  await Board.destroyOne({id:id})
  return res.redirect('/board')
},
```


ルーティングを追加する

記述したらルーティングの設定を記述しましょう。「condig」内のroutes.jsを開き、以下の記述を追記してください。

リスト3-36

```
'GET /board/delete/:id': { controller: 'BoardController', ↵
  action: 'delete' },
'POST /board/delete/:id': { controller: 'BoardController', ↵
  action: 'delete_posted' },
```

これで完成です。/board/delete/番号 というようにID番号をパラメーターに指定してアクセスすると、そのデータが表示されます。そのままボタンをクリックして送信すると、データが削除されます。

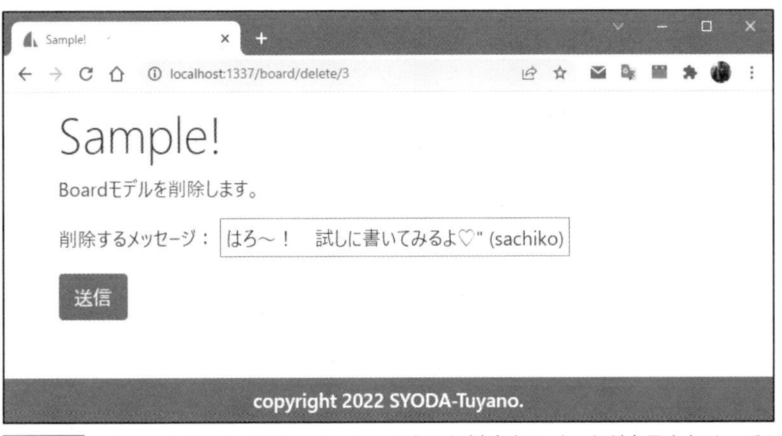

図3-21　/board/delete/番号 とアクセスすると削除するデータが表示される。そのまま送信すればデータが削除される。

データ削除の処理

では、アクションの内容を見てみましょう。まず、deleteアクションからです。これは、データの更新で作成したeditとほぼ同じです。パラメーターからIDの値を取り出し、それを使ってfindOneでデータを取得しテンプレートに渡すだけです。

```
const id = parseInt(req.param('id'))
var data = await Board.findOne({id:id})
```

削除を行っているのは、POST送信されるdelete_postedアクションですね。こちらでも、まずパラメーターからIDの値を取り出します。そして、そのIDを条件に設定してdestroyOneを実行します。

```
const id = parseInt(req.param('id'))
await Board.destroyOne({id:id})
```

パラメーターで渡されたデータの削除が行われます。後はredirectで/boardにリダイレクトするだけです。

これでCRUDの基本的な操作が一通りできるようになりました。

 データの検索 

CRUDが一通りできるようになったら、データベースは完璧か？ といえば、そうでもありません。それ以上に重要なのが「検索」です。データベースの使いこなしは、いかに的確に必要なデータを検索するかにかかっている、といってもいいでしょう。

データの検索は、以下のようなメソッドを使って行いました。

```
変数 = await《モデル》.find( 条件 )
変数 = await《モデル》.findOne( 条件 )
```

検索のための機能は、これだけです。この2つのメソッドを使いこなせるようになれば、どんな検索もできるようになります。

問題は、引数に指定する「条件」なのです。この設定によって検索は大きく変わります。まず、これまで使ってきた検索条件の指定を思い出しましょう。

```
{ 項目名: 値 }
```

このようになっていましたね。CRUDでは、{id:id}というように、IDの値を指定して検索をしました。しかし、もちろんそれ以外の項目を使って検索することもできます。

では、実際に検索のページを作成して、さまざまな検索を試していきましょう。

find.ejsの作成

ここでは、/board/findというパスに検索ページを割り当てることにします。まずは、テンプレートを作成します。「views」内の「board」フォルダーの中に「find.ejs」という名前でファイルを作成してください。そして以下のように記述をします。

リスト3-37

```
<h1 class="display-4"><%= title %></h1>
<p><%= msg %></p>
<form method="post" action="/board/find">
  <div class="mb-3">
    <label for="find" class="form-label">Find:</label>
    <input type="text" class="form-control"
      id="find" name="find" value="<%= find %>">
  </div>
  <button type="submit" class="btn btn-secondary">検索</button>
</form>
<ul class="mt-4 list-group">
```

```
  <% for(var item of data) { %>
    <li class="list-group-item">
      <%= item.message %> (<%=item.user %>)
    </li>
  <% } %>
</ul>
<%- exposeLocalsToBrowser() %>
```

ここでは、method="post" action="/board/find" と属性を指定したフォームを用意しています。その中に、id="find" name="find" value="<%= find %>" と指定した<input>を1つ配置しています。このfindフィールドに検索テキストを書いて送信し、その値をもとに検索を行うわけです。

検索結果はdataという値でテンプレートに渡され、それは<ul>内の<li>を使って一覧表示されるようにします。

検索のアクション

では、検索を行うためのアクションを作成しましょう。「api」内の「controllers」フォルダーにある「BoardController.js」を開き、以下のアクションを追記してください。

リスト3-38

```
find: async function (req, res) {
  var data = await Board.find();
  return res.view({
    title:'Sample!',
    msg:'Boardモデルを検索します。',
    find:'',
    data:data
  })
},

find_posted: async function (req, res) {
  var data = await Board.find({
    user: req.body.find
  })
  return res.view('board/find', {
    title:'Sample!',
    msg:'Boardモデルの検索「' + req.body.find + '」',
    find:req.body.find,
    data:data
```

```
    })
  },
```

記述できたら、続いてルーティングの設定も追加しましょう。「config」内の「routes.js」ファイルを開き、以下の設定を追加します。

リスト3-39

```
'GET /board/find': { controller: 'BoardController', action: 'find' },
'POST /board/find': { controller: 'BoardController', action: ↵
  'find_posted' },
```


検索ページを使う

修正できたらアプリケーションを再起動し、/board/findにアクセスしてください。フィールドが1つだけのフォームと、下にデータの一覧が表示されています。

このフィールドに、検索したいユーザーの名前を記入して送信すると、そのユーザーが投稿したメッセージが検索され表示されます。

図3-22　ユーザー名を送信すると、そのユーザーのメッセージだけを表示する。

userを検索する

作成したアクションでは、POST送信された処理を行うfind_postedアクションで検索を行っています。この部分ですね。

```
var data = await Board.find({
    user: req.body.find
  })
```

findの引数に、{user: req.body.find }という値を指定しています。これで、userの値が送信されたフォームのfindの値と等しいものが検索されます。このように、値が完全一致するデータの検索は、単に項目名と値をしていするだけです。

テンプレートの指定

実は、今回はもう1つ、ちょっとしたテクニックを使っています。find_postedでは、デフォルトだとfind_posted.ejsというテンプレートが使われます。これを作成してもいいのですが、毎回GETとPOSTのそれぞれにテンプレートを用意するのは面倒なので、find.ejsを利用するようにしています。

find_postedアクションのreturn文を見ると、このようになっていますね。

```
return res.view('board/find', {……})
```

viewメソッドの第1引数に、利用するテンプレートのパス(「views」内の相対パス)をテキストで指定すると、そのテンプレートを使うようになります。デフォルトで使われるテンプレート以外のものを使いたいときに便利ですね！

テキストを含むものを検索

{項目名:値}という条件の欠点は「完全一致したものしか検索されない」という点です。しかし、特にテキストの検索を行う場合、これでは非常に不便でしょう。完全一致ではなく、テキストを含むものをすべて検索するにはどうすればいいのでしょうか。

これには、「contains」という項目を用意します。この項目は、検索条件の項目名の値に、更にオブジェクトを用意する形で組み込みます。以下のような形です。

```
{ 項目名: { contains: 値 } }
```

これで、指定した項目の値にcontainsの値が含まれていればすべて検索するようになります。では、実際に試してみましょう。

messageからテキストを検索する

送信されたメッセージからテキストを検索してみましょう。BoardController.jsから、送信後の処理を行うfind_postedアクションを以下のように書き換えてください。

リスト3-40

```
find_posted: async function (req, res) {
  var data = await Board.find({
    message: {contains: req.body.find}
  })
  return res.view('board/find', {
    title:'Sample!',
    msg:'Boardモデルの検索「' + req.body.find + '」',
    find:req.body.find,
    data:data
  })
},
```

Sample!

Boardモデルの検索「猫」

Find:

猫

検索

今日は猫の日です。(hanako)

猫はこたつで丸くなる～♡ 今日は寒かった～ (sachiko)

copyright 2022 SYODA-Tuyano.

図3-23　入力したテキストをmessageに含むものをすべて検索する。

アプリケーションを再起動し、検索を試してみましょう。フィールドにテキストを入力して送信すると、メッセージにそのテキストを含むものをすべて検索して表示します。

ここでは、以下のようにしてfindメソッドを実行していますね。

```
var data = await Board.find({
  message: {contains: req.body.find}
})
```

検索条件のmessageに {contains: req.body.find} というように値を用意しています。これで、フォームのfindの値を含むものが検索できるようになります。

検索条件の標準修飾子

ここで使った「contains」は、検索条件の「標準修飾子(Criteria modifiers)」と呼ばれるものです。これは、単純に「用意した値と等しい」というもの以外の検索条件を設定するのに用いられる値で、以下のような形で使います。

```
項目名： { 修飾子： 値 }
```

用意されている修飾子には以下のようなものがあります。いずれも修飾子の後に値をつけて記述します。

●標準修飾子

'<'	値より小さい
'<='	値と等しいか小さい
'>'	値より大きい
'>='	値と等しいか大きい
'!='	値と等しくない
nin	値(配列)に含まれない
in	値(配列)に含まれる
contains	値を含む
startsWith	値で始まる
endsWith	値で終わる

これらを使うことで、例えば数値の項目で一定範囲のデータのみを取り出すなどが可能になります。

IDを比較して検索

では数値による比較の例として、「入力した値以下のIDのデータを表示する」という例を挙げておきましょう。BoardController.jsからfind_postedアクションを以下のように書き換えてください。

リスト3-41

```
find_posted: async function (req, res) {
  const max = parseInt(req.body.find)
  var data = await Board.find({
    id: {'<=': max}
  })
  return res.view('board/find', {
    title:'Sample!',
    msg:'Boardモデルの検索「' + req.body.find + '」',
    find:req.body.find,
    data:data
  })
},
```

図3-24 入力した値以下のIDのものを表示する。

フィールドに整数値を記入して送信すると、IDがその値以下のものを表示します。例えば「3」と記入して送信すると、IDが1, 2, 3のものだけ検索されます。ここでは、以下のようにして検索を行っていますね。

```
const max = parseInt(req.body.find)
var data = await Board.find({
  id: {'<=': max}
})
```

req.body.findで取り出した値をparseIntで整数に変化し、これを使ってid: {'<=': max}と検索条件を設定しています。これで、id <= maxでデータを検索するわけですね。他の修飾子も、すべて「項目: {記号: 値}」=「項目 記号 値」という形に置き換えれば働きがよくわかるでしょう。

複数条件の設定

検索は、ある項目の値だけをチェックして探すような単純なものばかりではありません。複数の検索条件を設定したい場合もあるでしょう。このような場合の書き方も見ておきましょう。

まず、「複数の項目に条件を設定する」という場合です。これは、オブジェクトに複数の項目を用意するだけです。例えば、find_postedアクションを以下のように修正してみましょう。

リスト3-42

```
find_posted: async function (req, res) {
  var data = await Board.find({
    message: {contains: req.body.find},
    user: {contains: req.body.find}
  })
  return res.view('board/find', {
    title:'Sample!',
    msg:'Boardモデルの検索「' + req.body.find + '」',
    find:req.body.find,
    data:data
  })
},
```

図3-25 messageとuserに検索テキストが含まれているものを表示する。

これは、messageとuserに検索テキストが含まれているものを探します。例えば「ハナコ」と入力すると、messageとuserの両方に「ハナコ」が含まれているデータだけが取り出されます。

ここでの検索を見ると、このようになっています。

```
var data = await Board.find({
  message: {contains: req.body.find},
  user: {contains: req.body.find}
})
```

findの引数に用意したオブジェクトに、messageとuserの2つの項目が用意されています。このように、複数の項目にそれぞれ条件を設定し、そのすべてを満たすものを検索する場合は、ただ項目と条件を追加していくだけです。

項目に複数条件を設定

では、「1つの項目に複数の条件を設定する」という場合はどうでしょうか。例えば、「idの値がn以上m以下のもの」を検索したければ、idに2つの条件を設定しなければいけません。これはどう書けばいいのか、find_postedアクションの処理を考えてみましょう。

リスト3-43

```
find_posted: async function (req, res) {
  const arr = req.body.find.split(',')
  var data = await Board.find({
    id: {
```

```
      '>=': parseInt(arr[0]),
      '<=': parseInt(arr[1])
    }
  })
  return res.view('board/find', {
    title:'Sample!',
    msg:'Boardモデルの検索「' + req.body.find + '」',
    find:req.body.find,
    data:data
  })
},
```

図3-26 最小値と最大値をカンマで区切って入力すると、IDの値がその範囲のものを検索する。

フィールドに「5,10」というように整数の値を2つカンマで区切って記入します。これで、IDの値が5以上10以下のデータを検索します。このように、IDの最小値と最大値を入力してその範囲のデータだけを取り出せます。

ここでは、req.body.findの値をsplitで配列に分割しています。

```
const arr = req.body.find.split(',')
```

これで、カンマで区切ったテキストを配列に分割したものが得られます。後は、この配列arrから値を取り出してidの最小値と最大値に指定して検索を行うだけです。

```
var data = await Board.find({
  id: {
    '>=': parseInt(arr[0]),
    '<=': parseInt(arr[1])
  }
})
```

このように、idの項目に'>='と'<='の2つの設定を用意することで、最小値と最大値を指定できます。

OR検索について

複数の項目に条件を設定する場合、それらは「用意した条件すべてを満たすもの」を検索します。例えばmessageとuserにcontainsの設定を用意すると、その両方の項目にテキストが含まれるものを検索します。こうした「条件のすべてを満たすものを取得する」という検索方式を「AND検索」といいます。

これとは別に、複数の条件のいずれか1つでも満たせば検索する、というような方式もあります。これは「OR検索」と呼ばれます。

OR検索は、そのための専用の修飾子を用意しなければいけません。これは「or」というもので、これを使って以下のように条件を設定します。

```
or :[ {…条件1…}, {…条件2…}, ……]
```

orは、配列を値として設定します。そしてその配列の中に、条件となるものを用意するのです。こうすると、用意した条件のどれかを満たすものであればすべて検索できます。

messageとuserから検索する

では、find_postedアクションを修正してみましょう。orを使い、messageとuserのどちらかにテキストが含まれていれば検索するようにしてみます。find_postedアクションを以下のように修正してください。

リスト3-44

```
find_posted: async function (req, res) {
  var data = await Board.find({
```

```
    or: [
      { message: {contains: req.body.find} },
      { user: {contains: req.body.find} }
    ]
  })
  return res.view('board/find', {
    title:'Sample!',
    msg:'Boardモデルの検索「' + req.body.find + '」',
    find:req.body.find,
    data:data
  })
},
```

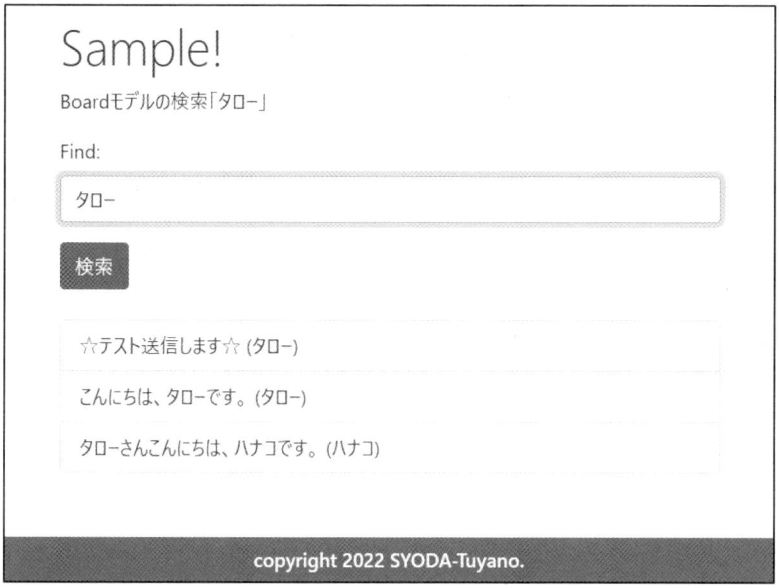

図3-27 フォームを送信すると、messageとuserのいずれかに検索テキストを含むものはすべて検索する。

フィールドにテキストを入力し送信すると、messageとuserのいずれかにそのテキストが含まれているものをすべて検索します。

ここでの検索部分を見てみると、このようになっていますね。

```
var data = await Board.find({
  or: [
    { message: {contains: req.body.find} },
    { user: {contains: req.body.find} }
  ]
})
```

orの値となる配列の中にmessageとuserの検索条件が用意されています。これで、messageかuserのどちらか一方(あるいは両方)に値が含まれていれば、それを検索するようになります。

複数の検索条件を用意する場合、何もしなければAND検索になる、という店をよく理解しておきましょう。ORで検索するには、orを使い明示的にOR検索であることを指定する必要があるのです。

ソートについて

最後に、データの並べ替え(ソート)についても触れておきましょう。データのソートも、findの引数に指定する設定オブジェクトに値を用意して行います。これは「sort」というもので、以下のように記述をします。

```
sort: 'ソートの指定'
sort: [ 'ソートの指定1', 'ソートの指定2', ……]
```

特定の項目でソートしたければ、その項目のソート指定をテキストで記述するだけです。複数の設定を用意したい場合は、すべてのソート指定を配列にまとめます。

ソートの指定は、ソートに使う項目と並び順をテキストで指定します。並び順は以下の2つがあります。

●sortの並び順指定

ASC	昇順(小さい順)
DESC	降順(大きい順)

例えば、idが大きいものから順に並べたければ、sort: 'id DESC'というように設定すればいいでしょう。

userごとに並べる

では、実際にソートで並び順を指定してみましょう。検索用に用意したfindアクションを以下のように書き換えてください。

リスト3-45

```
find: async function (req, res) {
  var data = await Board.find({
```

```
    sort:['user ASC', 'createdAt DESC']
  })
  return res.view({
    title:'Sample!',
    msg:'Boardモデルを検索します。',
    find:'',
    data:data
  })
},
```

Sample!

Boardモデルを検索します。

Find:

検索

日曜日に近くで上映してた？ (hanako)

sachikoさん、一緒に見に行こう♡ (hanako)

そうそう (hanako)

今日は猫の日です。(hanako)

こんにちは！ (hanako)

マーベルの派手な映画がみたいなー (sachiko)

映画見に行きたい～ (sachiko)

猫はこたつで丸くなる～♡ 今日は寒かった～ (sachiko)

２月22日？ (sachiko)

copyright 2022 SYODA-Tuyano.

図3-28 データがuserごとにまとめて表示される。各userのデータは新しいものから順に並ぶ。

/findにアクセスすると全データが検索フォームの下に表示されますが、userごとに並べ替えて表示されます。それぞれのuserのデータは、新しいものから順に並べられています。

ここでは、以下のようにfindを記述しています。

```
var data = await Board.find({
  sort:['user ASC', 'createdAt DESC']
```

```
});
```

sortの中に2つのソート指定を用意していますね。これで、まずuserごとに昇順に並べ替えられ、それぞれのuser内ではcreatedAtを基準に新しいものから順に並べられるようになります。複数のソート指定を用意した場合は、このようにまず最初の指定を基準に並べ替えられ、同じ値のものがあった場合は2番目の指定を、それでも同じものがあれば3番目を……という具合に並べ替えられます。

whereで検索条件をまとめる

Chapter 1
Chapter 2
Chapter 3
Chapter 4
Chapter 5
Chapter 6

sortのように検索以外の要素をfindの設定オブジェクトに用意する場合には注意が必要です。検索条件がない場合は問題ないのですが、検索とソートを併用するような場合には、検索条件の指定を「where」という項目にまとめなければいけません。

つまり、こうなるわけですね。

```
{
  where: [ {……}, {……}, ……],
  sort: [……]
}
```

検索条件以外の要素がある場合、「これが検索条件の設定ですよ」ということを明示的に記述しなければいけません。そのために用いられるのが「where」です。この中にすべての検索条件を用意します。

実をいえば、このwhereで検索条件をまとめる書き方が、本来の検索条件の書き方なのです。検索しか設定がない場合、オブジェクトに書かれている設定はwhereがなくとも「全部、検索条件だろう」と判断され処理されていたのですね。

検索条件とソートを同時に使う

では、検索条件とソートの両方を設定してみましょう。find_posteアクションを以下のように書き換えてみてください。

リスト3-46

```
find_posted: async function (req, res) {
  var data = await Board.find({
    where: {
      message: {contains: req.body.find}
```

```
    },
    sort: 'user ASC'
  })
  return res.view('board/find', {
    title:'Sample!',
    msg:'Boardモデルの検索「' + req.body.find + '」',
    find:req.body.find,
    data:data
  })
},
```

Sample!

Boardモデルの検索「日」

Find:

日

検索

今日は猫の日です。(hanako)

日曜日に近くで上映してた？ (hanako)

２月22日？ (sachiko)

猫はこたつで丸くなる～♡ 今日は寒かった～ (sachiko)

次の日曜日の予定は？ (taro)

copyright 2022 SYODA-Tuyano.

図3-29　検索結果をuser順に並べて表示する。

フォームに検索テキストを記入して送信すると、検索結果がuserごとに並べ替えられて表示されます(同じuserのデータは新しい順に並べられます)。

ここでのfindがどのように書かれているか見てみましょう。

```
var data = await Board.find({
  where: {
    message: {contains: req.body.find}
  },
  sort: 'user ASC'
```

```
})
```

このようになっていました。whereでmessageからcontaindsを使って検索する条件を指定し、sortでソート順を指定しています。ちょっと面倒ですが、これが正しい検索条件の書き方として覚えてしまうと良いでしょう。

sails.jsはオールインワンで使える

以上、Sails.jsの基本的な使い方について説明しました。Sails.jsは、Expressなどと違い、データベースアクセスまで含めたMVCアーキテクチャーのすべてを一式提供します。これを使えば、別途フレームワークなどを追加する必要もありません。Sails.jsだけでアプリケーション開発に必要な機能をすべて網羅できるのです。

ただし、逆にいえば「個別に機能を組み替えるのは面倒」ということにもなります。例えばExpressの場合、テンプレートエンジンやデータベースアクセスは自分で使いたいものをインストールして簡単に使えました。しかしSails.jsの場合、デフォルトで使うべきものが決まっています。それ以外のフレームワークに変更しようとすると、手動でアプリケーションを書き換えなければいけません。

Sails.jsは、良くも悪くも「すべて標準で用意されているものでOK」と割り切って利用するもの、といえるでしょう。

Chapter

4

AdonisJS

Node.jsのフレームワークには、TypeScriptをベースに開発できるものもあります。AdonisJSは、TypeScriptベースで開発できるフルスタックフレームワークです。その基本的な使い方について説明しましょう。

Section 4-1 AdonisJSの基本

RailsからLaravelへ

Sails.jsは、Ruby言語の「Ruby on Rails」というフレームワークの影響を大きく受けたものでした。このRailsは、MVCアプリケーションフレームワークの元祖とも言えるもので、その後登場した多くのフレームワークすべてに影響を与えました。

しかし、フレームワークの世界は日々進化しています。いつまでも「Railsライク」であればいいわけではありません。Railsは確かに多くの人に衝撃を与えましたが、そこで立ち止まっているわけにはいかないのですから。

2011年、フレームワーク界にセカンドインパクトともいえる大きな影響を与えることになる新たなフレームワークがPHPという言語で誕生しました。それが「Laravel」というフレームワークです。MVCアーキテクチャーをベースとしつつ、マイクロサービスの導入、独自のテンプレートエンジン／ORMの搭載、更には強力なコマンドプログラムなど大きな特徴を備えたLaravelは、それまでいくつものMVCフレームワークが群雄割拠していた感のあるPHP言語において急速に普及し、今では「Laravel一強」ともいえるデファクトスタンダードの地位を築いています。

このLaravelが与えた影響は大きく、その他の言語にも「Laravelライク」なフレームワークが誕生することとなりました。ここで取り上げる「AdonisJS」は、まさに「Node.jsにおけるLaravel」といっていいものです。

AdonisJSの特徴

AdonisJSの構成は、Laravelフレームワークに非常に似ています。作成するアプリケーションを構成するさまざまな要素や、コマンドによるファイルの生成など、多くの点でLaravelを踏襲して作られています。これこそが「AdonisJSの最大の特徴」ともいえるでしょう。

標準で「Edge」というテンプレートエンジンや「Lucid」というORMなどを内蔵しており、AdonisJS単体でアプリケーション開発に必要なほぼすべての機能を持っています。またLaravelの大きな特徴であるマイクロサービス(アプリケーションをいくつものサービスの粗な結合により動くようにする仕組み)も導入されており、ミドルウェアやサービスなどによって簡単に機能を拡張していけるようになっています。

JavaScriptからTypeScriptへ

AdonisJSのもう1つの大きな特徴は「TypeScript対応である」という点です。

TypeScriptは、Microsoftにより開発されているオープンソースのプログラミング言語です。これは「トランスコンパイラ言語」と呼ばれるもので、TypeScriptのコードをJavaScriptにトランスコンパイルすることで動作します。言語の基本部分はJavaScriptそのものであるため、使い勝手は新しい言語という感じは全くしないでしょう。

TypeScriptでは、JavaScriptでは苦手だった型の厳格な指定が可能であり、またクラスベースのオブジェクト指向が標準となっているなど、JavaScriptの苦手な部分が強化されています。JavaScriptではアバウトに考えていた値の型を明確にできるため、よりバグの少ないコードを記述できるようになります。

現在、JavaScriptの開発が少しずつTypeScriptに移行しつつあることを考えると、「TypeScriptに対応したフレームワーク」の存在はNode.jsの中でも非常に重要になっていくことでしょう。

皆さんの中には、「TypeScript？ そんな言語、わからない！」と拒絶反応を示す人もいるかも知れません。が、心配は無用です。TypeScriptは、JavaScriptの文法をほぼすべて含んでいます。つまり、JavaScriptと思ってコードを書けば、それでいいのです。

もちろん、TypeScriptにはJavaScriptにない機能がたくさんありますが、それらは別に使わなくてもいいのです。まずは、「TypeScript = JavaScript」と割り切って使いましょう。ある程度、コーディングに慣れてきたら、少しずつTypeScriptの機能を勉強すればいいんですから。

アプリケーションを作成しよう

では、実際にAdonisJSのアプリケーションを作成してみましょう。アプリケーション作成は、「npm init」コマンドを使って行うことができます。以下のように実行することでAdonisJSのアプリケーションを作成できます。

```
npm init adonis-ts-app@latest アプリケーション名
```

では、コマンドプロンプトあるいはターミナルを起動してください。そして「cd Desktop」でカレントディレクトリをデスクトップに移動しましょう。そして以下のコマンドを実行してください。

```
npm init adonis-ts-app@latest adonis_app
```

実行すると、「create adonis-ts-app@latest Ok to proceed?」とメッセージが表示されるので、そのままEnterキーを押して実行してください。以下、いくつかの入力を行っていきます。

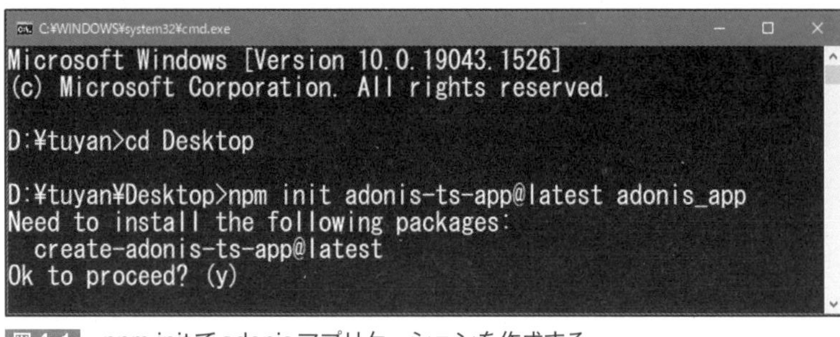

図4-1　npm initでadonisアプリケーションを作成する。

●Select the project structure

作成するプロジェクト(アプリケーション)のテンプレートを指定します。「api」「web」「slim」という選択肢が現れるので、上下の矢印キーで使いたい項目を選びEnterします。今回は「web」を選んでください。これが一般的なWebアプリケーションのテンプレートになります。

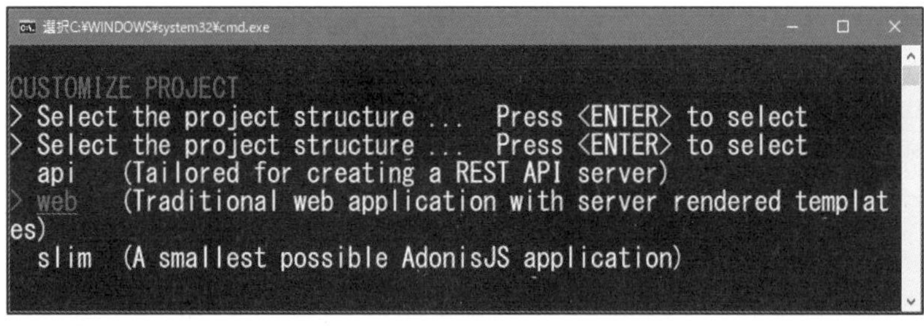

図4-2　プロジェクトの選択では「web」を選ぶ。

●Enter the project name

プロジェクトの名前を入力します。デフォルトで「adonis_app」が設定されていますので、そのままEnterキーを押してください。

●Setup eslint?

これはlintというコードの解析ツールのセットアップです。デフォルトで「N (false)」になっているので、そのままEnterキーを押します。

●Configure webpack encore for compiling frontend assets?

これはアプリケーションをパッケージングするWebpackというツールの設定です。デフォルトで「N (false)」になっているので、そのままEnterキーを押しましょう。

これらを順に入力していくと、アプリケーションが作成されます。作成には若干時間がかかるのでのんびり待ちましょう。再び入力状態に戻れば作成は完了しています。

(※なお、この先もコマンドで実行する作業が多いため、コマンドプロンプトまたはターミナルは開いたままにしておきましょう)

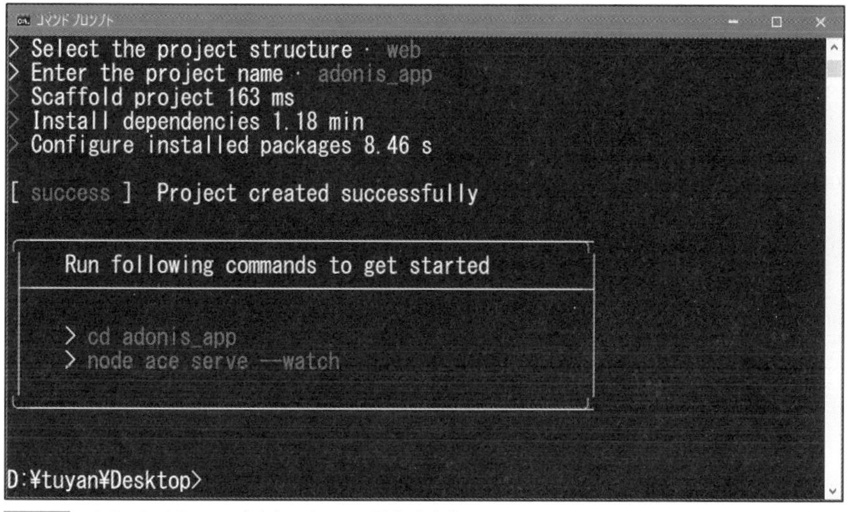

図4-3 AdonisJSのアプリケーションが作成される。

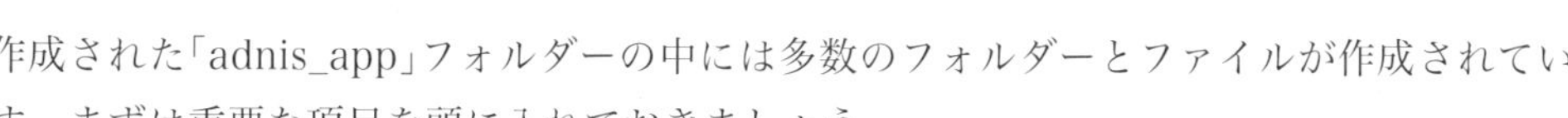

アプリケーションのファイル構成

作成された「adnis_app」フォルダーの中には多数のフォルダーとファイルが作成されています。まずは重要な項目を頭に入れておきましょう。

●主なフォルダー

app	作成するコード類はここに用意されます。
commands	コマンドを定義して使うためのものです。

providers	プロバイダーというプログラムの配置場所です。
public	公開されるファイルを配置します。
resources	コード内から利用するリソースファイルを配置します。
start	アプリケーションの起動時に実行される処理です。

●主なファイル

adonisrs.json	AdnisJSの設定ファイルです。
.env	アプリケーションの環境設定ファイルです。
ace	aceコマンドのプログラムです。
acemanifest.json	aceの設定ファイルです。
env.ts	環境設定の実行ファイルです。
package.json	パッケージの設定ファイルです。
server.ts	アプリケーションを実行するサーバープログラムです。
tsconfig.json	TypeScriptの設定ファイルです。

これらは、別に今ここで覚える必要はありません。ざっと「こういうものが用意されている」ということだけ知っておきましょう。

今後、アプリケーションの作成に入ると、「app」「resources」「start」といったフォルダーにファイルを作成したりコードを編集したりすることになります。ですから、この3つぐらいは役割を頭に入れておいてください。また「public」は普通に公開されるファイル(イメージファイルなど)の置き場所として存在ぐらいは知っておきましょう。

アプリケーションを起動する

では、作成されたアプリケーションを実際に動かしてみましょう。コマンドプロンプトまたはターミナルは開いたままになっていますか? では「cd adonis_app」を実行してカレントディレクトリをアプリケーションフォルダー内に移動してください。そして以下のコマンドを実行しましょう。

```
node ace serve --watch
```

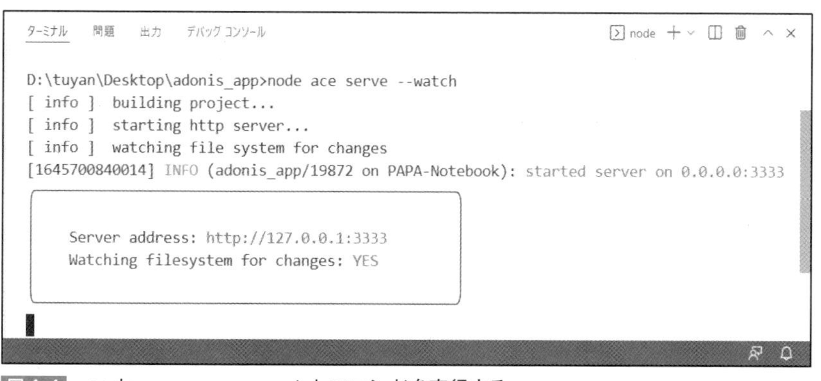

図4-4 node ace serve --watchコマンドを実行する。

これでアプリケーションがWebサーバーとして起動します。起動できたら、Webブラウザから以下のURLにアクセスをしてください。

```
http://localhost:3333/
```

これで「It works!」と表示されたページが現れます。これがAdonisJSのアプリケーションに標準で用意されているダミーページです。まだ何も作業はしていませんが、アプリケーションが実行されページが表示される、というところまではできました！

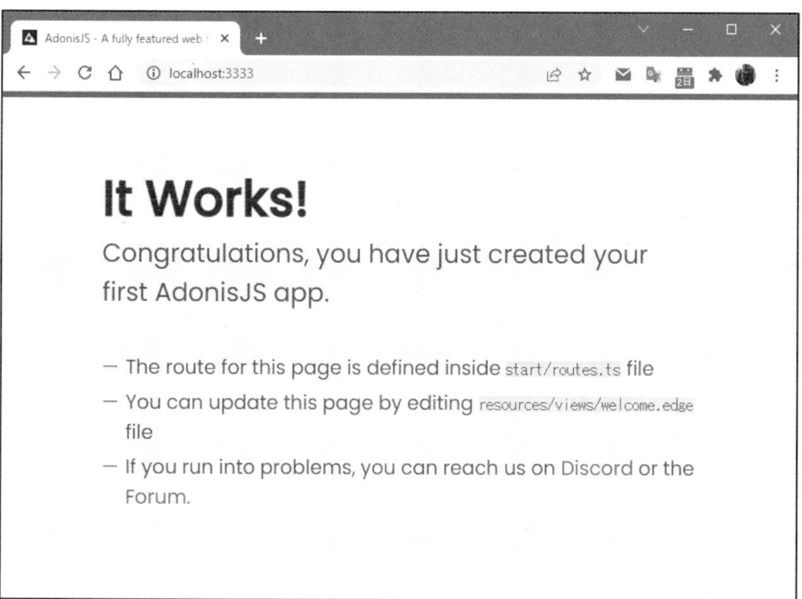

図4-5 http://localhost:3333/にアクセスするとダミーページが表示される。

アプリケーションの起動処理

では、作成したAdonisJSのプログラムについて見ていきましょう。まず、「どのようにしたアプリケーションが動いているか」を確認しておきましょう。

アプリケーションの本体プログラムは、「start」というフォルダーの中にあります。ここには「kernel.ts」と「routes.ts」という2つのファイルがあります。

まずは、「kernel.ts」から見てみましょう。これは、アプリケーションへのミドルウェア(機能を拡張するプログラム)の登録を行っている部分です。以下のようなコードが書かれています。

リスト4-1

```
import Server from '@ioc:Adonis/Core/Server'

Server.middleware.register([
  () => import('@ioc:Adonis/Core/BodyParser'),
])

Server.middleware.registerNamed({
})
```

どういう処理をしているのか今理解する必要は全くありません。ただ、「ここでミドルウェアというものを登録しているんだ」ということだけわかれば今は十分です。

ルーティングの設定

もう1つの「routes.ts」は、「ルーティング」の設定を行うものです。ルーティングというのは、ExpressやPrismaでも出てきましたね。パスに処理を割り当てて、指定のパスにアクセスしたら割り当てた処理が実行されるようにするためのものでした。

このroutes.tsを開くと、デフォルトで以下のように書かれています。

リスト4-2

```
import Route from '@ioc:Adonis/Core/Route'

Route.get('/', async ({ view }) => {
  return view.render('welcome')
})
```

ルーティングは、AdonisJSの「Route」というオブジェクトを使って設定されます。ここでは、import文でRouteオブジェクトをインポートしています。

そして、その後のRoute.getというもので、ルーティングの設定をしています。このgetは、以下のような形で記述されています。

●GETアクセスのルーティング設定

```
Route.get( パス, 関数 )
```

第1引数に割り当てるパスを、そして第2引数に実行する関数をそれぞれ用意します。関数は、「アロー関数」と呼ばれる形で書かれていますね。これはこのようになっています。

●ルーティングに割り当てる関数

```
({ view })=> {
  ……処理……
})
```

引数に渡されるviewという値は、画面の表示を管理する「ビュー」と呼ばれる機能のためのオブジェクトです。ここにある「render」というメソッドを使い、指定したテンプレートをレンダリングしてreturnしています。これにより、レンダリングされた結果がクライアントに出力され表示されます。

引数の'welcome'というのは、「resources」フォルダー内にある「welcome.edge」というファイルのことです。renderメソッドでは、「resources」フォルダーの中から指定した名前のテンプレートファイルを読み込みレンダリングします。

先ほど、http://localhost:3333/にアクセスするとダミーページが表示されていましたが、それはこのルーティングの設定によるものだったのですね。これにより、トップページのパス(/)にアクセスするとwelcome.edgeファイルがレンダリングされクライアントに表示されていたのです。

テンプレートに値を渡す

ルーティングとテンプレートの使い方がわかれば、もうちょっとしたWebページは書けるようになります。では、サンプルで用意されているページを使って、簡単なページを作ってみましょう。

まず、ルーティングのコードを修正します。サンプルで用意されていたRoute.get('/', ……)という記述を削除し、以下のコードを新たに追記してください。

リスト4-3

```
Route.get('/', async ({ view }) => {
  const data = {
```

```
    title:'AdonisJS Sample',
    message:'これはサンプルで用意したページです。'
  }
  return view.render('welcome',data)
})
```

ここでは、引数で渡される関数の中身を少し書き換えています。まず、テンプレートで利用する値をdataという定数にまとめています。

```
const data = {
  title:'AdonisJS Sample',
  message:'これはサンプルで用意したページです。'
}
```

ここでは、titleとmessageという2つの値を用意しています。そしてview.renderのメソッドを書き換え、このdata定数を渡すようにします。

```
return view.render('welcome',data)
```

これで、テンプレートwelcome.edgeをレンダリングする際に、dataの値も渡されるようになります。renderメソッドでは、このように第2引数に必要な値をオブジェクトとして渡せるようになっています。

welcome.edgeを修正する

では、「resources」フォルダーの中にある「welcome.edge」を編集しましょう。このファイルにはかなり長いコードが書かれていますが、前半はほぼスタイルの設定です。ずっと見ていくと、後半に<body> ～ </body>のコンテンツ部分が見つかります。

では、この<body> ～ </body>部分を以下のように書き換えてみましょう。

リスト4-4

```
<body>
  <main>
    <div>
      <h1 class="title">{{title}}</h1>
      <p class="subtitle">
        {{message}}
      </p>
    </div>
  </main>
</body>
```

図4-6 ページをリロードすると、カスタマイズした表示に変わる。

修正したらファイルを保存し、Webブラウザからアクセスしていたページをリロードしましょう(アプリを終了してしまっている人は、再度実行し、http://localhost:3333/にアクセスしてください)。

AdonisJSのアプリケーションは、起動したままファイルを書き換えて保存すると自動的に更新されます。いちいちアプリケーションを再起動する必要がありません。ですから、作業中はずっと起動したままにしておくと良いでしょう。

リロードされたページには、「AdonisJS Sample」とタイトルが表示され、その下に「これはサンプルで用意したページです。」とメッセージが表示されます。これらは、routes.tsのルーティング処理のところでview.rednerに渡した値です。渡されたdataにあったtitleとmessageがそのままテンプレートに表示されていたのです。

{{}}で値を出力する

修正したテンプレートでは、これらの値を以下のようにして出力していました。

```
<h1 class="title">{{title}}</h1>
<p class="subtitle">
  {{message}}
</p>
```

{{値}}というように、値の前後を{{と}}で囲むと、その場所に指定した値が出力されます。{{title}}と{{message}}で、それぞれの値が書き出されていたのです。ルーティングの関数に用意した値をテンプレートに渡すのは、このようにとても簡単です。

簡単ですが、これで「コードからテンプレートに値を渡して表示する」という基本的なことができるようになりました。これだけでも、ちょっとしたページならすぐに作れそうですね。

では、基本がわかったところで、もう少し本格的にアプリケーションのページ作成について考えていくことにしましょう。

Section 4-2

コントローラーとビュー

コントローラーとは？

AdonisJSでは、ルーティングの設定とテンプレートで簡単にページが作成できることがわかりました。しかし、このやり方はあまり複雑な処理を作るのには向いていないでしょう。また引数にはビューを管理するViewだけが渡されるため、リクエストやレスポンスに関する細かな処理を行うこともできません。

ルーティングから直接テンプレートをレンダリングしページを表示するやり方は、ちょっとした表示の作成には向いていますが、本格的な処理を行うには「コントローラー」を作成し利用するのが基本といえます。

コントローラーとは、MVCの「C」に相当するもので、クライアントがアクセスした際の処理の流れを制御し、必要なビジネスロジックを組み立てるためのものです。本格的なアプリケーションを作成するならば、必要なページの作成はコントローラーを用意して処理を行い、それを必要に応じてルーティングに割り当てて動かすようにするのがよいでしょう。

コントローラーを作成する

では、実際にコントローラーを作成し、どのように使うのかを説明していきましょう。コントローラーの作成は、aceコマンドを使って行います。以下のように実行することでコントローラーのソースコードファイルが作られます。

●コントローラー作成

```
node ace make:controller コントローラー名
```

では、実際にコントローラーを作ってみましょう。コマンドプロンプトまたはターミナルでカレントディレクトリがアプリケーションフォルダー内にあるのを確認し、以下のコマンドを実行してください。

```
node ace make:controller sample
```

これでSampleというコントローラーが作成されます。

```
ターミナル　問題　出力　デバッグ コンソール

D:\tuyan\Desktop\adonis_app>node ace make:controller sample
CREATE: app\Controllers\Http\SamplesController.ts

D:\tuyan\Desktop\adonis_app>
行 30、列 1　スペース: 2　UTF-8　LF　{} TypeScript
```

図4-7　aceコマンドでコントローラーを作成する。

 SamplesController.tsについて 

では、どのようなファイルが作成されたのか確認しましょう。コントローラーは、「api」フォルダー内の「Controllers」というフォルダーの中に配置されます。

「api」フォルダーの中を見ると、それまでなかった「Controllers」というフォルダーが新たに作られているのがわかるでしょう。そしてその中に「Http」というフォルダーがあり、更にその中に「SamplesControllerts」というファイルが作成されています。これが、今回のSampleコントローラーのファイルです。

これを開くと、以下のようなコードが書かれています。

リスト4-5

```
// import { HttpContextContract } from '@ioc:Adonis/Core/HttpContext'

export default class SamplesController {}
```

これがコントローラーの基本的なコードです。コントローラーのソースコードも、export defaultでオブジェクトをエクスポートする形のコードになっています。ここでは「SamplesController」というクラスを作成し、それをエクスポートしています。コントローラーは、このように「○○Controller」という名前のクラスとして定義されます。

その上にあるコメント文では、「HttpContextContract」というオブジェクトをインポートする文がコメントアウトされていますね。これは、コントローラーを使うようになると必ず必要になるimport文です。それで、あらかじめコメントとして用意しておいて「最初の//を消せばすぐに使えるよ」という形にしていたのです。

Chapter 1
Chapter 2
Chapter 3
Chapter 4
Chapter 5
Chapter 6

コラム なんでSample「s」？ Column

sampleというコントローラーを作ったはずなのに、なぜか「SamplesController」と複数形のsがついています。AdonisJSでは、コントローラーの名前は複数形になるというルールがあるため、このようになっているんですね！

SamplesControllerクラスにindexアクションを追加

では、SamplesControllerクラスに、アクセスしたときの処理を追加しましょう。コントローラー内に用意されるアクセス時の処理を定義するメソッドは、「アクション」と呼ばれます。ここでは、「index」という名前のアクションを作成してみましょう。

では、/api/Controllers/Http/SamplesController.tsファイルを開き、書かれているコードを以下のように書き換えてください。

リスト4-6

```
import { HttpContextContract } from '@ioc:Adonis/Core/HttpContext'

export default class SamplesController {
  public async index(ctx: HttpContextContract) {
    const data = {
      title: 'Sample',
      message: 'これは、SamplesControllerのindexアクションです。'
    }
    return ctx.view.render('samples/index', data)
  }
}
```

これでindexアクションのコードが用意できました。では、アクションがどのように書かれていくか簡単に説明しておきましょう。

import文の用意

まず最初に記述するのは、import文です。importは、そのソースコードで必要になるモジュールを読み込むためのものです。

```
import { HttpContextContract } from '@ioc:Adonis/Core/HttpContext'
```

「HttpContextContract」というオブジェクトは、HTTPアクセス全般に関する情報を管理するものです。リクエストやレスポンス、その他クライアントとサーバー間のアクセスに関するさまざまな情報を持っています。アクションで各種の処理を行うとき、まず最初に必要となるオブジェクトといっていいでしょう。

アクションの定義

SamplesControllerクラスには、今回、indexというアクションのメソッドが追加されました。これは以下のような形で定義されています。

```
public async index(ctx: HttpContextContract) {……}
```

アクションは、asyncをつけて非同期メソッドとして定義されます。引数には、HttpContextContractオブジェクトが用意されます。このメソッド内に、アクセスした際の処理を用意しておきます。

renderでテンプレートをレンダリングする

ここでは、まずテンプレートに渡す値をオブジェクトにまとめています。この部分です。

```
const data = {
  title: 'Sample',
  message: 'これは、SamplesControllerのindexアクションです。'
}
```

そして、これを引数に指定してViewのrenderメソッドを呼び出します。これは以下のように行っています。

```
return ctx.view.render('samples/index', data)
```

ビューの機能は、引数に渡されるHttpContextContractの中に「view」というプロパティとして用意されています。ここからrenderメソッドを呼び出してテンプレートをレンダリングします。

今回は、テンプレートを'samples/index'と指定しておきました。これは「views」内の「samples」フォルダー内にある「index.edge」というテンプレートファイルを示します。ここに使用するテンプレートファイルを用意しておけば、それを読み込んで表示するわけですね。

Samples/index.edgeテンプレートを作る

では、アクションから利用するテンプレートファイルを用意しましょう。これもaceコマンドを使って行うことができます。

●テンプレート作成

```
node ace make:view 'コントローラー/アクション'
```

make:viewを指定することでテンプレートファイルが作成されます。その後には、作成するテンプレートファイルの名前を指定しますが、コントローラーに用意したアクションでテンプレートを使うのであれば、「コントローラー/アクション」という形で名前を指定しておくのが良いでしょう。こうすると、「resources」内の「views」フォルダー内にコントローラー名のフォルダーが用意され、その中にアクション名のテンプレートファイルが作られるようになります。

では、コマンドプロンプトまたはターミナルから以下を実行しましょう。

```
node ace make:view samples/index
```

```
ターミナル　問題　出力　デバッグ コンソール　　cmd

D:\tuyan\Desktop\adonis_app>node ace make:view samples/index
SKIP:   resources\views\samples\index.edge (File already exists)

D:\tuyan\Desktop\adonis_app>

行 9、列 50 (146 個選択)　スペース: 2　UTF-8　LF　{} TypeScript
```

図4-8　aceコマンドで「views」内の「samples」フォルダーに「inde.edge」テンプレートファイルを生成する。

これで「resources」内の「views」フォルダーの中に新たに「Samples」というフォルダーが作られ、その中に「index.edge」というファイルが配置されます。

index.edgeテンプレートファイルを記述する

では、作成されたindex.edgeファイルを開き、ソースコードを記述していきましょう。以下のように記述をしてください。

リスト4-7

```
<!DOCTYPE html>
<html>
```

```
    <head>
      <title>{{title}}</title>
      <link href="https://cdn.jsdelivr.net/npm/bootstrap@5.0.2/dist/css/↲
        bootstrap.min.css" rel="stylesheet">
    </head>
    <body class="container mt-2">
      <h1 class="display-4">{{title}}</h1>
      <hr class="my-2">

      <p>{{message}}</p>

      <div style="width:100%"
        class="fixed-bottom bg-secondary p-1">
        <p class="text-center text-white m-0">
          copyright 2022 SYODA-Tuyano.</p>
      </div>
    </body>
  </html>
```

これでテンプレートは完成です。今回も、Bootstrapの機能を使ってクラスを指定してあります。

ここでは、先にwelcome.edgeで行ったように、{{title}}と{{message}}というものを使って、titleとmessageの値を出力するようにしています。SamplesControllerクラスのindexアクションでrenderを行うとき、引数に渡された値にこれらの値が用意されていたのを思い出してください。

ルーティングを設定する

では、最後にルーティングの設定を記述しましょう。「start」フォルダーの「routes.ts」を開き、以下のようにルーティングの設定を追記してください。

リスト4-8

```
Route.get('/sample', 'SamplesController.index')
```

ルーティングでコントローラーにあるアクションを割り当てる場合は、getの第1引数にパスを指定し、第2引数には'コントローラー.アクション'という形で値を指定します。これで、指定のパスにアクセスがあるとアクションが実行されるようになります。

では、修正できたら、/sampleにアクセスをしてみましょう。SamplesControllerのindexアクションが実行され、index.edgeのテンプレートの内容が表示されます。

図4-9　/sampleにアクセスするとページが表示される。

レイアウトを利用する

　これでページの基本は作成できました。ただし、テンプレートについてはもう少し工夫をしたほうが良さそうです。

　先ほど作成したindex.edgeでは、表示するページのコードすべてが記述されていました。これから先、いくつもページを作成するようになったとき、すべてをコピー&ペーストして書き換えていくのは面倒ですね。また誤って表示のデザインやレイアウトが微妙に違ったページができてしまうこともあるでしょう。

　こうしたことを考えたなら、ページ全体のレイアウトとなるテンプレートを用意し、そこにコンテンツのテンプレートをはめ込んで表示するような方法を考えることになります。AdonisJSに搭載されているテンプレートエンジン「Edge」には、こうしたレイアウトの利用を簡単に行える機能が用意されています。

　では、実際にレイアウトを作成し、利用してみましょう。

レイアウトテンプレートの作成

　まず、レイアウトのテンプレートを作成します。コマンドプロンプトあるいはターミナルから、以下のように実行をしてください。

```
node ace make:view layouts/main
```

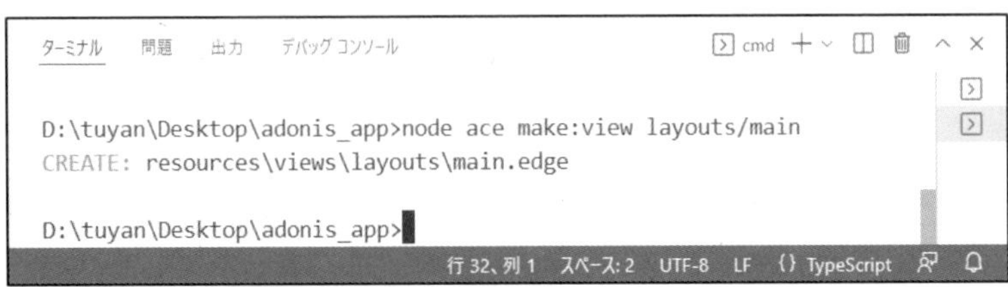

図4-10　aceコマンドでレイアウト用のテンプレートファイルを作る。

今回、レイアウトのテンプレートファイルは「views」内に「layouts」というフォルダーを用意し、そこにまとめることにしました。このコマンドを実行すると、「views」内に作られた「layouts」フォルダーの中に「main.edge」というファイルが作成されます。

では、このmain.edgeを開き、以下のように記述をしましょう。

リスト4-9

```
<!DOCTYPE html>
<html>
  <head>
    <title>{{title}}</title>
    <link href="https://cdn.jsdelivr.net/npm/bootstrap@5.0.2/dist/css/↵
      bootstrap.min.css" rel="stylesheet">
  </head>
  <body class="container mt-2">
    <h1 class="display-6 text-primary">
      <strong>{{title}}</strong>
    </h1>
    <hr class="my-2">

    @!section('body')

    <div class="my-3"> </div>
    <div style="width:100%"
      class="fixed-bottom bg-secondary p-1">
      <p class="text-center text-white m-0">
        copyright 2022 SYODA-Tuyano.</p>
    </div>
  </body>
</html>
```

これがレイアウト用のテンプレートになります。基本的には、先ほど作成したindex.edgeにかかれていた内容とほぼ同じものですが、コンテンツの部分はありません。<h1>でタイトルを表示した後には、以下のような文が書かれています。

```
@!section('body')
```

これは、Edgeに用意されている「セクション」と呼ばれるものを挿入するためのものです。Edgeでは、決まった表示をセクションとして定義し、それを別のテンプレート内にはめ込むことができます。

ここに「body」というセクションをはめ込むようにしておけば、後は各ページのテンプレートで「body」セクションを定義すれば、それがコンテンツとしてレイアウトに組み込まれて表示されるようになる、というわけです。

また、このテンプレートでは、<title>部分に{{title}}と値を埋め込んであります。このことは覚えておいてください。後でまた登場しますので。

index.edgeを修正する

では、作成したmain.edgeレイアウトを使うようにindexアクションのテンプレートを修正してみましょう。「views」内の「Samples」フォルダーから「index.edge」を開き、その内容を以下に書き換えてください。

リスト4-10

```
@layout('layouts/main')
@set('title', title)

@section('body')
<p>{{message}}</p>
@end
```

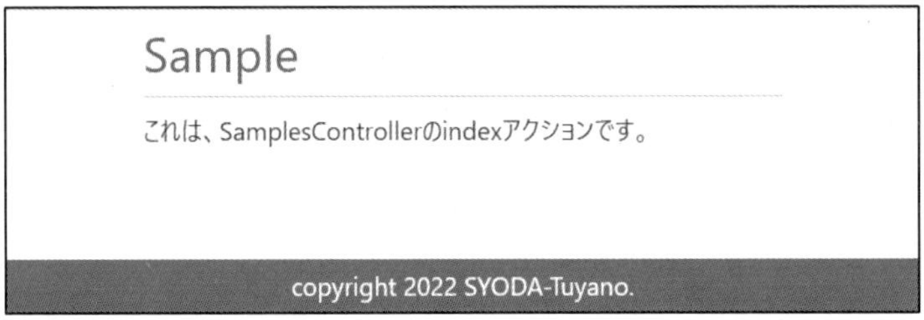

Sample

これは、SamplesControllerのindexアクションです。

copyright 2022 SYODA-Tuyano.

図4-11　/sampleにアクセスすると、レイアウトファイルを使ってページが表示されるようになる。

修正できたら、/sampleにアクセスして表示を確認しましょう。先ほどとほぼ同じようなレイアウトでページが表示されます。が、既にこのページはmain.edgeレイアウトを使って作成されるようになっています。

レイアウトの利用

では、ここで書かれているコードがどうなっているか見ていきましょう。まず最初にあるのが、使用するレイアウトの指定です。

```
@layout('layouts/main')
```

レイアウトを使う場合、この「@layout」という文を記述します。()の引数には、レイアウトファイルを指定します。これは「views」内にあるファイルの場所をテキストで指定します。ここでは「layouts」フォルダーにある「main.edge」を使うので、'layouts/main' と値を指定します。

その次には、テンプレートファイルに渡す値を設定する文があります。

```
@set('title', title)
```

この「@set」は、テンプレートに渡す値を設定するものです。第1引数には渡す値の名前を、そして第2引数に設定する値をそれぞれ用意します。ここではtitleでアクション側から渡された値を、そのまま'title'という名前で設定しています。

先にmain.edgeレイアウトを作成したとき、<title>部分に{{title}}と値を埋め込んでいたことを思い出してください。この値が、この@setで設定されていたのですね。これを忘れると、レンダリング時に「titleという値が見つからない」とエラーになってしまいます。レイアウトに値を埋め込んでいるときは、必ず必要な値を@setで設定してください。

セクションの作成

ここまではレイアウトの利用に関する設定部分です。そして、これより下が実際にページに表示するコンテンツの部分になります。

```
@section('body')
<p>{{message}}</p>
@end
```

表示するコンテンツは、「セクション」として定義します。先にmainレイアウトを作成したとき、「body」というセクションがコンテンツとして埋め込まれていました。この「body」セクションを定義しているのがこの部分です。セクションはこのように定義します。

●セクションの定義

```
@section( 名前 )
……表示する内容……
@end
```

セクションは、必要に応じていくつでも定義することができます。ここでは「body」セクションしか使っていませんが、場合によってはヘッダーやフッターもセクション化して後から組み込むようにすることも可能です。

フォームの送信

次は、クライアントとサーバーの間での情報のやり取りについて考えていきましょう。クライアントからの情報の送信は、「フォーム」が基本ですね。フォームの利用について考えてみましょう。

フォームの送信を行うとき、考えなければいけないのは、まず「POST送信された処理の受け取り方」でしょう。そして、「送信されたフォームの値の取り出し方」も知る必要があります。実際にサンプルを動かしながら、これらについて説明をしましょう。

テンプレートを修正する

今回は、先ほど作った/sampleのページを修正して使うことにします。では「views」内の「Samples」フォルダーにある「index.edge」を開いてください。そして、bodyセクションの部分(@section('body') ～ @endの部分)を以下のように書き換えてください。

リスト4-11

```
@section('body')
<p>{{message}}</p>
<form method="post" action="/sample">
  <div class="mb-3">
    <label for="msg" class="form-label">Message</label>
    <input type="text" class="form-control"
      id="msg" name="msg">
  </div>
  <button type="submit" class="btn btn-secondary">送信</button>
</form>
@end
```

ここでは、method="post" action="/sample"と属性を指定して<form>を用意してあります。これで、コントローラー側には/sampleにPOST送信された場合の処理を用意すればいいことになりますね。

送信する内容は、name="msg"の入力フィールドの値が1つあるだけです。

コントローラーを修正する

では、コントローラー側の修正を行いましょう。今回は、GETで/sampleにアクセスしたときと、/sampleにフォームをPOST送信したときの2つのアクションが必要になります。/api/Controllers/Http/SamplesController.ts」を開いてください。そして、SamplesControllerクラスを以下のように書き換えましょう。

リスト4-12

```
export default class SamplesController {

  public async index(ctx: HttpContextContract) {
    const data = {
      title: 'Sample',
      message: 'お名前をどうぞ。'
    }
    return ctx.view.render('samples/index', data)
  }

  public async index_posted(ctx: HttpContextContract) {
    const msg = ctx.request.input('msg')
    const data = {
      title: 'Sample',
      message: 'こんにちは、' + msg + 'さん!'
    }
    return ctx.view.render('samples/index', data)
  }
}
```


ctx.request.inputから値を取り出す

GETアクセス時の処理を行うindexアクションは先に作成したものとほとんど同じです。問題は、もう1つのindex_postedアクションですね。ここでは、以下のようにして送信されたフォームの値を取り出しています。

```
const msg = ctx.request.input('msg')
```

クライアントから送信される情報は、ctxの「request」というプロパティに保管されているリクエストのオブジェクトから取り出します。

フォームに用意されるフィールドの値は、requestの「input」というメソッドで値を得ることができます。

●送信された値を取得する

```
変数 =《リクエスト》.input( 名前 )
```

このように呼び出すことで、送信されたフィールドの値を得ることができます。引数には、name属性で指定した名前をテキストで指定します。なお、inputというメソッドですが、<input>に限るわけではなく、例えば<select>の値などもこれで取り出せます。

値さえ得られれば、後はそれを元にmessageを用意してテンプレートに値を渡すだけです。

ルーティングの追加

これでページはできました。が、まだやるべきことが残っていますね。そう、ルーティングの設定です。

/sampleにGETアクセスするルーティングは既に書きましたが、POST送信したときのルーティングはまだ作成していません。では、「start」から「routes.ts」を開き、以下の設定を追記してください。

リスト4-13
```
Route.post('/sample', 'SamplesController.index_posted')
```

POST送信のルーティングは、Routeの「post」を使います。引数の書き方は、getと同じで、パスと、呼び出す'コントローラー.アクション'を記述しておきます。これで、/sampleにPOST送信されるとSamplesControllerのindex_postedアクションが実行されるようになりました。

では、実際に/sampleにアクセスし、フォームに何か書いて送信をしてみましょう。送られた値を使ってメッセージが表示されるのがわかるでしょう。

図4-12　フォームに名前を書いて送信するとメッセージが表示される。

フォーム送信とbody

requestのinputは、簡単に<input>の値を取り出せますが、1つ1つの値を取り出すのではなく、フォーム全体の値をまとめて利用したい場合もあります。このようなときに使われるのが「body」です。これは以下のように利用します。

●送信されたボディを取得する

```
変数 =《リクエスト》.body()
```

これで、送信されたフォームの情報をまるごとオブジェクトとして取り出すことができます。では、実際に試してみましょう。

テンプレートの修正

まずはテンプレートの修正からです。「views」の「Samples」から「index.edge」を開き、bodyセクションの部分を以下のように書き換えてください。

リスト4-14

```
@section('body')
<p>{{message}}</p>
<form method="post" action="/sample">
  <div class="mb-3">
    <label for="name" class="form-label">Name</label>
    <input type="text" class="form-control"
      id="name" name="name">
  </div>
  <div class="mb-3">
    <label for="email" class="form-label">Email</label>
    <input type="text" class="form-control"
      id="email" name="email">
  </div>
  <div class="mb-3">
    <label for="age" class="form-label">Age</label>
    <input type="number" class="form-control"
      id="age" name="age">
  </div>
  <button type="submit" class="btn btn-secondary">送信</button>
</form>
@end
```

今回は、name, email, ageという3つの<input>を用意しました。これらを送信し、その値をまとめて表示させてみましょう。

index_postedアクションの修正

続いて、コントローラー側の修正です。SamplesControllerクラスの「index_posed」アクションを以下のように書き換えてください。

リスト4-15

```
public async index_posted(ctx: HttpContextContract) {
  const data = {
    title: 'Sample',
    message: JSON.stringify(ctx.request.body())
  }
  return ctx.view.render('samples/index', data)
}
```

Sample
お名前をどうぞ。
Name
hanako
Email
hanako@flower
Age
28
送信
copyright 2022 SYODA-Tuyano.

Sample
{"name":"hanako","email":"hanako@flower","age":"28"}
Name

図4-13 フォームを送信すると、送られた内容がまとめてメッセージに表示される。

修正できたら、実際に/sampleにアクセスしてフォームを送信してみましょう。すると送られたフォームの内容がすべてJSONフォーマットで表示されます。

ここではmessageの値に、JSON.stringify(ctx.request.body())というようにして値を設定しています。ctx.request.body()で得られたオブジェクトをテキストに変換して出力していたのですね。

出力された内容を見ると、フォームの各フィールドの値が、それぞれnameとvalueがセットになってまとめられているのがわかります。フォームの値をまとめて扱う場合は、このようにctx.request.bodyのほうが便利です。

パラメーターの利用

クライアントから情報を送る方法としては、URLに値を追加する「パラメーター」もあります。例えば、/sample/taro/yamadaというようにアクセスしたら、/sampleのアクションにtaroとyamadaが渡される、といったものですね。

パラメーターの指定は、ルーティングのところで行います。これはパスの部分に「:値」という形で記述をします。

```
'/パス/:パラメーター/:パラメーター/……'
```

このような形ですね。パラメーター名は必ず名前の前にコロン(:)をつけてください。また、ここでは各パラメーターは/でつなげていますが、他の記号を使って区別することも可能です。

/sampleにパラメーターをつける

では、実際にパラメーターを使ってみましょう。ここでは、/sampleにアクセスする際にパラメーターをつけてみます。

「start」内の「routes.ts」を開いて、先に記述してあったRote.get('/sample' ～)の設定を以下に書き換えてください。

リスト4-16

```
Route.get('/sample/:id/:pass', 'SamplesController.index')
```

これで、/sampleの後にidとpassのパラメーターを記述してアクセスするようになりました。

アクションを修正する

では、アクセス時に送られたパラメーターを受け取って利用するようにアクションを修正しましょう。SamplesControllerクラスのindexアクションを以下のように書き換えてください。

リスト4-17

```
public async index(ctx: HttpContextContract) {
  const msg = 'ID:' + ctx.request.param('id')
    + ', pass:' + ctx.request.param('pass')
  const data = {
    title: 'Sample',
    message: msg
  }
  return ctx.view.render('samples/index', data)
}
```

パラメーターの取得は、リクエストに用意されている「param」というメソッドで行います。これは以下のように利用します。

●パラメーターの取得

```
変数 =《リクエスト》.param( パラメーター名 )
```

ここでは、paramメソッドを使い、idとpassの値を取り出してメッセージを作成しています。

```
const msg = 'ID:' + ctx.request.param('id') + ', pass:' + ctx.request.
param('pass')
```

基本的な使い方さえわかれば、パラメーターの利用はとても簡単です。

修正ができたら、実際にアクセスして表示を確認しましょう。例えば、/sample/taro/yamadaとアクセスすれば、「ID:taro, pass:yamada」とメッセージが表示されます。

(なお、動作確認ができたら、修正した/sampleのルーティングは元に戻しておきましょう。)

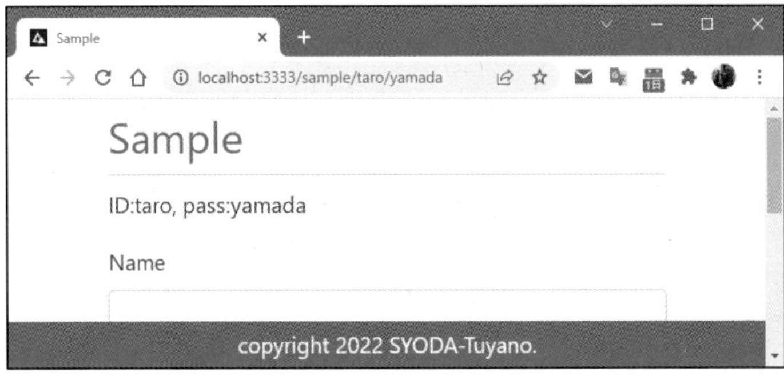

図4-14 /sample/taro/yamadaとアクセスすると、「ID:taro, pass:yamada」とメッセージが表示される。

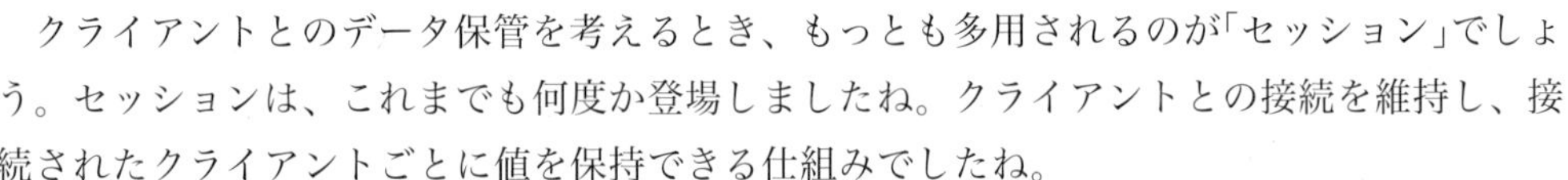

セッションの利用

クライアントとのデータ保管を考えるとき、もっとも多用されるのが「セッション」でしょう。セッションは、これまでも何度か登場しましたね。クライアントとの接続を維持し、接続されたクライアントごとに値を保持できる仕組みでしたね。

このセッションは、AdonisJSにももちろん用意されています。アプリケーションを「web」テンプレートで作成した場合には、デフォルトで組み込み済みになっているため、インストール作業や設定作業などは不要です。

session.tsについて

セッションの設定は、「config」フォルダー内にある「session.ts」というファイルで行われています。ここには、以下のようなコードが既に記述されています。

リスト4-18

```
import Env from '@ioc:Adonis/Core/Env'
import Application from '@ioc:Adonis/Core/Application'
import { SessionConfig } from '@ioc:Adonis/Addons/Session'

const sessionConfig: SessionConfig = {
  enabled: true,
  driver: Env.get('SESSION_DRIVER'),
  cookieName: 'adonis-session',
  clearWithBrowser: false,
  age: '2h',
  cookie: {
    path: '/',
    httpOnly: true,
    sameSite: false,
  },
  file: {
    location: Application.tmpPath('sessions'),
  },
  redisConnection: 'local',
}

export default sessionConfig
```

これらは、基本的にデフォルトのまま使うことができますが、中には状況に応じて調整したほうが良い項目もあります。主なものについて簡単に説明しておきましょう。

●セッションの主な設定

enabled	trueならセッション機能がON、falseならOFFになる。
driver	セッションドライバーの指定。デフォルトでは、.envのSESSION_DRIVER変数の値で設定される。
cookieName	セッション用のクッキー名。
age	セッションの保持期間。デフォルトでは2時間。
cookie	セッションクッキーの設定。
file	セッションの一時ファイルに関する設定。

これらの中で、driverという項目では、アプリケーションフォルダーにある「.env」というファイルに記述されている変数を使っています。これはデフォルトでは以下のように記述されています。

リスト4-19

```
SESSION_DRIVER=cookie
```

これにより、クッキー利用の形でセッションが用意されます。

これらの項目は変更する必要はほとんどありませんが、唯一、調整したほうがいいのは「age」でしょう。アプリによっては、もっと長く(あるいは短く)設定できたほうがいいこともあります。ここでは、'2h'となっていますが、この2の部分の値を大きくすれば、保持される時間も長くなります。'24h'ならば丸一日保持されるようになります。

セッションの基本操作

アクションから拙書を利用するには、HttpContextContractオブジェクト内の「session」プロパティを使います。このsessionには、セッションを管理するSessionContractというオブジェクトが設定されており、この中にあるメソッドを呼び出すことでセッションの機能を利用することができます。

では、主なメソッドについて簡単にまとめておきましょう。

```
《セッション》.put( 名前 , 値 )
```

セッションに値を保管します。第1引数には名前を、第2引数には値をそれぞれ指定します。これにより、指定した名前で値が保管されます。

```
《セッション》.get( 名前 )
```

セッションから値を取得します。引数に指定した名前の値をセッションから取り出して返します。

```
《セッション》.forget( 名前 )
```

引数に指定した名前の値をセッションから消去します。

```
《セッション》.all()
```

セッションに保管されているすべての値をオブジェクトにまとめて返します。

```
《セッション》.clear()
```

セッションに保管されているすべての値を消去します。

```
《セッション》.increment( 名前 )
《セッション》.decrement( 名前 )
```

指定した名前の値を、incrementでは1増やし、decrementでは1減らします。

いろいろと便利なメソッドが用意されていますが、まずは「get」と「put」だけ覚えておいてください。この2つが使えれば、とりあえずセッションに値を保管し、利用できるようになります。

セッションにデータを保管する

では、実際にセッションを使ってみましょう。簡単なフォームを用意し、送信した値をセッションに保管していきます。

まずは、アクションから作成しましょう。SamplesControllerクラスのindexとindex_postedアクションを以下のように修正してください。

リスト4-20

```
public async index(ctx: HttpContextContract) {
  var list = ctx.session.get('list')
  if (list == undefined) {
    list = []
    ctx.session.put('list', list)
  }
  const data = {
    title: 'Sample',
    message: 'メッセージを送信：',
    list: list
  }
  return ctx.view.render('samples/index', data)
}

public async index_posted(ctx: HttpContextContract) {
  const list = ctx.session.get('list')
  const msg = ctx.request.input('msg')
  list.unshift(ctx.request.input('msg'))
  ctx.session.put('list', list)
  const data = {
    title: 'Sample',
    message: '「' + msg + '」を送信しました。',
    list: list
  }
```

```
  return ctx.view.render('samples/index', data)
}
```

indexでは、セッションからlistという値を取り出してそれをlistに指定してテンプレートに渡しています。ただし、セッションに値がない場合も考えて処理を用意する必要があります。

```
var list = ctx.session.get('list')
```

ctx.sessionからgetを呼び出し、listの値を取り出します。既にセッションに値があれば、これがそのまま使われます。

```
if (list == undefined) {
  list = []
  ctx.session.put('list', list)
}
```

もし、まだ値がなければ、listはundefinedになりますから、その場合は空の配列をlistに設定し、ctx.session.putでlistに値を設定します。これで、以後はlistの値が得られるようになります。

フォームの送信後の処理を行うindex_postedでは、フォーム送信された値をセッションのlistに追加していきます。

まず、セッションからlistを取り出します。また、送信されたフォームからmsgという値も取り出します。

```
const list = ctx.session.get('list')
const msg = ctx.request.input('msg')
```

listにmsgを追加します。listは配列になっているので、unshiftで先頭に値を追加することにします。

```
list.unshift(ctx.request.input('msg'))
```

後は、このlistを再びセッションのlistに設定すれば、セッションのデータが更新されます。

```
ctx.session.put('list', list)
```

これでセッションの操作は終わりです。後はlistをテンプレートに渡して表示させるだけです。getとputがわかれば、セッションの利用はこのように簡単です。

テンプレートを用意する

では、アクションで利用するテンプレートを用意しましょう。「views」内の「Samples」から「index.edge」を開き、bodyセクションの部分を以下に書き換えてください。

リスト4-21

```
@section('body')
<p>{{message}}</p>
<form method="post" action="/sample">
  <div class="mb-3">
    <label for="msg" class="form-label">Message</label>
    <input type="text" class="form-control"
      id="msg" name="msg">
  </div>
  <button type="submit" class="btn btn-secondary">送信</button>
</form>
<hr>
<h5>※セッションの内容</h5>
<ul class="list-group">
  @each(item in list)
  <li class="list-group-item">{{item}}</li>
  @end
</ul>
@end
```

図4-15　メッセージを送信すると、セッションに追加されていく。

修正ができたら、/sampleにアクセスし、フォームに何か書いて送信してみましょう。送信したメッセージがどんどんフォーム下のリストに追加されていきます。

他のWebサイトなどに移動した後、再度/sampleに戻っても、送信したデータはちゃんと表示されます。いつでもアクセスすれば、常に値が保持され表示されることがわかるでしょう（ただしセッションの保持期間内なら、です）。

繰り返し出力について

ここでは、<ul>に<li>で項目を出力するのに、ちょっとしたテクニックを使っています。アクションから渡されるセッションデータlistは、配列になっていました。したがってテンプレートでは、配列から値を順に取り出して表示する必要があります。それを行っているのがこの部分です。

```
@each(item in list)
<li class="list-group-item">{{item}}</li>
@end
```

@each(item in list)というのは、繰り返し出力を行うテンプレート構文です。これにより、listから値をitemに取り出し、その後に記述されている@endまでの部分を出力します。listからitemを取り出すたびに出力されるので、用意した<li>がlistにある値の数だけ繰り返し出力されていくのです。

配列のデータを一覧出力するのに@eachは多用されます。合わせて覚えておきましょう。

Section 4-3 Lucidによるデータベースアクセス

Lucid と ORM

データベースアクセスは、Node.jsのフレームワークにおいてはもっとも扱いの難しい部分です。Expressのように軽量のフレームワークでは最初からデータベースアクセスを切り離し、「自分ですきなフレームワークをインストールしてください」という扱いになっていました。

AdonisJSでは、データベースアクセスもすべて含めてアプリケーションフレームワークであるという考えから、標準で独自にデータベースアクセスの機能を用意しています。それが「Lucid」というパッケージです。

このLucidの特徴は、「ORMを使っても使わなくてもいい」という点です。ORMというのは、既に何度か登場しましたが「Object-Rerational Mapping」という技術のことです。多くのデータベースフレームワークは、データベースをより使いやすくするための「ORM」を実現するものとして設計されています。すなわち、データベーステーブルをJavaScriptのオブジェクトとして扱えるようにする機能を提供するのが、主なデータベースフレームワークの目的なのです。

Lucidにも、もちろんORM機能が用意されています。「モデル」と呼ばれるクラスとしてデータベーステーブルを定義することで、オブジェクトとしてテーブルとレコードを扱えるようになります。

が、このモデルは、必須ではありません。モデルを使わなくともデータベースアクセスは可能です。「つまり、SQL言語の命令文を書いて実行するのか」と思った人、いいえ、そうではないのです。Lucidでは、データベースアクセスに用意したオブジェクトのメソッドを呼び出すことで、SQLを使うことなく(そしてORMを使うことなく！)データベースアクセスが行えます。

ORMは苦手という人も、ORM大好き！ という人も、Lucidであれば自分なりに使いやすい方式でデータベースアクセスができるのです。

(※ただし本書では、ページ数が限られていることもあり、モデルを利用したデータベースアクセスを中心に説明します)

Chapter 1 Chapter 2 Chapter 3 Chapter 4 Chapter 5 Chapter 6

Lucidを準備する

これはAdonisJSに標準で用意されているものですが、しかし「すべてのアプリケーションがデータベース機能を必要としているわけではない」ということから、npm init adonis-ts-appのテンプレートには標準で含まれていません。したがって、npm init adonis-ts-appで作成したアプリケーションでは、別途Lucidをインストールする必要があります。

では、コマンドプロンプトまたはターミナルでカレントディレクトリをアプリケーションフォルダー内にあることを確認した上で、以下のコマンドを実行してください。

```
npm install @adonisjs/lucid
```

これでLucidパッケージがアプリケーションに組み込まれます。続いてもう1つ、パッケージをインストールしておきましょう。

```
npm install luxon
```

このluxonは、Lucid内で日時関係の値を扱うときに利用されるパッケージです。これも用意しておきましょう。

(※本来、Lucidをインストールするとluxonも組み込まれると思えるのですが、筆者の確認したところでは別途インストールが必要なようです)

Lucidの設定情報を生成する

インストールができたら、続いてLucidを利用するための設定を行いましょう。続けてコマンドプロンプト(ターミナル)から以下のコマンドを実行してください。

```
node ace configure @adonisjs/lucid
```

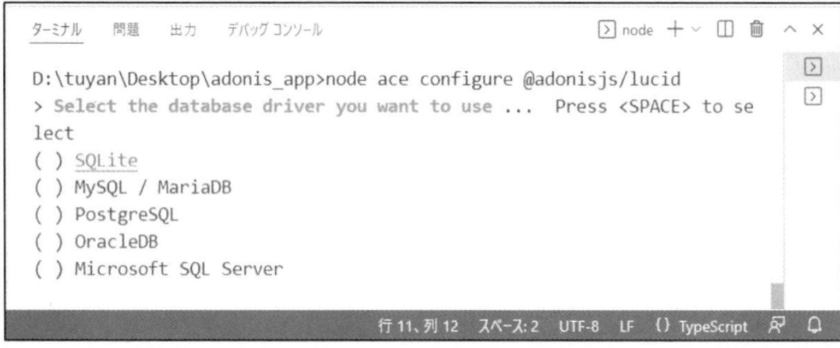

図4-16 データベースの種類を選ぶ。

これは、Lucidの設定ファイルを作成し、必要な設定の修正を行うコマンドです。これを実行すると、「Select the database driver you want to use」と表示が現れます。これは、使用するデータベースを選択するためのものです。

今回は、専用のデータベースソフトなどを必要としない「SQLite3」を使うことにしましょう。表示されているデータベース名の一覧リストから、上下の矢印キーを使って「SQLite」という項目を選択してください。そのままスペースバーを押すと、SQLiteの()に*マークが表示されます。そのままEnterキーを押せば、SQLite3を利用するように設定が作成されます。

```
ターミナル  問題  出力  デバッグ コンソール                                    cmd

D:\tuyan\Desktop\adonis_app>node ace configure @adonisjs/lucid
> Select the database driver you want to use · sqlite
CREATE: config/database.ts
UPDATE: .env,.env.example
CREATE: ./tmp
[ wait ]  Installing: luxon, sqlite3 ..
CREATE: database\factories\index.ts
UPDATE: tsconfig.json { types += "@adonisjs/lucid" }
UPDATE: .adonisrc.json { commands += "@adonisjs/lucid/build/commands" }
UPDATE: .adonisrc.json { providers += "@adonisjs/lucid" }
[ info ]  The package wants to display readable instructions for the setup
> Select where to display instructions · browser
CREATE: ace-manifest.json file

D:\tuyan\Desktop\adonis_app>
                                  行 32、列 1  スペース: 2  UTF-8  LF  {} JSON
```

図4-17 データベースの設定が完了する。

database.tsについて

これで作成されたデータベースの設定ファイルがどんなものか見てみましょう。「config」フォルダー内にある「database.ts」というファイルを開いてください。これが作成されたファイルです。この中には、以下のようなコードが書かれています。

リスト4-22

```
import Env from '@ioc:Adonis/Core/Env'
import Application from '@ioc:Adonis/Core/Application'
import { DatabaseConfig } from '@ioc:Adonis/Lucid/Database'

const databaseConfig: DatabaseConfig = {
  connection: Env.get('DB_CONNECTION'),

  connections: {
    sqlite: {
      client: 'sqlite',
      connection: {
```

```
        filename: Application.tmpPath('db.sqlite3'),
      },
      migrations: {
        naturalSort: true,
      },
      useNullAsDefault: true,
      healthCheck: false,
      debug: false,
    },
  }
}

export default databaseConfig
```


データベースの設定は、「DatabaseConfig」というオブジェクトとして定義されています。これはLucidに用意されているもので、このオブジェクトには以下の2つの値が用意されます。

connection	データベース接続の種類(どのデータベースに接続するか)を指定するものです。これは、Env.getというものを使い、.envに書かれている'DB_CONNECTION'を値として使います。
connections	接続に関する必要情報をオブジェクトにまとめたものを用意します。ここでは、「sqlite」という値に設定情報を用意します。

connectionは、.envに書かれている設定情報を読み込んで、それを元に使用データベースを決定します。今回は、アプリケーションフォルダー内にある「.env」ファイルを開いてみると、そこに以下の文が追記されているのがわかるでしょう。

リスト4-23

```
DB_CONNECTION=sqlite
```

これで、SQLite3がアプリケーションで使われるようになります。この値をconnectionで読み込み、設定に使っていたのですね。

connectionsの設定

もう1つのconnectionsのsqliteという項目には、細かな設定情報がいろいろと用意されています。内容を簡単に整理しましょう。

client	使用するクライアントの指定です。データベースの種類と考えていいでしょう。ここでは、'sqlite'を指定してあります。
connection	接続に関する情報です。SQLite3は直接データベースファイルにアクセスするため、filenameという項目に利用するファイルを設定します。Application.tmpPath('db.sqlite3')というのは、アプリケーションの一時フォルダー(「tmp」フォルダー)内に「db.sqlite3」というファイル名で用意されたデータベースファイルを指定するものです。
migrations	マイグレーション(データベースの更新機能)に関するものです。ここには、naturalSort: trueという項目が用意されています。これはマイグレーションファイルをソートして実行するためのものです。
useNullAsDefault	デフォルトでnullを使うかどうかを指定します。
healthCheck	ヘルスチェックは、本番環境で正常にデータベースアクセスが行えるかをチェックするものです。
debug	デバッグ機能の設定です。

多数の項目が用意されていますが、これらは基本的に「自動生成されたまま変更する必要はない」と考えてください。デフォルトのまま何も変更しなくともデータベースアクセスは問題なく行えます。自分の環境に応じてアクセスする環境を調整したい場合にのみ修正するものと考えればいいでしょう。

Personモデルを作成する

設定が完了したら、後は具体的にデータベースを利用するためのコードを作成していきます。データベースの利用は、既に述べたようにORMを使ったものと使わないものがあります。

まずは、基本である「ORMを使った利用」から行います。LucidのORMでは、データベーステーブルは「モデル」と呼ばれるクラスとして定義します。これを作成することが、データベーステーブルを設計することだと考えていいでしょう。

今回は、「Person」というモデルを作ってみることにします。これには、以下のような項目があります。

id	プライマリキーとなるもの
name	名前の項目。テキスト値
email	メールアドレス。テキスト値
age	年齢。整数値

Chapter 1 Chapter 2 Chapter 3 Chapter 4 Chapter 5 Chapter 6

createdAt	作成日時
updatedAt	更新日時

これらのうち、id, createdAt, updatedAtの3つは、自動的に値が設定される項目です。これらは整数値と日時の値になります。

make:modelコマンドでモデルを作る

では、Personモデルを作ってみましょう。モデルの作成は、まずコマンドを使ってファイルを作成し、それから作成されたファイルを編集する、という形になります。コマンドプロンプト(またはターミナル)から、以下のコマンドを実行してください。

```
node ace make:model Person
```

これで「app」フォルダー内に「Models」というフォルダーが作成され、その中に「Person.ts」というファイルが作成されます。これがPersonモデルのソースコードファイルです。モデルは、このように「Models」フォルダーの中に配置されます。

モデルのコードについて

では、作成されたPerson.tsを開いてみましょう。ここにはデフォルトで基本的なモデルのコードが用意されています。

リスト4-24

```
import { DateTime } from 'luxon'
import { BaseModel, column } from '@ioc:Adonis/Lucid/Orm'

export default class Person extends BaseModel {
  @column({ isPrimary: true })
  public id: number

  @column.dateTime({ autoCreate: true })
  public createdAt: DateTime

  @column.dateTime({ autoCreate: true, autoUpdate: true })
  public updatedAt: DateTime
}
```

これは、Personモデルにデフォルトの項目としてid, createdAt, updatedAtの3つを記述したものです。これがデフォルトで作成されます。

モデルクラスの定義

ここでは、export defaultというオブジェクトをエクスポートする文があり、そこにクラスの定義が書かれています。つまり、モデルのソースコードは、定義したクラスを外部から使えるようにしたものなのです。

定義されているクラスは、以下のような形をしています。

●モデルクラスの定義

```
class モデル名 extends BaseModel {
  ……各項目の定義……
}
```

モデルクラスは、Lucidにある「BaseModel」というクラスを継承して作成します。継承というのはクラスの機能で、既にあるクラスの内容を受け継いで新しいクラスを定義することです。このあたりはJavaScriptの新しいオブジェクト指向について知っていないと理解するのは難しいので、とりあえず「モデル名の後にextends BaseModelとつければいい」とだけ覚えておきましょう。

項目の定義

モデルクラスは、その中に「用意する項目の定義」を記述して作ります。項目は、クラスのプロパティとして定義します。つまり、クラスの{}内に変数の宣言を用意していけばいいのです。

ただし、ただ変数を用意すればいいわけではなくて、書き方が決まっています。

●項目の定義

```
@column()
public 項目名 : 型
```

項目となる変数は、その前に@columnというものをつけておきます。これは「デコレーター」と呼ばれるもので、クラスやメソッド、プロパティなどに「これはこういう性質のものですよ」ということを指定するために使います。この@columnをつけると、その変数(プロパティ)はモデルに値として保管される項目(データベーステーブルのフィールドに相当するもの)であると判断されるようになります。

各項目は冒頭にpublicをつけ、外部からアクセスできるようにしておきます。また、必ず保管される値の型も記述しておきましょう。

標準で用意される項目について

では、デフォルトで用意されている項目はどんなものなのか、簡単にその役割を触れておきましょう。

●プライマリキー「id」

```
@column({ isPrimary: true })
public id: number
```

この「id」という項目は、プライマリキーとして使われるものです。プライマリキーというのは、各データを識別するために用いられるもので、すべてのデータにそれぞれ異なる値が設定されます。これは、値がないということは決してありません。また一度設定されたら二度と変更されない値です。

@columnデコレーターの引数に、{ isPrimary: true }という値が設定されていますね。これにより、この項目がプライマリキーであることが指定されます。

●作成日時と更新日時

```
@column.dateTime({ autoCreate: true })
public createdAt: DateTime

@column.dateTime({ autoCreate: true, autoUpdate: true })
public updatedAt: DateTime
```

この2つは、それぞれ「データを作成した日時」「データを更新した日時」を保管するためのものです。これらは、@column.dateTimeというようになっていますね。日時を扱う項目は、値の扱い方がちょっと特殊であるため、このように指定をします。()には、以下のような値が用意されています。

autoCreate	作成時に自動的に値が設定される
autoUpdate	更新時に自動的に値が設定される

また、これらは値の方に「DateTime」というものが使われています。これはJavaScriptの日時の値ではなく、Luxonモジュールに用意されている値です。これにより、データベースに保管されている日時の値をそのままJavaScriptの値としてうまく利用できるようにしてくれます。

Personモデルを完成させる

では、Personモデルに必要な項目を追加して完成させることにしましょう。Person.tsのPersonクラスの定義部分を以下のように修正してください。

リスト4-25

```
export default class Person extends BaseModel {
  @column({ isPrimary: true })
  public id: number

  @column()
  public name: string

  @column()
  public email: string

  @column()
  public age: number

  @column.dateTime({ autoCreate: true })
  public createdAt: DateTime

  @column.dateTime({ autoCreate: true, autoUpdate: true })
  public updatedAt: DateTime
}
```

追記したのはとてもシンプルな項目です。name, email, ageの3つで、それぞれstringとnumberを型に指定しています。特殊な設定項目はありません。一般的なテキストや数値の項目は、このように単純です。

マイグレーションについて

これでモデルはできましたが、このままではまだPersonは使えません。なぜなら、モデルがあるだけで、肝心のデータベースにはPersonの値を保管するテーブルがないからです。

データベースに手作業でテーブルを用意することもできますが、Licudには「マイグレーション」という機能があるので、それを利用しましょう。

マイグレーションは、データベースの更新を自動で行う機能です。テーブルの作成や削除、修正などの情報をファイルに用意し、それを実行してデータベースを最新の状態に更新します。

マイグレーションは、まず現時点でのデータベースの更新内容をマイグレーションファイルとして作成する必要があります。これはコマンドで行います。コマンドプロンプト(ターミナル)から以下のように実行してください。

```
node ace make:migration Person
```

マイグレーションファイルの作成は、「node ace make:migration」というコマンドで行います。その後に、チェックするモデル名を指定すると、そのモデルの状態を調べ、更新情報を記録したファイルを生成します。

コマンドを実行すると、アプリケーションフォルダー内に作成されている「database」フォルダーの中に「migrations」というフォルダーが作られます。その中に「数字_people.ts」という名前のファイルが作成されているでしょう。これがマイグレーションファイルです。このファイルを開くと、以下のように記述されています(コメントは省略)。

リスト4-26

```
import BaseSchema from '@ioc:Adonis/Lucid/Schema'

export default class People extends BaseSchema {
  protected tableName = 'people'

  public async up () {
    this.schema.createTable(this.tableName, (table) => {
      table.increments('id')
      table.timestamp('created_at', { useTz: true })
      table.timestamp('updated_at', { useTz: true })
    })
  }

  public async down () {
    this.schema.dropTable(this.tableName)
  }
}
```

マイグレーションファイルは、Lucidの「BaseSchema」というクラスを継承手作成されています。この中には以下のようなものが用意されています。

tableName	モデルに対応するテーブル名
upメソッド	バージョンを上げる(更新する)処理
downメソッド	バージョンを下げる(更新を取り消す)処理

マイグレーションは、更新を適用するだけでなく、取り返し手前の状態に戻す機能も持っているのですね。ここでは、upでテーブルを作成し、downではテーブルを削除する、という処理を行っています。これらではそれぞれ以下のようなメソッドを呼び出しています。

●テーブルの作成

```
《BaseSchema》.createTable( テーブル名, (table)=>{……テーブルの設定……})
```

●テーブルの削除

```
《BaseSchema》.dropTable( テーブル名 )
```

これらを実行することで、データベース側にテーブルを作成したり削除したりできるようになっているのですね。

createTableメソッドに追記する

このマイグレーションファイルに基本的な処理は用意されているのですが、実は完全ではありません。

createTableメソッド内で実行している文を見ると、このように記述されていますね。

```
table.increments('id')
table.timestamp('created_at', { useTz: true })
table.timestamp('updated_at', { useTz: true })
```

それぞれの細かな内容はわからなくとも、なんとなく「id, createdAt, updatedAtの3つの項目」が設定されているらしい、ということは想像できるでしょう。つまり、Personに自分で追加した項目については、マイグレーションファイルには記述されていないのです。

したがって、Personに追加した項目について、マイグレーションファイルにも記述を追加しておく必要があります。では、upメソッドの内容を以下のように書き換えてみましょう。

リスト4-27

```
public async up () {
  this.schema.createTable(this.tableName, (table) => {
    table.increments('id')
    table.string('name')
    table.string('email')
    table.integer('age')
    table.timestamp('created_at', { useTz: true })
    table.timestamp('updated_at', { useTz: true })
  })
```

```
}
```

ここでは、name, email, ageといった項目の設定を追記しています。nameとemailについては「string」、ageは「integer」というメソッドを呼び出しているのがわかります。このように、型名のメソッドの引数に項目の名前を指定して呼び出せば、その項目が追加されるのです。

マイグレーションを実行する

では、作成したマイグレーションファイルを実行しましょう。コマンドプロンプト(ターミナル)から以下のコマンドを実行してください。

```
node ace migration:run
```

図4-18 マイグレーションを実行する。

コラム Personなのに、なぜpeople？ Column

今回、Personモデルのマイグレーションを作成しましたが、なぜかファイル名はpersonではなく「people」になっていましたね。これは「対応するテーブルがpeopleだから」です。

Lucidでは、「モデルは単数形、テーブルは複数形」というのが基本です。このため、Personモデルは、データベース側ではpeopleというテーブルとして作成され、ここにデータがレコードとして保管されていきます。マイグレーションはテーブルを更新するものなので、peopleだったのですね。

シード(初期データ)を用意する

これでデータベースにテーブルが作成されました。これでデータベースの準備はすべて完了? 確かに、もう必要なものはすべて用意されていますから、すぐにコーディングに入ってもいいでしょう。

ただ、現時点ではテーブルはあってもレコードは全く用意されていません。できればデフォルトでいくつかのダミーデータを用意したいところですね。

これは「シーダー」と呼ばれるものを使います。シーダーとは、シード(seed、初期状態で用意されるデータ)を作成するためのものです。これもコマンドを使ってファイルを作成し、コードを書いて実行します。

では、シーダーのファイルを作成しましょう。コマンドプロンプト(ターミナル)から以下を実行してください。

```
node ace make:seeder Person
```

シーダーは、「node ace make:seeder」の後に、シードを用意するモデル名を指定して実行します。これでPersonモデルのシードを作成するファイルが用意されます。

シーダーファイルは、アプリケーションの「database」内に作成される「seeders」というフォルダーの中に配置されます。ここに「Person.ts」というファイルが作成されているでしょう。これがPerson用のシーダーファイルです。

これを開くと、以下のように書かれているのがわかります。

リスト4-28

```
import BaseSeeder from '@ioc:Adonis/Lucid/Seeder'

export default class PersonSeeder extends BaseSeeder {
  public async run () {
    // Write your database queries inside the run method
  }
}
```

シーダーは「BaseSeeder」というクラスを継承して作成します。この中に「run」というメソッドを用意し、その中にシードを作成するためのメソッドを記述しておけばいいのです。

シードを記述する

では、シーダークラスにシード(データ)を作成する処理を記述しましょう。「seeders」フォルダーのPerson.tsファイルの内容を以下のように書き換えてください。

リスト4-28

```
import BaseSeeder from '@ioc:Adonis/Lucid/Seeder'
import Person from 'App/Models/Person'

export default class PersonSeeder extends BaseSeeder {
  public async run () {
    await Person.createMany([
      {
        name: 'taro',
        email: 'taro@yamada',
        age:39,
      },
      {
        name: 'hanako',
        email: 'hanako@flower',
        age:28,
      },
      {
        name: 'sachiko',
        email: 'sachiko@happy',
        age:17,
      },
    ])
  }
}
```

ここでは、3つのデータを追加しています。データの追加は、Personモデルの「createMany」というメソッドを使って行っています。モデルクラスには、この他にも「create」という1つのデータだけを作成するメソッドなども用意されています。

●データの作成

```
《モデル》.create( オブジェクト )
《モデル》.createMany( オブジェクト配列 )
```

引数には、値をまとめたオブジェクト(またはその配列)を用意します。これは、保管する項目と値をまとめたものです。例えば、このように記述していますね。

```
{
  name: 'taro',
  email: 'taro@yamada',
  age:39,
},
```

name, email, ageといった項目にそれぞれ値を用意していますね。このように、必要な項目と値をひとまとめにしたものを引数に用意すればいいのです。

シードを実行する

では、シーダーファイルが用意できたら、これを実行してデータベース内にデータを追加しましょう。コマンドプロンプト(ターミナル)から以下を実行してください。

```
node ace db:seed
```

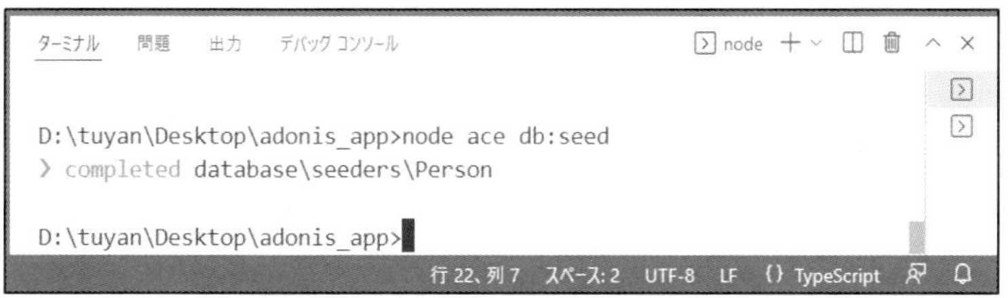

図4-19 シーダーを実行する。

これで、作成されたシーダーファイルを実行し、データベーステーブルにレコードとしてデータを追加します。

これで、今度こそデータベースを使う準備が整いました！

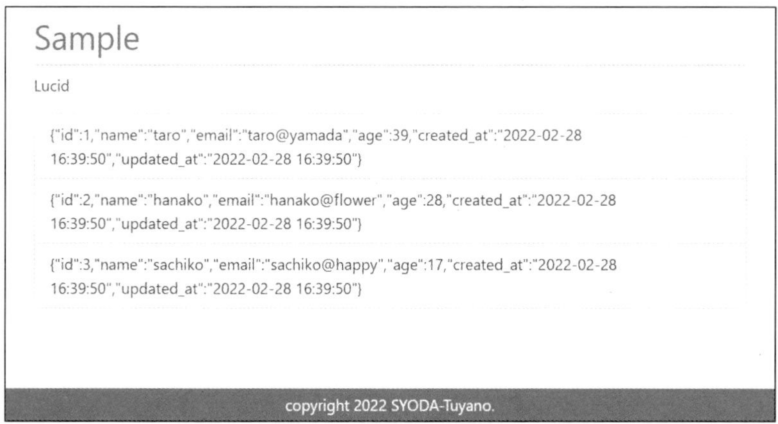

図4-20 データベーステーブルにデータを追加する

Section 4-4 データベースアクセス処理を作る

Personモデルのデータを取得する

Chapter 1
Chapter 2
Chapter 3
Chapter 4
Chapter 5
Chapter 6

では、実際にPersonモデルを使ってデータベースアクセスを行ってみましょう。まずは、保管されているデータをすべて取得し、それを一覧表示してみましょう。

今回は、Personというモデルを作成したので、これを使うコントローラーを作成することにします。コマンドプロンプト(ターミナル)から以下のコマンドを実行してください。

```
node ace make:controller Person
```

```
ターミナル　問題　出力　デバッグ コンソール

D:\tuyan\Desktop\adonis_app>node ace make:controller Person
CREATE: app\Controllers\Http\PeopleController.ts

D:\tuyan\Desktop\adonis_app>
行 10、列 1 (230 個選択)　スペース: 2　UTF-8　LF　{} TypeScript
```

図4-21　Personのコントローラーを作成する。

これで「Controllers」内の「Http」フォルダー内に「PeopleController.ts」というファイルが作成されます。モデルはPersonですが、コントローラーは複数形の名前になるため「PeopleController」になります。

この中にアクションを用意し、そこでPersonモデルを使ってテーブルからレコードを取り出す処理を作成します。PeopleController.tsを開き、作成されているPeopleControllerクラスに以下のようにindexアクションを作成しましょう。

リスト4-29

```
// import Person from 'App/Models/Person' を追加

public async index(ctx: HttpContextContract) {
```

```
  const people = await Person.all()
  const data = {
    title: 'Sample',
    message: 'Lucid',
    data:people
  }
  return ctx.view.render('samples/index', data)
}
```

ここでは、Personクラスを利用します。そのためには、Personのモジュールをインポートし、使えるようにしておかなければいけません。それを行っているのが以下のimport文です。

```
import Person from 'App/Models/Person'
```

これで「app」内の「Models」内にあるPerson.tsからPersonモジュールをロードし定数Personで使えるようにします。

allによる全レコードの取得

ここでは、Personモデルに保管されている全データを取り出します。これは以下のように実行をします。

```
const people = await Person.all()
```

全レコードをデータの配列として取り出すには、モデルクラスの「all」を呼び出すだけです。これで定数peopleにデータの配列が保管されます。全レコードの取得は、たったこれだけです。後は、このpeopleをテンプレートに渡し、そこで内容を出力していけばいいわけですね。

ビューの作成

続いて、ビューを用意しましょう。コマンドプロンプト(ターミナル)から以下のコマンドを実行してください。

```
node ace make:view people/index
```

Chapter 1
Chapter 2
Chapter 3
Chapter 4
Chapter 5
Chapter 6

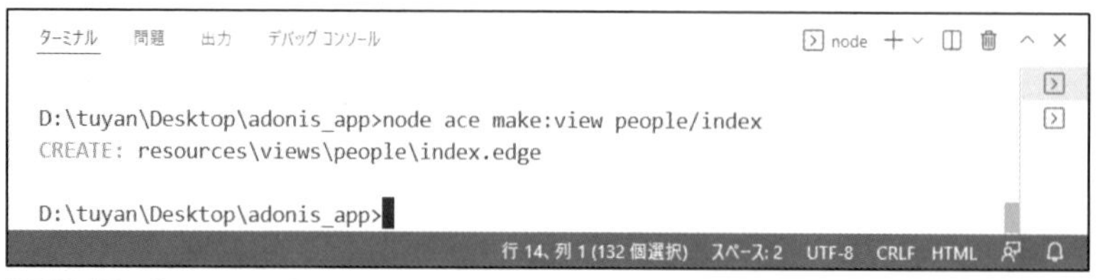

図4-22 「views」の「people」フォルダーにテンプレートが作成される。

これで「resorces」内の「views」フォルダー内に「people」フォルダーが作成され、その中に「index.edge」ファイルが用意されます。これを開いて、以下のように記述をしましょう。

リスト4-30
```
@layout('layouts/main')
@set('title', title)

@section('body')
<p>{{message}}</p>
<ul class="list-group">
  @each(item in data)
  <li class="list-group-item">{{JSON.stringify(item)}}</li>
  @end
</ul>
@end
```

ここでは、アクションから渡されたdataの内容を順にリスト項目として出力しています。dataから順に出力をするのに以下のように記述していますね。

```
@each(item in data)
<li class="list-group-item">{{JSON.stringify(item)}}</li>
@end
```

@eachを使い、dataから順に値をitemに取り出しています。そしてここでは{{JSON.stringify(item)}}というようにしてitemオブジェクトの内容をJSON.stringifyでテキストに変換して出力をしています。

ルーティングを追加

これでPerosnControllerのindexアクションはできました。最後にルーティングを追加しましょう。「start」内の「routes.ts」を開き、以下の文を追記してください。

```
Route.get('/person', 'PeopleController.index')
```

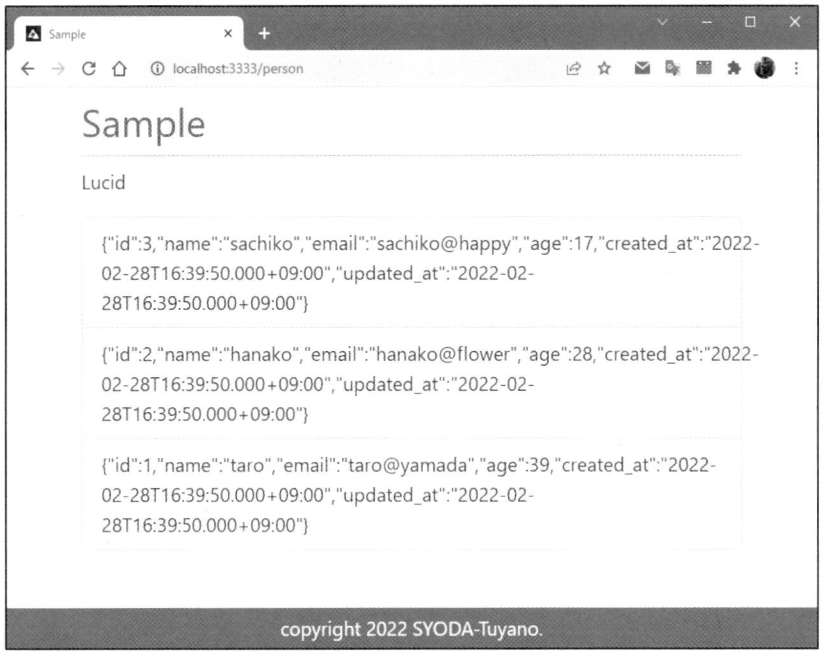

図4-23 /personにアクセスすると、Personのデータをリスト表示する。

保存できたらアプリケーションを実行して表示を確認しましょう。/personにアクセスをすると、保存されているPersonのデータがリストにまとめられて表示されます。

とりあえず、これでモデルからデータベースにアクセスすることはできました！

データの作成

データの表示ができたところで、データベースアクセスの基本であるCRUD（Create, Read, Update, Delete）を順に実装していきましょう。

まずはデータの作成からです。作成自体は、既にシーダーのところでやりました。モデルのcreate/createManyメソッドを使えばいいんでしたね。これを利用し、フォームから送信してレコードを追加する処理を作ってみましょう。

まずテンプレートを用意します。コマンドプロンプト（ターミナル）から以下を実行してください。

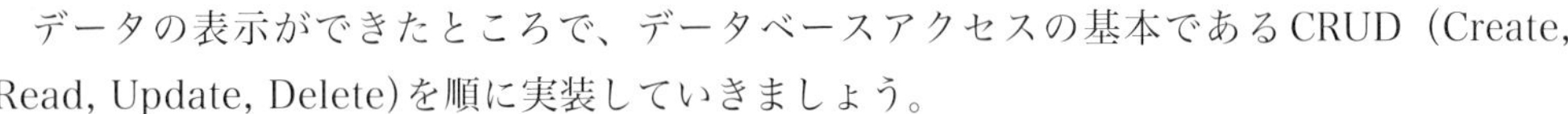

```
node ace make:view people/add
```

これで「views」内の「people」フォルダーに「add.edge」というファイルが作成されます。このファイルを開き、以下のように記述をしましょう。

リスト4-31

```
@layout('layouts/main')
@set('title', title)

@section('body')
<p>{{message}}</p>
<form method="post" action="/person/add">
  <div class="mb-3">
    <label for="name" class="form-label">Name</label>
    <input type="text" class="form-control"
      id="name" name="name">
  </div>
  <div class="mb-3">
    <label for="email" class="form-label">Email</label>
    <input type="text" class="form-control"
      id="email" name="email">
  </div>
  <div class="mb-3">
    <label for="age" class="form-label">Age</label>
    <input type="number" class="form-control"
      id="age" name="age">
  </div>
  <button type="submit" class="btn btn-secondary">送信</button>
</form>
@end
```

ここでは、method="post" action="/person/add"というように属性を指定してフォームを用意しました。フォーム内には、name, email, ageといったPersonモデルに用意されている項目と同じ名前で入力フィールドを用意してあります。

このテンプレートを使ってフォームを送信し、Personを保存する処理を用意します。

PeopleControllerにaddアクションを追加する

では、PeopleController.tsにアクションを追記しましょう。PeopleControllerクラスに以下のメソッドを追加してください。

リスト4-32

```
public async add(ctx: HttpContextContract) {
  const data = {
    title: 'Add',
    message: 'Personの新規作成：'
  }
  return ctx.view.render('people/add', data)
```

```
  }

  public async add_posted(ctx: HttpContextContract) {
    await Person.create(ctx.request.body())
    return ctx.response.redirect('/person')
  }
```

addアクションは、単純にtitleとmessageの値を用意してadd.edgeテンプレートを表示するだけです。

Personデータの保存

フォームを送信したあとの処理を行っているのは、add_postedメソッドです。ここでは、以下のようにしてフォームの内容を元にPerosnを保存しています。

```
await Person.create(ctx.request.body())
```

Personの「create」メソッドでデータを保存します。引数には、リクエストのbodyメソッドをそのまま設定しています。bodyは、送信された情報をオブジェクトにまとめて返します。フォームにはPersonの項目と同じ名前で入力フィールドを用意していますから、そのままbodyの値を引数にしてcreateを呼び出せばデータが保存できるのです。

リダイレクトについて

その後で、/personにリダイレクトする処理を行っています。この文ですね。

```
return ctx.response.redirect('/person')
```

レスポンスにある「redirect」メソッドは、引数に指定したパスにリダイレクトして移動します。これはよく使う機能ですから、ここで覚えておきましょう。

ルーティングを追加

最後に、ルーティングの設定を追記すれば関しです。「start」内の「routes.js」を開き、以下のルーティング設定を追記してください。

リスト4-33

```
Route.get('/person/add', 'PeopleController.add')
Route.post('/person/add', 'PeopleController.add_posted')
```

これで完成です。/person/addにアクセスし、フォームに記入して送信すれば、その内容がデータベーステーブルに追加されます。

図4-24 フォームを送信するとデータベースに追加される。

データの更新

続いて、データの更新です。データの更新は、「更新するデータの取得」「更新するデータの送信」という2つの作業が必要になります。ここでは、まずGETアクセスするとページで更新するデータを設定したフォームを表示し、その内容を変更して送信するとデータが更新される、という手順で行うことにしましょう。

では、データの更新ページ用のテンプレートを作成します。コマンドプロンプト(ターミナル)から以下を実行してください。

```
node ace make:view people/edit
```

これで「views」内の「people」フォルダーに「edit.edge」というファイルが作成されます。これを開き、以下のようにコードを記述しましょう。

リスト4-34

```
@layout('layouts/main')
@set('title', title)

@section('body')
<p>{{message}}</p>
<form method="post" action="/person/{{person.id}}">
  <div class="mb-3">
    <label for="name" class="form-label">Name</label>
    <input type="text" class="form-control"
```

```
      id="name" name="name" value="{{person.name}}">
  </div>
  <div class="mb-3">
    <label for="email" class="form-label">Email</label>
    <input type="text" class="form-control"
      id="email" name="email" value="{{person.email}}">
  </div>
  <div class="mb-3">
    <label for="age" class="form-label">Age</label>
    <input type="number" class="form-control"
      id="age" name="age" value="{{person.age}}">
  </div>
  <button type="submit" class="btn btn-secondary">送信</button>
</form>
@end
```

基本的な内容は、「people」内のindex.edgeとほぼ同じです。ただし、フォームの送信先は、method="post" action="/person/{{person.id}}"というように/person/番号 というパスにしてあります。

またそれぞれの項目には、value="{{person.name}}"という具合にpersonオブジェクトのプロパティを指定する形にしてあります。したがって、アクション側から編集するPersonオブジェクトをpersonという名前でテンプレートに渡すようにすれば、その内容がフォームに設定されるようになります。

editアクションを作成する

では、アクションを作成しましょう。「Cotrollers」内の「Http」フォルダーにある「PeopleController.ts」を開いて、PeopleControllerクラスに以下のメソッドを追記してください。

リスト4-35

```
public async edit(ctx: HttpContextContract) {
  const id = ctx.request.param('id')
  const person = await Person.find(id)
  const data = {
    title: 'Edit',
    message: 'Person id=' + id + 'の編集',
    person: person
  }
  return ctx.view.render('people/edit', data)
}
```

Chapter 1 Chapter 2 Chapter 3 Chapter 4 Chapter 5 Chapter 6

```
public async edit_posted(ctx: HttpContextContract) {
  const id = ctx.request.param('id')
  const person = await Person.find(id)
  await person?.merge(ctx.request.body()).save()
  return ctx.response.redirect('/person')
}
```

続いて、ルーティングの設定を記述します。「start」フォルダー内の「routes.ts」ファイルを開き、以下のルーティング設定を追記してください。

リスト4-36

```
Route.get('/person/:id', 'PeopleController.edit')
Route.post('/person/:id', 'PeopleController.edit_posted')
```

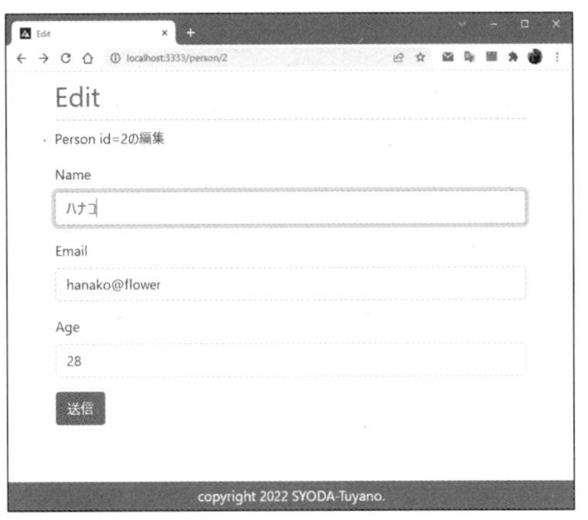

図4-25　/person/番号 とアクセスすると、そのID番号のデータがフォームに表示される。内容を書き換えて送信すると、そのデータが更新される。

見ればわかるように、ここでは'/person/:id'というように末尾にidパラメーターを付けてパスを指定しています。これで編集するIDの値をアクションに渡すようにしているのですね。

修正したら、/person/番号 というように末尾にID番号をつけてアクセスしましょう。すると、そのID番号のデータがフォームに表示されます。そのままフォームの値を書き換えて送信すると、データが更新されます。

IDでデータを取得する

では、作成したアクションで行っている処理を見てみましょう。今回のアクションでは、まずアクセスしたパスからIDパラメーターを取得しています。

```
const id = ctx.request.param('id')
```

パラメーターは、リクエストのparamメソッドで取り出すことができましたね。これでIDの値が得られました。これを使ってPersonデータを取得します。

```
const person = await Person.find(id)
```

IDを指定してデータを取得するには、モデルにある「find」メソッドを使います。先に「all」というメソッドを使いましたが、これは無条件に全データを取り出すものでしたね。findは、引数にIDを指定することで、そのIDのデータだけが取り出せます。IDを指定してデータを取り出すということはよくありますから、これは基本のメソッドとして覚えておきましょう。

データを更新する

モデルのデータを取り出せたら、そのデータを更新して保存します。データの更新のやり方はいくつかあります。もっともわかりやすいのは、1つ1つのプロパティの値を変更していく方法です。例えば、こんな具合ですね。

```
person.name = '太郎'
person.email = 'taro@yamada'
person.age = 99
```

このようにして変更し、最後に「save」というメソッドを呼び出せば、現在のPersonオブジェクトの状態がデータベースに反映され保存されます。

```
person.save()
```

ただし、今回はこのやり方は取りません。フォームでいくつもの値をまとめて送信したものを使って更新するときは、「merge」というメソッドが便利です。

```
《モデル》.merge( オブジェクト )
```

このようにモデルのオブジェクトからmergeメソッドを呼び出すと、引数に用意されたオブジェクトにある値をすべてモデルに反映させることができます。後はsaveを呼び出せば、データが更新されるわけです。

今回作成したアクションのコードを見てみましょう。このようになっていました。

```
await person?.merge(ctx.request.body()).save()
```

personのmergeを呼び出し、引数にはctx.request.body()で送信されたフォームの内容をオブジェクトとして取り出したものを設定します。これで、フォーム送信された内容がまとめてpersonに反映されます。後はsaveを呼び出せば、データベースが更新されます。

コラム person?の「?」は何？ Column

ここでは、person?というようにpersonの後に?がついていますね。これは一体、何でしょう？

これは、「オブジェクトが存在しないかもしれない」ことを示す記号です。findは、指定したIDのデータをオブジェクトとして取り出しますが、もし見つからなかった場合は？ そのときはデータが得られないため値はundefinedになってしまいます。

こういう場合、TypeScriptでは「これはundefinedの可能性もあるよ」ということを示すのに?を付けるのです。?がつくと、オブジェクトがあればそのまま実行されますが、なかった場合は(エラーにはならず)その後に続くメソッドは実行せず先の文に進みます。つまり?は、「ちゃんとオブジェクトがあったら実行する」ためのものなのです。

データの削除

残るは、データの削除ですね。これも、削除するデータの内容がわかったほうがいいでしょう。更新と同様、アクセスしたらデータ内容を表示し、そのまま送信すると削除するようにしてみましょう。

まずはテンプレートの作成です。コマンドプロンプト(ターミナル)から以下を実行してください。

```
node ace make:view people/delete
```

これで、「views」内の「people」フォルダー内に「delete.edge」というファイルが作成されます。このファイルを開き、以下のように内容を修正してください。

リスト4-37

```
@layout('layouts/main')
@set('title', title)

@section('body')
<p>{{message}}</p>
<form method="post" action="/person/del/{{person.id}}">
  <pre>{{JSON.stringify(person,null,'    ')}}</pre>
  <button type="submit" class="btn btn-secondary">送信</button>
</form>
@end
```

ここではフォームを用意し、method="post" action="/person/del/{{person.id}}" というように属性を設定してあります。これで、/person/del/番号 というパスにフォームが送信されます。

フォーム内には、送信ボタン以外には何もありません。削除するデータのID番号さえわかればいいので、他に送信する値は必要ないのです。

削除するデータは、{{JSON.stringify(person,null,'   ')}}というようにして表示されています。アクションからpersonという名前でモデルを渡せば、それを削除するようになります。

deleteアクションを作成する

では、アクションを用意しましょう。「PeopleController.ts」ファイルを開き、PeopleControllerクラスに以下のメソッドを追記してください。

リスト4-38

```
public async delete(ctx: HttpContextContract) {
  const id = ctx.request.param('id')
  const person = await Person.find(id)
  const data = {
    title: 'Delete',
    message: 'Person id=' + id + 'を削除します。',
    person: person
  }
  return ctx.view.render('people/delete', data)
}

public async delete_posted(ctx: HttpContextContract) {
  const id = ctx.request.param('id')
  const person = await Person.find(id)
  await person?.delete()
  return ctx.response.redirect('/person')
```

```
}
```

追記したら、ルーティングの設定も追加しておきます。「start」内にある「routes.ts」ファイルを開き、以下のルーティング設定を追記します。

リスト4-39

```
Route.get('/person/del/:id', 'PeopleController.delete')
Route.post('/person/del/:id', 'PeopleController.delete_posted')
```

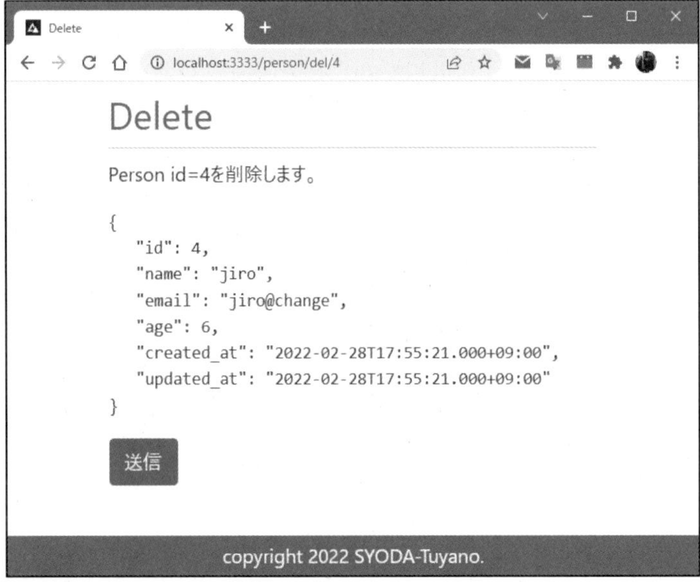

図4-26　/person/del/番号 にアクセスし、送信ボタンをクリックするとそのデータが削除される。

今回は、/person/del/番号 というパスにアクションを割り当てています。最後の番号にIDを指定してアクセスすると、そのID番号のデータが表示されます。そのまま送信ボタンを押すと、表示されていたアクションが削除されます。

findしたモデルを削除する

では、アクションを見てみましょう。deleteアクションは、基本的にeditアクションと同じですね。問題は、フォーム送信された処理を行うdelete_postedアクションです。ここでは以下のようにしてデータを削除しています。

```
const id = ctx.request.param('id')
const person = await Person.find(id)
```

```
await person?.delete()
```

リクエストのparamを使ってidパラメーターの値を取り出し、それを元にfindメソッドでモデルのデータを取得します。そこから「delete」を呼び出せば、そのデータが削除されます。削除するデータさえきちんと取り出せれば、削除そのものはとても簡単です。

 データの検索 

これでCRUDの基本は大体わかりました。けれど、本格的にデータベースを活用するには、その他にも「検索」についてもう少し詳しく理解しておく必要があります。

検索は、実際に検索ページを用意してコードを記述しながら説明をしたほうがいいでしょう。まずテンプレートファイルを作成してください。コマンドプロンプト(ターミナル)から以下のコマンドを実行しましょう。

```
node ace make:view people/find
```

これで「views」内の「people」フォルダー内に「find.edge」ファイルが作成されます。これを開き、以下のように記述をします。

リスト4-40

```
@layout('layouts/main')
@set('title', title)

@section('body')
<p>{{message}}</p>
<form method="post" action="/person/find">
  <div class="mb-3">
    <label for="find" class="form-label">Find</label>
    <input type="text" class="form-control"
      id="find" name="find" value="{{find}}">
  </div>
  <button type="submit" class="btn btn-secondary">送信</button>
</form>
<hr>
<table class="table">
  <thead>
    <tr>
      <th>id</th><th>name</th>
      <th>email</th><th>age</th>
```

```
      <th>created</th><th>updated</th>
    </tr>
  </thead>
  @each(item in data)
  <tr>
    <td>{{item.id}}</td>
    <td>{{item.name}}</td>
    <td>{{item.email}}</td>
    <td>{{item.age}}</td>
    <td>{{item.createdAt.toISODate()}}</td>
    <td>{{item.updatedAt.toISODate()}}</td>
  </tr>
  @end
</table>
@end
```

今回は、ちょっと長めのコードになりました。検索のためのフォームと、検索結果を表示するテーブルが用意されています。

検索用のフォームでは、method="post" action="/person/find"と属性を指定し、/person/findというパスに送信するようにしています。また結果の表示テーブルでは、@each(item in data)というのを使い、dataから順に値をitemに取り出しながら繰り返し表示を行っています。表示される内容は、<td>{{item.id}}</td>というようにitemからプロパティを取り出し出力されたものになります。

また日時の値は、{{item.createdAt.toISODate()}}という出力を行っています。createdAtでは、luxonというモジュールのDateTimeというオブジェクトが値として設定されていましたね。toISODateは、そのDateTimeにあるメソッドで、ISO形式で日付(年月日)を出力するものです。

findアクションを作成する

では、アクションを作りましょう。PeopleControllerクラスに、以下のメソッドを追記してください。今回は1つのメソッドでGETもPOSTも処理することにしましょう。

リスト4-41

```
public async find(ctx: HttpContextContract) {
  var find:string
  var people:Person[]
  if (ctx.request.method() == 'POST') {
    find = ctx.request.input('find')
    people = await Person.query()
      .where('name','=', find)
```

```
      .exec()
  } else {
    find = ''
    people = await Person.all()
  }
  const data = {
    title: 'Find',
    message: '',
    find: find,
    data: people
  }
  return ctx.view.render('people/find', data)
}
```

修正できたら、ルーティングも追記しておきます。routes.tsを開き、以下のコードを追記してください。

リスト4-42

```
Route.any('/person/find', 'PeopleController.find')
```

注意してほしいのは、この文はRoute.get('/person/:id', 〜)という設定よりも前に記述する、という点です。これより後に記述すると、/person/findというパスが「/person/:idというパスで、idパラメーターにfindを設定したもの」と判断されてしまいます。

修正できたら、/person/findにアクセスをして検索を行ってみましょう。フィールドに名前を書いて送信すると、nameがその値と等しいものだけを検索し表示します。

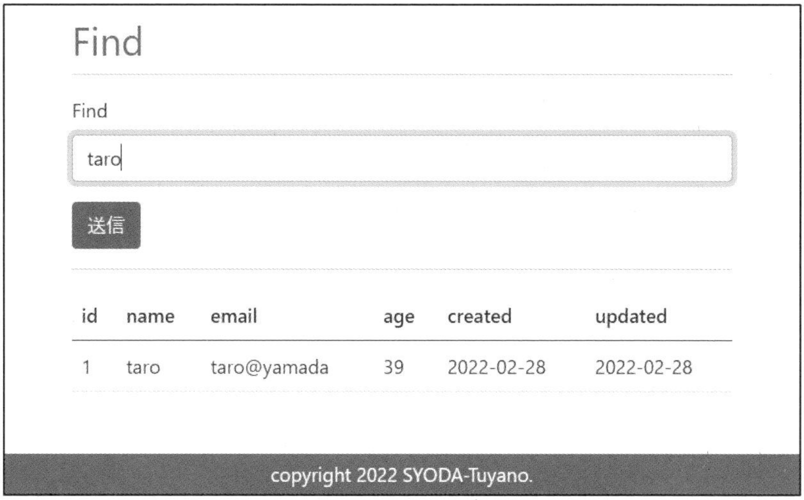

Find

Find

taro

送信

id	name	email	age	created	updated
1	taro	taro@yamada	39	2022-02-28	2022-02-28

copyright 2022 SYODA-Tuyano.

図4-27　フィールドに名前を書いて送信すると、nameがその値のデータを表示する。

queryとwhereによる検索の実行

これまでデータを取得するのに使ったものは、allとfindだけでした。allはすべて取り出すだけですし、findはIDを指定して取り出すだけです。いずれも「どのようなデータを取り出すか」はほとんど考える必要がありませんでした。

しかし、本格的に検索を行おうとすると、「どの項目からどういう値のものを取り出すのか」といった検索条件をきちんと考えて設定をしなければいけません。これには、いろいろと細かな作業が必要になります。

では、作成したアクションでどのような検索を行っているのか見てみましょう。まず、送信されたフォームの値を取り出していますね。

```
find = ctx.request.input('find')
```

そしてこの値を元に、nameの値がfindと等しいデータだけを取り出しています。それを行っているのがこの部分です。

```
people = await Person.query()
  .where('name','=', find)
  .exec()
```

いくつものメソッドを連続して呼び出していて非常に難しそうに見えます。この形が、Lucidにおける検索の基本といっていいでしょう。

ModelQueryBuilderContractを利用する

検索を行うとき、まず最初に実行するのが「query」というメソッドです。

```
変数 =《モデル》.query()
```

このqueryは、「ModelQueryBuilderContract」というクラスのオブジェクトを返すものです。このオブジェクトは、データの取得に関する各種の機能を提供します。ここからデータの取得に関するさまざまなメソッドを呼び出していくのです。

検索は、取得するデータの条件を設定する「where」というメソッドを使って行います。これは以下のように呼び出します。

●検索条件を設定する

```
《ModelQueryBuilderContract》.where( 項目名, 値 )
```

whereの引数は2つあります。第1引数には検索する項目名、第2引数には検索する値をそれぞれ指定します。これにより、指定した項目が第2引数の値と等しいものだけが取り出されるようになります。

execで実行する

ただし、このwhereを呼び出しただけでは、まだ検索は実行されません。これは「検索所券を設定する」ものであって、これ自体は検索を実行するものではありません。

ModelQueryBuilderContractにあるメソッドでデータを取得するための細々とした設定を行い、すべての設定が完了したら、「exec」というメソッドで実行をします。これにより、モデルの配列が取得されます。

整理すると、モデルを使ったデータの検索は以下のようになります。

```
《モデル》.query().where(……).exec()
```

これで、whereに指定した条件に合致するデータが取り出されるようになります。この3つのメソッドの呼び出しは「検索の基本」として覚えておきましょう。

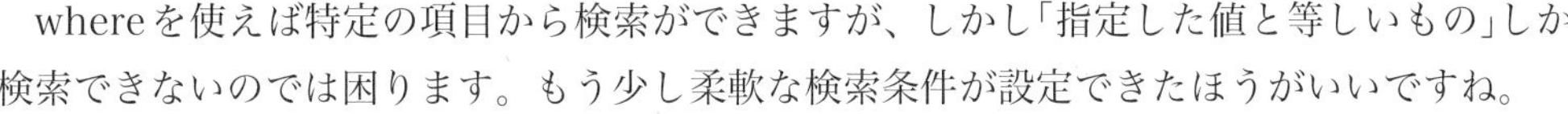

whereで演算子を指定する

whereを使えば特定の項目から検索ができますが、しかし「指定した値と等しいもの」しか検索できないのでは困ります。もう少し柔軟な検索条件が設定できたほうがいいですね。

whereメソッドは、実は検索に使う「演算子」を指定することができます。これを利用すると、もっと柔軟な検索が可能になります。

実際にやってみましょう。先ほど作成したfindアクションで、検索を行っているPerson.query() ～ exec()までの部分を以下のように書き換えてみましょう。

リスト4-43

```
people = await Person.query()
  .where('age','<', find)
  .exec()
```

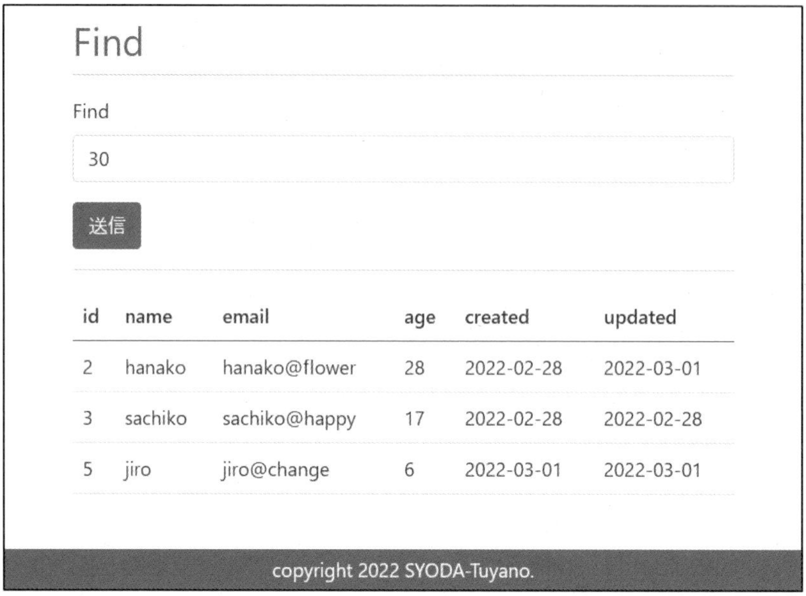

Find

Find

30

送信

id	name	email	age	created	updated
2	hanako	hanako@flower	28	2022-02-28	2022-03-01
3	sachiko	sachiko@happy	17	2022-02-28	2022-02-28
5	jiro	jiro@change	6	2022-03-01	2022-03-01

copyright 2022 SYODA-Tuyano.

図4-28 入力した値よりageが小さいものだけ検索する。

これは、ageの値がフォームに入力した値よりも小さいものだけを検索するものです。例えば「20」と入力すれば、ageが20未満のものだけを検索します。

ここでは、whereを実行する際、検索条件に演算子を付け、以下のように呼び出しています。

●検索の演算子を設定する

```
《ModelQueryBuilderContract》.where( 項目名, 演算子, 値 )
```

第1と第3は、それぞれ項目名と値になります。そして第2引数に、演算子となるテキストを用意します。これは項目と値を比較するための記号で、これを使うことで値を使ってどのように条件を設定するかが決まります。

例えば、ここではこんな具合に呼び出していますね。

```
where('age', '<', find) → age < find
```

こうすることで、ageの値がfind未満のデータだけが検索できるようになります。演算子により、ただ等しいだけでなく値を比較して条件を設定できるわけです。

likeによるあいまい検索

演算子を指定した検索で覚えておきたいのが「like」演算子です。これは、いわゆる「あいまい検索」と呼ばれるものを行うためのものです。

あいまい検索は、テキストの完全一致だけではなく、「テキストで始まるもの」「テキストで終わるもの」「テキストを含むもの」といったものまで検索できます。これを行うのが「like」という演算子です。

では、findアクションのPerson.query() ~ exec()の部分を以下のように修正してみましょう。

リスト4-44

```
people = await Person.query()
  .where('name','like', '%' + find + '%')
  .exec()
```

Find

Find

ro

送信

id	name	email	age	created	updated
1	taro	taro@yamada	39	2022-02-28	2022-02-28
5	jiro	jiro@change	6	2022-03-01	2022-03-01
8	ichiro	ichiro@baseball	63	2022-03-01	2022-03-01

copyright 2022 SYODA-Tuyano.

図4-29 入力したテキストを含むものをすべて検索する。

ここでは、フォームに入力したテキストをnameに含むものすべてを検索します。ここでは、以下のようにwhereを実行しています。

```
.where('name','like', '%' + find + '%') → name like '%find%'
```

演算子「like」は、値に指定したテキストを検索しますが、このとき「%」という記号をつけることができます。これは「ワイルドカード」と呼ばれ、すべての値を当てはめることができます。

例えば、'%太郎'とすると、'太郎'の前にどんな値が来ても検索されます。「山田太郎」「一太郎」「曙太郎」と全部OKなのです。'太郎%'とすると、'太郎'の後にどんな値が来ても検索されます。「太郎君」「太郎冠者」「太郎次郎」などがすべて検索できるようになります。'%太郎%'とすれば、'太郎'を含むものはすべて検索されるようになります。

テキストの検索を行うとき、このlikeを使った検索は非常に強力です。ここで使い方をよく理解しておいてください。

データのソートについて

queryで取り出されるModelQueryBuilderContractオブジェクトには、検索以外の機能もいろいろと用意されています。

覚えておくと便利なのが「ソート」に関するものでしょう。これは「orderBy」というメソッドとして用意されています。

●データをソートする

```
《ModelQueryBuilderContract》.orderBy( 項目名, 'asc'|'desc')
```

第1引数には、ソートの基準になる項目名を指定します。第2引数には、'asc'と'desc'のいずれかを指定します。ascは昇順、descは降順を示します。これにより、指定した項目を元にデータを並べ替えるようになります。

では、findメソッドのif文の部分を以下のように書き換えてみてください。

リスト4-45

```
if (ctx.request.method() == 'POST') {
  find = ctx.request.input('find')
  people = await Person.query()
    .where('name','like', '%' + find + '%')
    .orderBy('name', 'asc')
    .exec()
} else {
  find = ''
  people = await Person.query()
    .orderBy('age', 'desc')
    .exec()
}
```

Find

Find

送信

id	name	email	age	created	updated
8	ichiro	ichiro@baseball	63	2022-03-01	2022-03-01
7	kumi	kumi@gumi	52	2022-03-01	2022-03-01
6	mami	mami@mumemo	41	2022-03-01	2022-03-01
1	taro	taro@yamada	39	2022-02-28	2022-02-28
2	hanako	hanako@flower	28	2022-02-28	2022-03-01
3	sachiko	sachiko@happy	17	2022-02-28	2022-02-28
5	jiro	jiro@change	6	2022-03-01	2022-03-01

copyright 2022 SYODA-Tuyano.

Find

Find

o

送信

id	name	email	age	created	updated
2	hanako	hanako@flower	28	2022-02-28	2022-03-01
8	ichiro	ichiro@baseball	63	2022-03-01	2022-03-01
5	jiro	jiro@change	6	2022-03-01	2022-03-01
3	sachiko	sachiko@happy	17	2022-02-28	2022-02-28
1	taro	taro@yamada	39	2022-02-28	2022-02-28

copyright 2022 SYODA-Tuyano.

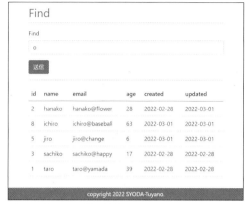

図4-30　/person/findにアクセスするとageの大きいものから順に、検索を実行するとname順に表示されるようになる。

/person/findにアクセスすると、データがageの大きいものから順に並べ替えて表示されるようになります。そして検索を実行すると、検索結果はname順に並べられるようになります。

ここでは、POST時とそれ以外(GET時)でそれぞれ以下のようにソートの指定を行っています。

●GET時のソート

```
.orderBy('age', 'desc')
```

●POST時のソート

```
.orderBy('name', 'asc')
```

orderByによるソートの指定がどういうものか、よくわかりますね。これでデータを思い通りに並べ替えることができるようになります。

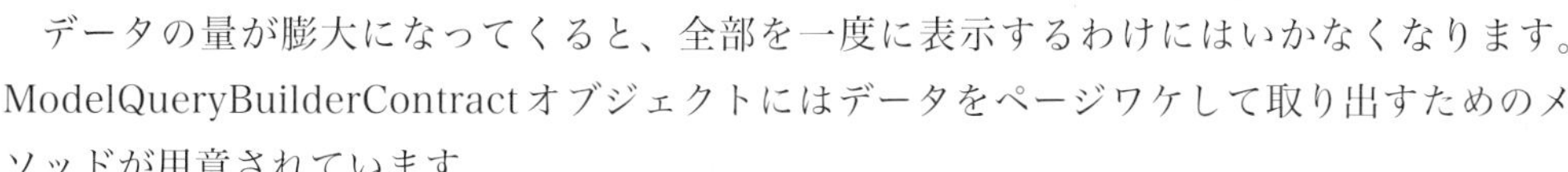

データのページ分けについて

データの量が膨大になってくると、全部を一度に表示するわけにはいかなくなります。ModelQueryBuilderContractオブジェクトにはデータをページワケして取り出すためのメソッドが用意されています。

●指定したページのデータを取り出す

```
《ModelQueryBuilderContract》.paginate( ページ番号, 項目数 )
```

paginateは、第1引数に表示するページの番号を、第2引数に1ページあたりの項目素を指定します。第2引数は省略でき、その場合、1ページあたり20項目が取り出されます。

このpaginateは、データを取り出すものなので、この後にexecはつけません。execの代わりに使うものと考えてください。

indexをページ訳表示する

では、実際にページ分けをしてみましょう。今回はPersonのトップページ(/person)を修正してみます。PeopleController関数のindexアクションを以下のように修正してください。

Chapter 1
Chapter 2
Chapter 3
Chapter 4
Chapter 5
Chapter 6

リスト4-46

```
public async index(ctx: HttpContextContract) {
  const qs = ctx.request.qs()
  var p = parseInt(qs.page ? qs.page : 1)
  p = p < 1 ? 1 : p
  const people = await Person.query()
    .paginate(p, 5)
  const data = {
    title: 'Sample',
    message: 'Lucid',
    page:p,
    data: people
  }
  return ctx.view.render('people/index', data)
}
```

クエリーパラメーターから値を取り出す

今回は、「クエリーパラメーター」を使ってページ番号を指定するようにしました。クエリーパラメーターというのは、URLの末尾につけられる「～?xxx=yyy&zzz=…」といった文字列のことです。これはパラメーターと同様に、必要な値をURLにつけて送るのに使います。

```
…URL…?キー1=値1&キー2=値2&……
```

このように、?の後にキーと値をセットにして記述していきます。複数の値を用意するときは&でつなげます。

こうして記述されたクエリーパラメーターは、以下のようにして取り出されます。

```
const qs = ctx.request.qs()
```

「qs」メソッドで、クエリー文字列の情報が取り出されます。これで得られる値は、クエリーパラメーターで渡された値をオブジェクトにまとめたものです。ですから、後は取り出したオブジェクトから必要なキーの値を取り出し利用するだけです。

```
var p = parseInt(qs.page ? qs.page : 1)
p = p < 1 ? 1 : p
```

ここでは、まずqs.pageという値があればそれを取り出し、なければ1を取り出しています。また取り出した値が1未満の場合には1に置き換えておきます。

これで表示するページ番号が得られました。後は、以下のような形でデータを取り出します。

```
const people = await Person.query()
  .paginate(p, 5)
```

これで、変数pのページ番号のデータが取り出されるようになります。ページ番号をどう渡すかはいろいろ考える必要がありますが、指定ページのデータを取り出すのは簡単ですね。

ページ移動のリンクを追加する

このままでは使いにくいので、テンプレートにページ移動のリンクを作りましょう。「views」内の「people」フォルダーから「index.edge」を開き、@endの手前に以下のコードを追加してください。

リスト4-47

```
<div class="text-center">
  <a href="/person?page={{page - 1}}">Prev</a>
  |
  <a href="/person?page={{page + 1}}">Next</a>
</div>
```

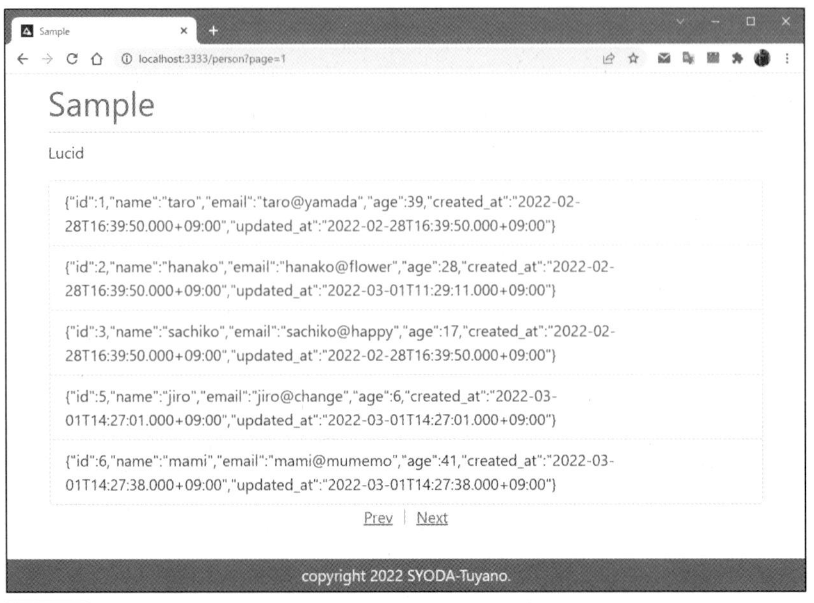

図4-31 「Prev」「Next」をクリックすると前後のページに移動する。

完成したら/personにアクセスしてみましょう。そしてページ移動のリンクをクリックしてください。「Next」をクリックすれば次のページに移動するし、「Prev」は前のページに戻ります。

ここでは、<a>の移動先にhref="/person?page={{page - 1}}"というようにしてクエリー文字列のpageキーにpage -1やpage + 1といった値を設定しています。こうすることで、pageより1大きいページ、1小さいページへのリンクが作成されます。

リンクをクリックしてページ移動をしてみると、URLがこのような形になっていることがわかるでしょう。

```
http://localhost:3333/person?page=番号
```

この末尾の「?page=番号」の部分がクエリー文字列です。クエリー文字列は、パラメーターのようにルーティングに設定などをする必要がなく、ただアクション内でqsメソッドを呼び出すだけで利用できます。

ページ番号のように次の表示ページに必要な情報を渡すのに非常に重宝するでしょう。ここで合わせて使い方を覚えておきましょう。

コラム モデルを使わないデータベースアクセス Column

Lucidは、モデルを使わないデータベースアクセスもできる、と説明しました。これは、Lucidの「クエリービルダー」と呼ばれる機能を使います。これにより、以下のような形でデータベースにアクセスすることができます。

```
変数 = Database.table( テーブル名).where( 条件 )
```

whereは、モデルを利用した検索でも使いましたね。モデルを指定する代わりにDatabase.tableでテーブルを指定することで、同様にデータベースにアクセスすることができるのです。

どちらも、whcrcなど用意されているメソッドはほぼ同じなので、全く同じ感覚で利用できるはずです。モデルについて一通り理解したら、このDatabase.tableを使ったアクセスも試してみましょう。

Chapter

5

NestJS + TypeORM

「NestJS」は、Node.jsによるバックエンド開発で高い人気を誇るフレームワークです。これにTypeScriptのORMである「TypeORM」を組み合わせ、フロントエンドとバックエンドが連携して動くアプリケーションの開発を行ってみましょう。

Section 5-1

NestJSの基本

バックエンド開発のスタンダード

アプリケーション開発の世界も、少しずつ変化しています。ちょっと前までは、Webアプリケーションの開発といえば「MVCによるアプリケーションフレームワーク」が基本でした。モデルでデータを管理し、コントローラーで全体を制御し、ビューで表示を管理する。これらが相互に呼び出しあって、アプリケーションはうまく機能しました。

しかし、現在、少しずつWebアプリケーションの作り方が変わりつつあります。それは「フロントエンドの進化」によるものです。

Webアプリケーションは、「フロントエンド(Webブラウザ側のプログラム)」と「バックエンド(サーバー側のプログラム)」の組み合わせで動いています。MVCフレームワークというのは、基本的に「サーバー側ですべての処理を行う」という考え方でした。画面の表示も、サーバー側で必要な処理を行ってレンダリングし、その結果をWebブラウザに送信して表示する、そういう仕組みでした。

何かサーバーとやり取りをするときはフォームをサーバーに送信し、サーバーでその内容を受け取って必要な処理をして再びページをレンダリングしWebブラウザに送信する。そうやって、すべてサーバー側で処理を行っていくのがこれまでのMVCアプリケーションフレームワークの考え方でした。

フロントエンド+バックエンド

しかし、最近になって、Webブラウザとフロントエンドのプログラムが進化し、Webアプリケーションは「サーバーに送信して結果を受け取る」ということを行わなくなりつつあります。すべての処理はフロントエンドであるWebブラウザ側で行い、サーバーから情報が必要なときはAjaxを使って非同期通信して結果だけを受け取る、そういうやり方に変わりつつあるのです。

そうなると、これまでの「サーバーで処理を行い、表示をレンダリングして出力する」というやり方は通用しません。表示されるページには、フロントエンドのフレームワークを使ってその中であらゆる処理が行えるようになっています。

では、バックエンドは何をするのか。それは、「必要な情報を受け取り、その結果だけを出力するAPI」としてのプログラムとなるのです。バックエンドで表示から何から処理をするのではなく、決まった仕様に従ってAjaxでアクセスしたらそれに応じ的確にデータを生成し返信する、そういうものです。

MVCでフロントエンドとバックエンドを一体に開発するのではなく、フロントエンドはフロントエンドとバックエンドをそれぞれ完全に独立して開発を行うことができます。両者の間でどのようにやり取りをするかという仕様さえ決まっていれば、両者を別々に開発することが可能になるのです。

強力なバックエンド開発フレームワーク「NestJS」

そうなると、「いかに簡単にかつパワフルなバックエンドを開発できるか」を考えてフレームワークを選定することになるでしょう。そのような用途に現在、もっとも広く用いられているのが「NestJS」というフレームワークです。

NestJSの大きな特徴は、そのプログラムの構成にあります。アプリケーションは標準でコントローラー、モジュール、サービスと言ったもので構成されており、簡単に拡張していけるようになっています。またDI（Dependency Injection、依存性注入）により各種の機能追加を簡単に行うことができるようになっています。

NestJSは標準でTypeScriptに対応しており、より高度でメンテナンスしやすいコーディングが行えます。こうしたことから、NestJSは急速に利用が広がっています。

NestJSアプリケーションを作成する

では、実際にNestJSを利用してみましょう。まずはnpmを使い、プログラムをインストールしておきます。コマンドプロンプトあるいはターミナルを起動し、以下のコマンドを実行してください。

```
npm install -g @nestjs/cli
```

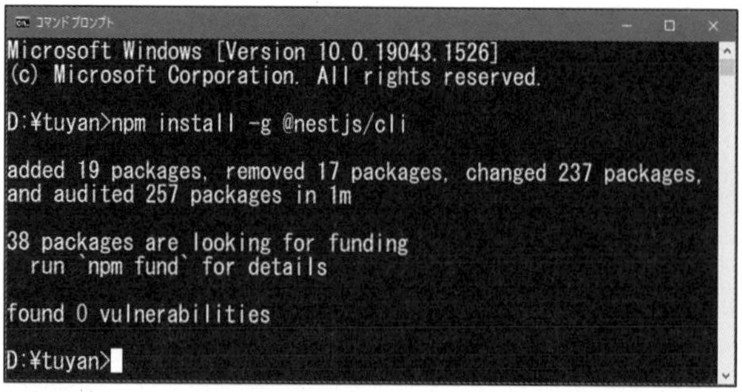

```
Microsoft Windows [Version 10.0.19043.1526]
(c) Microsoft Corporation. All rights reserved.

D:¥tuyan>npm install -g @nestjs/cli

added 19 packages, removed 17 packages, changed 237 packages,
and audited 257 packages in 1m

38 packages are looking for funding
  run `npm fund` for details

found 0 vulnerabilities

D:¥tuyan>
```

図5-1 NestJSのCLIプログラムをインストールする。

これは、NestJSのCLIパッケージです。これにより、簡単にNestJSによるアプリケーションを構築することができるようになります。

nestコマンドでアプリケーションを作る

では、実際にアプリケーションを作ってみましょう。NestJSのアプリケーションは、以下のようにコマンドを実行して作ります。

```
nest new アプリケーション名
```

非常に単純ですね。では、コマンドプロンプト(ターミナル)で「cd Desktop」を実行してデスクトップに移動してください。そして以下を実行しましょう。

```
nest new nest_app
```

実行すると、アプリケーションの基本ファイルが作成された後、「Witch package pamager would you ♥ to use?」と表示されます。これは、使用するパッケージマネージャーを選択するものです。デフォルトでNode.js標準のnpmが選択されているので、そのままEnterすればいいでしょう。

そのまま必要なパッケージ類がインストールされていくので、しばらく待ってください。再び入力可能な状態に戻ったときにはアプリケーションは作成されています。

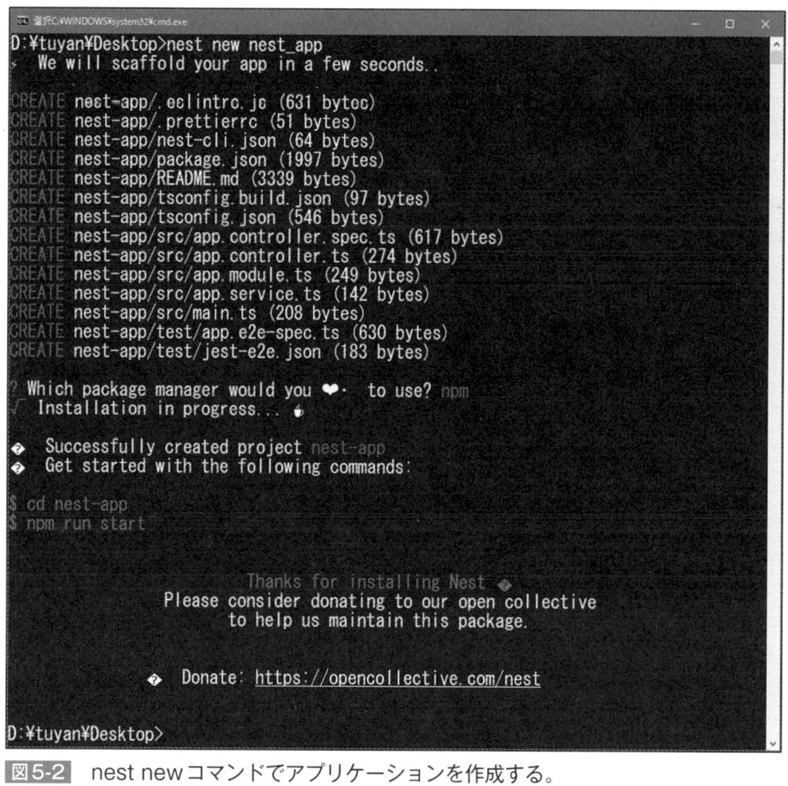

図5-2　nest newコマンドでアプリケーションを作成する。

アプリケーションを動かす

では、実際に作成されたアプリケーションを実行してみましょう。コマンドプロンプト(またはターミナル)は開いたままになっていますか？　では、「cd nest_app」を実行してアプリケーションフォルダーの中にカレントディレクトリを移動してください。そして以下を実行しましょう。

```
npm run start:dev
```

```
ターミナル  問題  出力  デバッグ コンソール

[19:52:10] Starting compilation in watch mode...

[19:52:13] Found 0 errors. Watching for file changes.

[Nest] 15104  - 2022/03/01 19:52:15     LOG [NestFactory] Starting Nest application...
[Nest] 15104  - 2022/03/01 19:52:15     LOG [InstanceLoader] AppModule dependencies initialized +41ms
[Nest] 15104  - 2022/03/01 19:52:15     LOG [RoutesResolver] AppController {/}: +11ms
[Nest] 15104  - 2022/03/01 19:52:15     LOG [RouterExplorer] Mapped {/, GET} route +5ms
[Nest] 15104  - 2022/03/01 19:52:15     LOG [NestApplication] Nest application successfully started +3ms
```

図5-3 npmコマンドでアプリケーションを起動する。

これは開発用にアプリケーションを起動するコマンドです。このコマンドでアプリケーションを実行すると、アプリケーションのコードを編集し保存すると即座に反映され、アプリケーションをリスタートすることなく最新の状態で動作を確認できます。

では、起動したらWebブラウザから以下のアドレスにアクセスしてください。

```
http://localhost:3000/
```

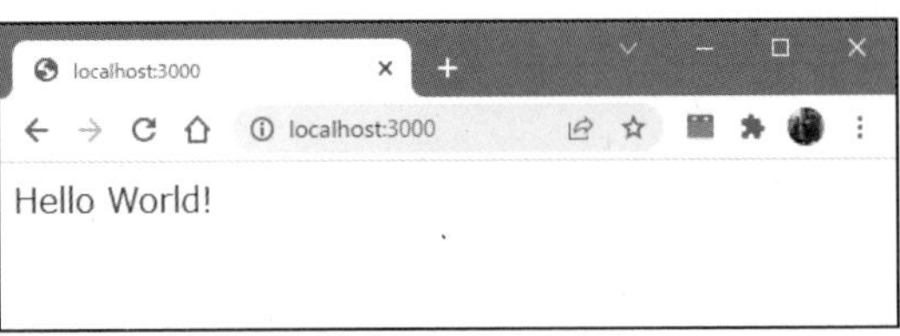

図5-4 Webブラウザに「Hello World!」と表示された。

Webブラウザに「Hello World!」とテキストが表示されたなら、アプリケーションは問題なく動いています。NestJSは、標準ではビジュアルなページなどは用意されておらず、サンプルとしてテキストを表示するだけです。バックエンドの開発に用いられることが多いので、これでも十分なのです。

 NestJSアプリケーションの構成 

では、作成されたアプリケーションがどのようになっているか見てみましょう。NestJSのアプリケーションにはいくつかのファイルとフォルダーが作成されています。それらのうち、主なものの役割についてまとめておきましょう。

●アプリケーション内のフォルダー

「node_modules」フォルダー	使用するパッケージがインストールされる。
「src」フォルダー	ここにアプリケーションのコードがまとめられる。
「test」フォルダー	テスト用のファイル類が保管される。

●主なファイル

nest-cli.json	NestJSのコマンドに関する設定ファイル。
package.json/package-lock.json	アプリケーションのパッケージ情報に関するファイル。package-lock.jsonは自動生成されるもの。
tsconfig.json	TypeScriptの設定ファイル。
tsconfig.build.json	TypeScriptのビルド設定ファイル。

フォルダーについては、「src」フォルダーだけ覚えておいてください。これからアプリケーションの作成を行う際、このフォルダーにあるファイルを編集していきます。

また、ファイル類は「こんなものがある」程度に理解していれば十分です。これらを直接編集することは殆どありません。役割がわかっていれば、「よくわからないけどいらないだろう」と誤って捨ててしまうこともないでしょう。

「src」フォルダーのファイル

これらの中でもっとも重要なのが「src」フォルダーです。この中にあるファイル類が、NestJSアプリケーションのプログラム部分になります。では、どのようなファイルがあるのかまとめておきましょう。

main.ts	メインプログラムです。アプリケーションを起動する際、このプログラムが実行されます。
app.module.ts	「モジュール」と呼ばれるプログラムの組み込み処理が用意されています。
app.service.ts	「サービス」と呼ばれるプログラムです。
app.controller.ts	「コントローラー」と呼ばれるプログラムです。

(※この他、「app.controller.spec.ts」というファイルもありますが、これはテスト用のファイルです。これに限らず、「○○.spec.ts」という名前のファイルはテスト用のファイルになります)

モジュール・サービス・コントローラー

これらのファイルでは、アプリケーションを構成するもっとも重要な要素について記述しています。「モジュール」「サービス」「コントローラー」です。この3つの組み合わせでNestJSのアプリケーションは構成されています。

では、それぞれの役割を簡単に説明しておきましょう。

モジュール	アプリケーションを構成する小さなプログラムのことです。NestJSは、アプリケーションはたくさんのモジュールによって構成されています。この後のサービスやコントローラーもモジュールの一種といえます。
サービス	アプリケーションに用意され、いつでも呼び出して実行できるモジュールです。クライアントからのアクセスからは切り離されており、状況に関係なく必要な処理をいつでも実行できます。
コントローラー	クライアントからのアクセスに応じた処理を実行するモジュールです。アクセスするパスごとに用意され、そのパスにアクセスした際の処理が記述されています。

アプリケーションの作成は、コントローラーとサービスを組み合わせて行います。これらをいかに作成するかをこれから学んでいくことになります。

コラム MVCのVとMは？ Column

これまでのアプリケーションフレームワークでは、「MVC（Model-View-Controller）」の3つの要素でアプリケーションは構成されました。NestJSのアプリケーション構成を見て、「コントローラーだけしかない？ ビューやモデルは？」と思った人もいるかも知れません。

NestJSでもモデルやビューを作成することはできます。ただ、標準では用意されていない、ということなのです。NestJSはバックエンド開発でよく利用されます。バックエンドではビューは必要ありません。またデータベースアクセスを行うモデルの部分は、それぞれの環境に応じて最適なORMを組み込んで利用するようになっており、これも標準では用意されていないのです。

main.tsによるメイン処理について

では、デフォルトで作成されている処理がどのようになっているのか順に見ていきましょう。まずはメインプログラム部分である「main.ts」からです。これには以下のようなコード

が書かれています。

リスト5-1

```
import { NestFactory } from '@nestjs/core';
import { AppModule } from './app.module';

async function bootstrap() {
  const app = await NestFactory.create(AppModule);
  await app.listen(3000);
}
bootstrap();
```

それほど難しいものではありませんが、見たことのない単語だらけでよくわからないことでしょう。それぞれの役割を簡単に説明しましょう。

●モジュールのインポート

```
import { NestFactory } from '@nestjs/core';
import { AppModule } from './app.module';
```

最初にあるimportは、アプリケーションで使用するモジュールをインポートするものです。ここでは2つのクラスがインポートされています。

NestFactory	サーバープログラムを作成するためのクラスです。
AppModule	アプリケーションのモジュール設定を行うapp.module.tsからインポートしたオブジェクトです。

●bootstrap関数

ここでは、bootstrapという関数を定義し、それを実行する処理が用意されています。この関数で実行しているのが、アプリケーションのメイン処理になります。

●アプリケーションの作成

```
const app = await NestFactory.create(AppModule);
```

アプリケーションは、NestFactoryにある「create」メソッドで作成をします。引数には、アプリケーションで使用するモジュールの設定オブジェクトであるAppModuleを指定します。これで、指定したモジュールを組み込んだアプリケーションのオブジェクトが作成されます。

このオブジェクトは「NestApplication」というクラスのインスタンス(クラスから作られるオブジェクトのこと)です。このNestApplicationから、アプリケーションの実行に必要な処理を呼び出していきます。

●アプリケーションの実行

```
await app.listen(3000);
```

アプリケーションの「listen」メソッドを呼び出し、サーバーを起動して待ち受け状態にします。引数の3000は使用するポート番号です。

これで、いつでもサーバーにアクセスできるようになります。

 app.module.tsによるモジュール設定 

main.tsでアプリケーション作成の際に使われているのが「app.module.ts」ファイルです。ここには以下のようなコードが書かれています。

リスト5-2

```
import { Module } from '@nestjs/common';
import { AppController } from './app.controller';
import { AppService } from './app.service';

@Module({
  imports: [],
  controllers: [AppController],
  providers: [AppService],
})
export class AppModule {}
```

このソースコードは、AppModuleとしてメインプログラムからインポートされ利用されるものです。ここでは、まずいくつかのモジュールをインポートしています。

●NestJSの基本モジュール

```
import { Module } from '@nestjs/common';
```

●コントローラーのモジュール

```
import { AppController } from './app.controller';
```

●サービスのモジュール

```
import { AppService } from './app.service';
```

NestJSの基本的な機能をまとめてある@nestjs/commonからModuleというものをインポートしています。その他、コントローラーとサービスのモジュールをインポートしており、これらはこの後で説明するapp.controller.tsとapp.service.tsのコードになります。

AppModuleクラスとModuleデコレーター

importの後には実行する処理が記述されますが、実をいえばここで書かれているのは非常にシンプルなものです。以下の一文だけなのです。

```
export class AppModule {}
```

exprort でAppModuleクラスをエクスポートしているだけです。このAppModuleクラスは、中身がなにもない空のクラスです。

空のクラスでは何の役にも立ちませんが、このAppModuleクラスには、その手前に「@Module」というものが付けられていますね。この@で始まるものは「デコレーター」と呼ばれるもので、クラスやメソッドなどに特定の役割を割り当てたりするものでした。

このModuleデコレーターは、クラスにモジュールを設定するものです。これには引数として以下のような項目が用意されています。

imports	インポートするモジュール
controllers	コントローラーのモジュール
providers	プロバイダーのモジュール

これらを@Moduleに用意しておくことで、それらのモジュールを設定されたAppModuleクラスが作成されるようになるのです。これがmain.tsでインポートされ、アプリケーションに設定されていた、というわけです。

なお、ここではprovidersというものに「プロバイダー」というものが用意されていますが、これは「サービスを提供するもの」です。要するに「サービスのことだ」と考えていいでしょう。

 app.service.tsによるサービスの作成 

残るは、実際に処理を実行するためのものですね。まずはサービスから見ていきましょう。「app.service.ts」が、デフォルトで用意されているサービスのソースコードファイルです。これは以下のような内容になっています。

リスト5-3

```
import { Injectable } from '@nestjs/common';

@Injectable()
export class AppService {
  getHello(): string {
    return 'Hello World!';
  }
}
```

ここでも@nestjs/commonから必要なものがインポートされていますね。Injectableというのは、その下にある「@Injectable」デコレーターのことです。このデコレーターは、サービスのクラス定義で使われています。

ここでは「AppService」というクラスが定義されエクスポートされています。このクラスは、以下のような形になっています。

```
@Injectable()
export class AppService {……}
```

クラス定義の手前に「@Injectable」デコレーターが付けられていますね。このデコレーターは、クラスがプロバイダー（サービスを提供するもの）であることを指定する役目を果たします。これにより、このAppServiceがAppModuleの@Moduleでprovidersとして指定できるようになります。

ここに書かれているAppServiceというクラスには、「getHello」というメソッドが1つだけ用意されています。これは以下のように記述されています。

```
getHello(): string {……}
```

getHello()の後に「:string」とありますが、これはこのメソッドがstring値を返すことを表しています。このgetHelloは、'Hello World!'というテキストを返すだけのシンプルなメソッドです。非常に単純ですが、サービスのサンプルとして用意されているのですね。

app.controller.tsによるコントローラーの作成

最後はコントローラーです。「app.controller.ts」がサンプルコントローラーとして用意されているものです。これは以下のように記述されています。

リスト5-4

```
import { Controller, Get } from '@nestjs/common';
import { AppService } from './app.service';

@Controller()
export class AppController {
  constructor(private readonly appService: AppService) {}

  @Get()
  getHello(): string {
    return this.appService.getHello();
  }
}
```

クライアント(Webブラウザなど)からサーバーにアクセスがあると、このコントローラーにより処理が実行されることになります。ここでは、まず以下のようなモジュールがインポートされています。

●デコレーターのインポート

```
import { Controller, Get } from '@nestjs/common';
```

●プロバイダーのインポート

```
import { AppService } from './app.service';
```

@nestjs/commonからは、ControllerとGetがインポートされています。これは、その下で使われているデコレーターです。2行目のAppServiceは、app.service.tsに用意されているプロバイダーです。

コントローラーの定義

ここではAppControllerというクラスを定義し、エクスポートしています。このクラスは以下のような形になっています。

```
@Controller()
export class AppController {……}
```

クラスの手前にある「@Controller」は、このクラスがコントローラーであることを指定するものです。コントローラークラスは、すべてこの@Controllerデコレーターを付けます。

このクラス内では、まず「コンストラクター」が用意されています。コンストラクターは、クラスからインスタンスを作成する際に実行される初期化のメソッドです。これは以下のように記述されています。

```
constructor(private readonly appService: AppService) {}
```

constructorというのが、コンストラクターメソッドです。引数には、AppServiceオブジェクトが用意されています。これにより、このAppControllerクラスのオブジェクトが作成される際には自動的にAppServiceオブジェクトが作られ渡されるようになります。

アクションメソッドについて

このAppControllerクラスには、「getHello」というメソッドが1つだけ用意されています。これは以下のような形で定義されています。

```
@Get()
getHello(): string {……}
```

メソッドの前には「@Get」というデコレーターが付けられていますね。これは、このメソッドがHTTPプロトコルのGETメソッドによって呼び出されるアクションであることを示すものです。これにより、サーバーにGETアクセスがされると、このメソッドが呼び出されるようになります。

このメソッドは、引数の後に「:string」というのが付けられていますね。これは、stringを返すことを定義するものでした。アクションのメソッドでは、returnで返されたテキストが、そのままクライアント(Webブラウザ)に返送され表示されるようになっているのですね。

サンプルでは、以下のような文が用意されていました。

```
return this.appService.getHello();
```

this.appServiceは、このオブジェクトに用意されているappServiceプロパティです。コンストラクターにより、AppServiceが渡されていますが、それがこのthis.appServiceとして利用されます。

この中にあるgetHelloメソッドを呼び出し、それがreturnされています。getHelloは、

AppServiceに用意されていたメソッドで、'Hello World!'というテキストを返しました。それがreturnされ、クライアントに表示されていた、というわけです。

長くなりましたが、4つの基本ソースコードファイルの内容がそれぞれ必要に応じて呼び出され動いていることがなんとなくわかったことでしょう。明確な処理の流れまで理解するのはなかなか難しいでしょう。

「クライアントがアクセスするとコントローラーのアクションが呼び出されて実行される。コントローラーにはサービスも自動的に組み込まれて利用できるようになっている」

この基本的な仕組みだけは頭に入れておきましょう。ここをしっかり押さえてあれば、アプリの基本は作れるようになります。

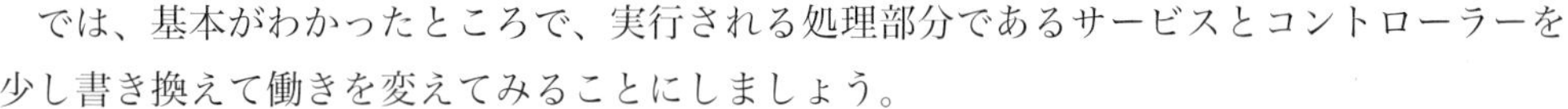

サービスを修正してみる

では、基本がわかったところで、実行される処理部分であるサービスとコントローラーを少し書き換えて働きを変えてみることにしましょう。

まず、サービスの修正から試してみます。app.service.tsを開き、AppServiceクラスにあるgetHelloメソッドを以下のように書き換えてみましょう。

リスト5-5

```
getHello(): object {
  return {
    message:'Hello World!',
    date: new Date()
  };
}
```

今回は、getHelloの戻り値の指定を「:object」と変更しました。これは、オブジェクトが戻り値として返されることを示します。

ここでは、{message: ～ , date: ～}というように2つの値を持っているオブジェクトを作って返すようにしてあります。この修正したgetHelloをコントローラーのアクションから利用してみます。

 コントローラーを修正してみる 

では、コントローラーのアクションを修正しましょう。「app.controller.ts」を開き、AppControllerクラスのgetHelloアクションメソッドを以下のように修正してください。

リスト5-6

```
@Get()
getHello(): object {
  return this.appService.getHello()
}
```

メソッドの戻り値は「:object」に変更されました。これでオブジェクトがクライアントに返されるようになります。メソッドで実行している文は、return this.appService.getHello();で全く変わっていません。戻り値がstringからobjectに変わっただけです。

アクセスして表示を確認 

修正できたら、Webブラウザからhttp://localhost:3000/にアクセスして表示を確認しましょう。今回は、{"message":"Hello World!","date":"2022-03-02T07:05:08.481Z"}といった形の値が出力されるでしょう(dateの値はそれぞれで違います)。これが、getHelloアクションにアクセスした結果です。

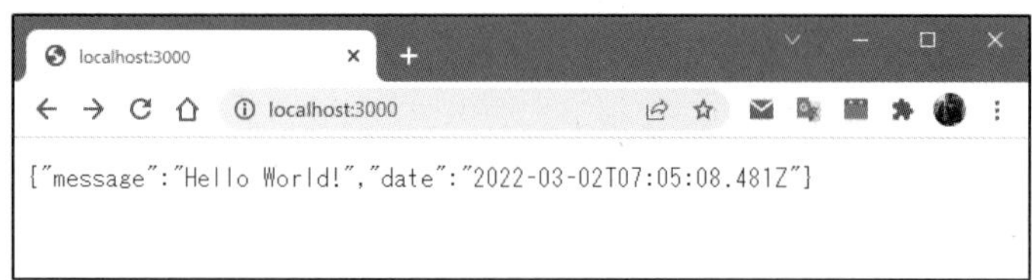

図5-5　アクセスするとオブジェクトの内容が出力される。

オブジェクトはJSONに変換される

デフォルトのアクションではテキストが返されたのでそれがそのまま表示されました。修正したものでは、テキストではなくオブジェクトが返されています。

オブジェクトは、クライアントに送信される際、JSON形式のテキストに変換されます。その値がWebブラウザに表示されていたのです。JSONは、JavaScriptオブジェクトをテキストとしてやり取りする手段として広く利用されています。JSONでデータを渡せれば、受け取った側ではそれを自由に利用できるようになるのです。

Section 5-2 アプリケーションの基本機能

データを取り出すサービス

では、アプリケーションの機能をいろいろと使っていきましょう。まずは、サービスをもう少し役に立ちそうなものにしてみます。シンプルなところで、「IDを引数に渡すとそのデータを返す」というようなものにしてみましょう。

「app.service.ts」を開き、以下のように内容を書き換えてください。

リスト5-7

```
import { Injectable } from '@nestjs/common';

const data = [
  {name:'taro', mail:'taro@yamada', age:39},
  {name:'hanako', mail:'hanako@flower', age:28},
  {name:'sachiko', mail:'sachiko@happy', age:17}
]

@Injectable()
export class AppService {

  getHello(id:number): object {
    const n = id < 0 ? 0 : id >= data.length ? data.length - 1 : id;
    return {
      id:n,
      data:data[n],
      created:new Date()
    };
  }
}
```

ここでは、dataというダミーデータを用意し、そこからデータを取り出して返すサービスを作成しています。ここでは3つのデータしかありませんが、それぞれで内容を追加しても構いません。

getHelloを見ると、このように変わりました。

```
getHello(id:number): object {……}
```

引数にidという値を渡すようにしています。結果はobjectとして返します。関数内では、まず渡されたidを0〜dataの要素数未満となるように調整しています。

```
const n = id < 0 ? 0 : id >= data.length ? data.length - 1 : id;
```

そしてdataからインデックスがnの値を取り出して結果を返します。returnで返している値がどんなものか見てみましょう。

```
return {
  id:n,
  data:data[n],
  created:new Date()
};
```

id, data, createdといった値をまとめたオブジェクトを返していますね。dataにはdata[n]の値を指定し、createdではnew Dateで現在の日時を指定しています。やっていることは単純ですが、「引数で渡された値を元にデータを取り出して返す」という処理はデータアクセスの基本としてよく使われるものでしょう。その簡単なサンプルと考えてください。

パラメーターを利用する

では、修正したサービスを利用するようにコントローラーを修正しましょう。「app.controller.ts」を開き、AppControllerクラスの「getHello」アクションメソッドを以下のように修正してください。なお、冒頭にある@nestjs/commonのimport文も修正が必要です。

リスト5-8

```
// import { Controller, Param, Get } from '@nestjs/common' //修正する

@Get('/hello/:id?')
getHello(@Param() params): object {
  const id = params.id?? 0
  return this.appService.getHello(id)
```

```
}
```

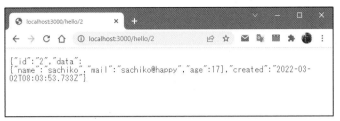

```
{"id":"2","data":
{"name":"sachiko","mail":"sachiko@happy","age":17},"created":"2022-03-
02T08:03:53.733Z"}
```

図5-6　/hello/2とアクセスすると、インデックスが2のデータを表示する。

修正できたら実際にアクセスしてみましょう。今回は、/hello/番号 というパスでアクセスするようにしています。例えば、/hello/2にアクセスすれば、インデックス番号が2のデータを表示します。

@Getのパスとパラメーターの指定

では、修正したgetHelloアクションを見てみましょう。今回は、@Getデコレーターが以下のように修正されています。

```
@Get('/hello/:id?')
```

引数に指定されているのは、アクセスするパスです。@Getは、引数なしだとルート(/)にアクセスをしますが、このように引数でパスを指定することで、特定のパスにアクセスしたときにそのアクションが呼び出されるようにできます。

ここでは、パスに「:id」という値が記述されていますね。これは、「パラメーター」の指定です。この:idの部分に当てはまる値が、idというパラメーターとして渡されるようになります。例えば、/hello/123とアクセスをすれば、123という値がidというパラメーターに渡されることになるわけです。

ここでは:idというパラメーターを1つ用意しているだけですが、パラメーターは必要に応じていくつでも用意することができます。

なお、:idには、その後に「?」がつけられていますね。これは、「値がない場合もある」ことを示します。idパラメーターが省略されている場合もある、というときはこの?をつけます。これにより、/helloというようにパラメーターなしでもアクセスができるようになります。

?がついていない場合は、必ずパラメーターの値を指定してアクセスしなければいけません。この場合、/helloにアクセスするとエラーになります。

@Paramでパラメーターを渡す

では、このパラメーターはどのように渡されるのでしょうか。それは、getHelloメソッドの定義を見ればわかります。今回はこのようになっていますね。

```
getHello(@Param() params): object {……}
```

引数に「@Param」というデコレーターが指定されています。これは、この引数がパラメーターであることを指定するものです。これにより、params引数にパラメーターの値が渡されます。

渡される値は、すべてのパラメーターをオブジェクトにまとめたものです。idパラメーターもちろんこの中に入っています。getHelloでは、ここからidの値を以下のようにして取り出しています。

```
const id = params.id?? 0;
```

paramsからidプロパティの値を取り出しています。ただし、idパラメーターは値がない場合もあります。TypeScriptでは、こうした場合、「??」という記号を使って値がない場合に代りの値を設定できます。ここでは、params.idの値がない場合はゼロを設定するようにしています。

idの値が得られれば、後はgetHelloの引数にidを指定して呼び出し、それをreturnするだけです。

```
return this.appService.getHello(id);
```

これで、例えば/hello/1にアクセスすると、AppServiceのdataからインデックス番号1のデータを取り出し表示するようになります。

静的ファイルを使う

このgetHelloのように、「アクセスするとデータを返す」というものは、Webページのバックエンドとして使われるのが一般的です。Webページを表示し、その中からサーバーにアクセスしてデータを受け取り表示を更新する、というような使い方をするのですね。

では、実際にWebページからバックエンドとしてAppControllerのアクションを使ってみましょう。そのためには、まずWebページとして表示されるHTMLファイルを用意する必要があります。そしてアクセスするとそのHTMLファイルが表示されるような設定をアプリケーションに用意する必要があるでしょう。

Webページの HTML ファイルやイメージファイルのように、アクセスしてそのままファイルのデータを表示するようなものを一般に「静的ファイル」といいます。プログラムによりその場で内容を作成するのでなく、ただ配置されたファイルをそのまま取り出すだけ、といったものが静的ファイルです。

静的ファイルをNestJSで使えるようにするためには、「@nestjs/serve-static」というパッケージを利用します。コマンドプロンプト(ターミナル)でカレントディレクトリがアプリケーションフォルダー内にあるのを確認し、以下のコマンドを実行してください。これでパッケージがアプリケーションにインストールされます。

```
npm install @nestjs/serve-static
```

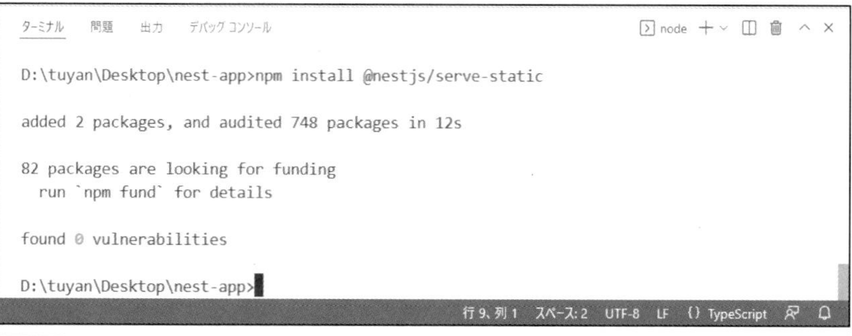

図5-7 @nestjs/serve-staticパッケージをインストールする。

app.module.tsを修正する

静的ファイルを使えるようにするためには、app.module.tsで@nestjs/serve-staticから「ServeStaticModule」というモジュールをインポートし、モジュールとして登録する必要があります。

では、「app.module.ts」ファイルを開いて、内容を以下に書き換えてください。

リスト5-9

```
import { Module } from '@nestjs/common'
import { AppController } from './app.controller'
import { AppService } from './app.service'
import { ServeStaticModule } from '@nestjs/serve-static'
import { join } from 'path'

@Module({
```

```
  imports: [
    ServeStaticModule.forRoot({
      rootPath: join(__dirname, '..', 'public'),
    }),
  ],
  controllers: [AppController],
  providers: [AppService],
})
export class AppModule {}
```

ここでは、まず静的ファイル利用のために必要となるモジュールをインポートしています。以下の2文が追記されていますね。

```
import { ServeStaticModule } from '@nestjs/serve-static';
import { join } from 'path';
```

1行目が、@nestjs/serve-staticモジュールに用意されているServeStaticModuleクラスをインポートするものです。そして2行目は、ファイルのパスを作成するのに利用する「join」という関数をインポートするものです。

ここでは@Moduleの引数にある「imports」という項目に、以下のような値を追加しています。

```
ServeStaticModule.forRoot({
  rootPath: join(__dirname, '..', 'public'),
}),
```

ServeStaticModuleクラスから「forRoot」というメソッドを呼び出しています。これは、静的ファイルを配置するパスを管理する動的モジュール(DynamicModuleオブジェクト)を返すものです。要するに、これで静的ファイルを扱うモジュールが追加される、と考えてください。

引数には設定情報をまとめたオブジェクトを用意します。ここでは「rootPath」という項目が用意されていますね。これが、静的ファイルを配置する場所を指定する値です。値にはjoin関数を使い、アプリケーション内の「public」というフォルダーのパスを設定しています。

モジュールの組み込み処理の内容がわかったら、アプリケーションフォルダーの中に「public」というフォルダーを用意しましょう。ここに配置したフォルダーは、すべて静的ファイルとして直接アクセスできるようになります。

Webページからバックエンドにアクセスする

では、Webページとして表示するHTMLファイルを作成しましょう。「public」フォルダーの中に、新しく「hello.html」という名前でファイルを作成してください。そして以下のようにコードを記述しましょう。

リスト5-10

```
<!DOCTYPE html>
<html>
  <head>
    <title>NestJS</title>
    <link href="https://cdn.jsdelivr.net/npm/bootstrap@5.0.2/dist/css/↵
      bootstrap.min.css" rel="stylesheet">
  </head>
  <body class="container mt-2">
    <h1 class="display-6 text-primary">
      <strong>NestJS</strong>
    </h1>
    <div id="result" class="my-3">
      <p id="msg">※IDを送信してください。</p>
    </div>
    <div class="mb-3">
      <label for="id" class="form-label">ID</label>
      <input type="number" class="form-control"
        id="id" name="id" value="0">
    </div>
    <button class="btn btn-secondary" onclick="doAction();">送信</button>
    <div class="my-3"> </div>
    <div style="width:100%"
      class="fixed-bottom bg-secondary p-1">
      <p class="text-center text-white m-0">
        copyright 2022 SYODA-Tuyano.</p>
    </div>
    <script>
      function doAction() {
        const n = document.querySelector('#id').value
        fetch('/hello/' + n)
          .then(response => response.json())
          .then(data => setData(data))
      }

      function setData(obj) {
        const table = `<table class="table">
```

```
        <thead>
          <tr><th>ID</th><th>Name</th><th>Mail</th>
            <th>Age</th><th>Created</th></tr>
        </thead>
        <tbody>
          <tr>
            <td>${obj.id}</td>
            <td>${obj.data.name}</td>
            <td>${obj.data.mail}</td>
            <td>${obj.data.age}</td>
            <td>${obj.created}</td>
          </tr>
        </tbody>
      </table>`
      document.querySelector('#result').innerHTML = table
    }
  </script>
</body>
</html>
```

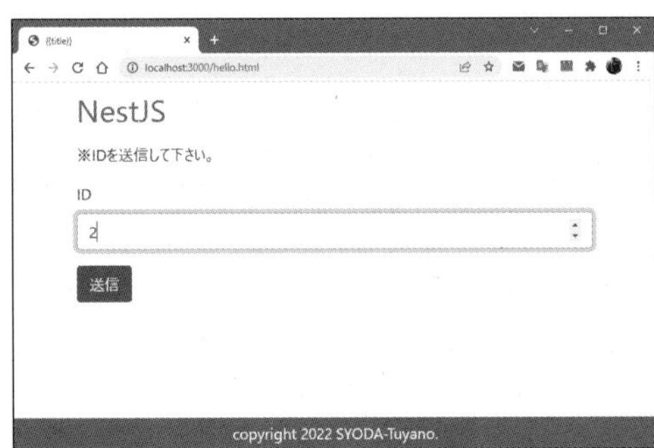

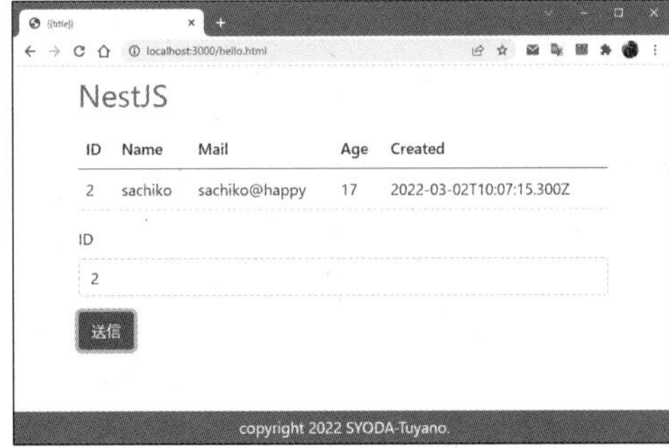

図5-8 IDフィールドで番号を指定しボタンを押すと、サーバーからデータを取得し画面に表示する。

修正ができたら、http://localhost:3000/hello.htmlにアクセスしてください。作成したhello.htmlのWebページが表示されます。ここでIDフィールドに番号を設定し、送信ボタンを押してみましょう。するとフィールドの上に送信したIDのデータが表にまとめられて表示されます。

fetchでバックエンドにアクセスする

ここでは、doActionというJavaScriptの関数を用意し、ボタンクリックでこれを実行してバックエンドからデータを受け取っています。

この関数では、まずid="id"の<input>から値を取り出します。

```
const n = document.querySelector('#id').value
```

そして、JavaScriptのfetch関数でバックエンドにアクセスをしています。これは非同期でデータを処理するため、ちょっとわかりにくくなっています。

```
fetch('/hello/' + n)
  .then(response => response.json())
  .then(data => setData(data))
```

この部分ですね。まず、fetch関数で指定したアドレス(ここでは、'/hello/' + n)にアクセスし、その結果を次のthenで受け取っています。この部分は整理するとこうなります。

```
fetch( アクセス先 ).then(response => 後処理 )
```

thenの引数には、response => ○○というアロー関数が用意されます。アロー関数というのは、関数を以下のような形で表したものです。

```
function ( 引数 ) {……}
```

```
(引数) => {……}
```

引数の()や実行する処理の{}は、1つしかない場合は省略できます。ここでは、こういう関数を用意していました。

```
response => response.json()
```

引数のresponseは、レスポンス(サーバーから返される情報)のオブジェクトです。ここでは、そのレスポンスの「json」というメソッドを呼び出しています。これは返された値をJSONデータとして処理し、JavaScriptのオブジェクトの形にして取り出すものです。

ひじょうにわかりにくいことに、このjsonメソッドも非同期で、結果をthenで受け取るようになっているのです。つまり、こういうことです。

```
《レスポンス》.json().then(data => 後処理 )
```

thenの引数に用意される関数では、jsonによって変換されたオブジェクトが引数として渡されます。ここではその値を引数にしてsetDataという関数を呼び出しています。このsetDataで、取得したオブジェクトを元にテーブルを作成して画面に表示する処理を行っていたわけです。

このfetchを使ったバックエンドへのアクセスは、Webページを「フロントエンド+バックエンド」として作成する際に多用される処理です。慣れないとわかりにくく難しそうに見えますが、ぜひ使えるようになっておきたいですね。

POST送信のバックエンド

これでバックエンドにアクセスできるようになりました。ただ、このバックエンドは別にWebページのJavaScriptからアクセスしなくとも、誰でもアクセスすることができます。Webブラウザのアドレスバーから直接/hello/1などと指定してアクセスをすれば、結果を得ることができます。

Webアプリでは、直接アクセスされては困るような処理もあります。例えばデータの作成や削除などを行うバックエンドの場合、直接アクセスしてそれらが実行されてしまっては困ります。こうした処理は、通常のGETアクセスではなく、POSTアクセスした場合のみ受け付けるようにしておきたいでしょう。

NestJSでは、POSTアクセスによるバックエンドももちろん作れます。ただ、フロントエンドからfetchでアクセスするときもPOSTを使う必要があり、フロント・バックの両方で対応する必要があります。では、実際にPOSTで送信するサンプルを作ってみましょう。

データを送信するpost.html

今回は、新しいWebページを用意することにします。「public」フォルダーの中に、新たに「post.html」というファイルを作成してください。そして以下のようにコードを記述しましょう。

リスト5-11

```
<!DOCTYPE html>
<html>
  <head>
    <title>NestJS</title>
    <link href="https://cdn.jsdelivr.net/npm/bootstrap@5.0.2/dist/css/↵
      bootstrap.min.css" rel="stylesheet">
  </head>
  <body class="container mt-2">
    <h1 class="display-6 text-primary">
      <strong>NestJS</strong>
    </h1>
    <div id="result" class="my-3">
```

```
  <p id="msg">※データを送信してください。</p>
</div>
<div class="mb-3">
  <label for="name" class="form-label">Name</label>
  <input type="text" class="form-control"
    id="name" name="name">
</div>
<div class="mb-3">
  <label for="mail" class="form-label">Mail</label>
  <input type="text" class="form-control"
    id="mail" name="mail">
</div>
<div class="mb-3">
  <label for="age" class="form-label">Age</label>
  <input type="number" class="form-control"
    id="age" name="age" value="0">
</div>
<button class="btn btn-secondary" onclick="doAction();">送信</button>
<div class="my-3"> </div>
<div style="width:100%"
  class="fixed-bottom bg-secondary p-1">
  <p class="text-center text-white m-0">
    copyright 2022 SYODA-Tuyano.</p>
</div>
<script>
  function doAction() {
    const name = document.querySelector('#name').value
    const mail = document.querySelector('#mail').value
    const age = document.querySelector('#age').value
    const data = {name:name, mail:mail, age:age}
    const opt = {
      method: 'POST',
      headers: {
        'Content-Type': 'application/json'
      },
      body: JSON.stringify(data)
    }
    fetch('/hello/post', opt)
      .then(response => response.text())
      .then(data => setData(data))
  }

  function setData(res) {
    document.querySelector('#msg').textContent = '結果：' + res
  }
```

```
    </script>
  </body>
</html>
```

今回は、name, mail, ageといった名前の<input>を用意し、これらに入力した情報をバックエンドにPOST送信してデータを追加する処理を作成してみます。

fetchでPOSTアクセスする

今回も、ボタンを押すとdoAction関数を実行するようにしています。まずname, mail, ageの値を取り出してオブジェクトにまとめます。

```
const name = document.querySelector('#name').value
const mail = document.querySelector('#mail').value
const age = document.querySelector('#age').value
const data = {name:name, mail:mail, age:age}
```

このオブジェクトが送信するデータになります。続いて、POST送信するための設定情報をまとめたオブジェクトを用意します。

```
const opt = {
  method: 'POST',
  headers: {
    'Content-Type': 'application/json'
  },
  body: JSON.stringify(data)
}
```

ここでは、method、headers、bodyといった値が用意されていますね。methodはアクセスに使うHTTPメソッドの種類を指定します。これは'POST'としておきます。

headersは、アクセス時に送信するヘッダー情報をまとめたものです。ここでは'Content-Type': 'application/json'として、送信されるのがJSONデータであることを指定しておきます。

最後のbodyがPOSTで送信する情報です。作成したdataをJSON.stringifyでテキストに変換して設定します。

準備が完了したら、fetchで送信します。

```
fetch('/hello/post', opt)
  .then(response => response.text())
```

送信先は、'/hello/post'としておきました。バックエンド処理となるコントローラーに、このパスでPOST送信を処理するアクションを用意すればいいでしょう。そして第2引数に先ほど作った設定情報のオブジェクトを指定します。

結果は、thenの引数に用意した関数で受け取れます。以後の処理は、先のGETアクセス時の場合と同じように考えればいいでしょう。

 formdata.tsの作成 

では、バックエンド側の処理を作成しましょう。まず最初に用意するのは、送信されるフォーム情報をまとめて扱うためのクラスの定義です。

「src」フォルダー内に、新たに「formdata.ts」という名前のファイルを作成してください。そして以下のように記述しましょう。

リスト5-12

```
export default class FormData {
  name: string
  mail: string
  age: number
}
```

これは、FormDataというクラスを定義し、エクスポートするものです。このクラスには、name, mail, ageといったプロパティが用意されています。

これは、POSTで送信されるデータのオブジェクトと同じ形であり、かつapp.service.tsに用意してあるデータ保管用の定数dataに保管されているデータオブジェクトと同じものです。ここで扱うデータ型としてFormDataというクラスを用意した、と考えてください。

app.service.tsを修正する 

では、サービスを修正し、FormDataを受け取ってdataに追加するサービスを用意しましょう。以下のようにapp.service.tsの内容を修正してください。

リスト5-13

```
import { Injectable } from '@nestjs/common'
import FormData from './formdata'

const data = [
```

```
  {name:'taro', mail:'taro@yamada', age:39},
  {name:'hanako', mail:'hanako@flower', age:28},
  {name:'sachiko', mail:'sachiko@happy', age:17}
]

@Injectable()
export class AppService {

  getHello(id:number): object {
    const n = id < 0 ? 0 : id >= data.length ? data.length - 1 : id;
    return {
      id:n,
      data:data[n],
      created:new Date()
    }
  }

  addData(frm:FormData) {
    data.push(frm)
  }
}
```

ここでは、addDataというメソッドをAppServiceクラスに追加しています。これは、引数としてFormDataオブジェクトを受け取ります。それをdataにpushで追加する、非常にシンプルなメソッドです。

このappDataを、コントローラーのアクションから呼び出してデータを追加すればいいわけですね。

app.controller.tsを修正する

では、コントローラーを修正しましょう。「app.controller.ts」ファイルを開き、その内容を以下のように書き換えてください。

リスト5-14

```
import { Controller, Param, Body, Get, Post } from '@nestjs/common'
import { AppService } from './app.service'
import FormData from './formdata'

@Controller()
export class AppController {
```

```
  constructor(private readonly appService: AppService) {}

  @Get('/hello/:id?')
  getHello(@Param() params): object {
    const id = params.id?? 0
    return this.appService.getHello(id)
  }

  @Post('/hello/post')
  post(@Body() frm:FormData): string {
    this.appService.addData(frm)
    return 'form data was pushed!'
  }
}
```

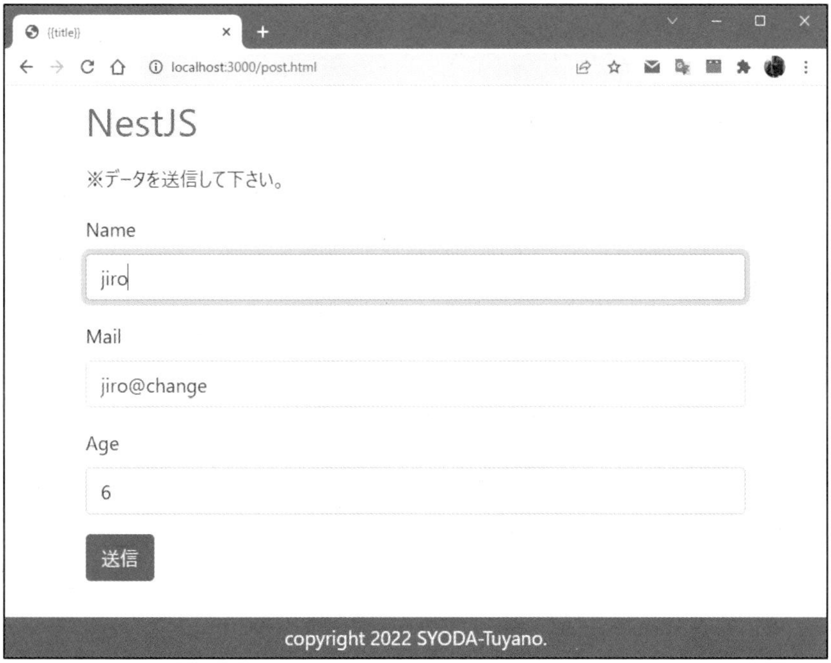

図5-9 フォームに入力しボタンを押すと、そのデータが送信され追加される。

完成したら、/post.htmlにアクセスしてください。フォームが表示されるので、それらを入力し、ボタンをクリックします。これでデータが送信され追加されます。メッセージに「form data was pushed!」と表示されたら送信が完了しています。

実際にいくつかデータを送信し、hello.htmlに移動してIDを指定してデータを表示してみましょう。追加したデータがちゃんと取り出せるようになっているのがわかるでしょう。

NestJS

ID	Name	Mail	Age	Created
3	jiro	jiro@change	6	2022-03-02T11:10:30.848Z

ID

3

送信

copyright 2022 SYODA-Tuyano.

図5-10　hello.htmlでデータを表示させると、追加したデータが取り出せることがわかる。

POSTのアクションについて

今回は、POSTアクセスの処理を行う「post」というメソッドをコントローラーに追加しています。このメソッドは、冒頭に以下のようなデコレーターが付けられています。

```
@Post('/hello/post')
```

この「@Post」は、このアクションがPOSTアクセスで呼び出されることを示すものです。引数にはパスが指定されます。これにより、/hello/postにPOSTアクセスするとこのメソッドが実行されるようになります。

送信されたデータの取得

作成されたpostメソッドは、以下のような形で定義されています。

```
post(@Body() frm:FormData): string {……}
```

引数にある「@Body」というデコレーターは、リクエストのボディ（送信されたコンテンツ）がこの引数に割り当てられることを示します。値の方はFormDataになっています。これで、クライアント側から送信されたフォームのデータがFormDataオブジェクトとしてメソッドの引数に渡されるようになりました。

後は、AppServiceのaddDataメソッドを呼び出してデータを追加するだけです。

```
this.appService.addData(frm)
return 'form data was pushed!'
```

メッセージをreturnして作業終了です。@Postと、ボディとして渡されるデータを@Bodyで引数に割り当てることさえきちんと理解できていれば、POST送信によるバックエンド処理もこのように作れるようになります。

Section 5-3 MVCによるアプリケーション

hbsテンプレートエンジンを使う

NestJSは、フロントエンドとバックエンドを組み合わせてWebアプリケーション開発を行うのに適した作りになっています。しかし、Ajaxを使ったサーバーアクセスは、慣れないとなかなか思うように作れないでしょう。またフロントエンドのフレームワーク(ReactやVueなど)を使っていない場合、フロントとバックを切り分ける利点があまり見いだせないかも知れません。

そのような場合は、もちろんNestJSでもスタンダードなMVCアーキテクチャーに基づいたアプリケーション開発を行うことができます。NestJSは内部にExpressのライブラリを利用しており、テンプレートエンジンをインストールすることで、サーバー側でテンプレートをレンダリングして表示する一般的なMVCアプリケーションも作成できるようになっています。

では、実際にMVCスタイルでアプリケーションを作成してみましょう。

hbsについて

まずは、テンプレートエンジンをインストールする必要があります。今回は「hbs」というテンプレートエンジンを利用してみます。

hbsは「Handlebars.js」というテンプレートエンジンをExpressで使えるようにしたものです。Handlebars.jsは、さまざまな言語のテンプレートエンジンで使われている「Mustache」というテンプレートエンジンとコンパチブルな記法を採用しており、覚えればNode.js以外のところでも利用できるチャンスが多いでしょう。

では、コマンドプロンプト(ターミナル)でカレントディレクトリがアプリケーションフォルダー内にあるのを確認し、以下を実行してください。

```
npm install hbs
```

これで、hbsパッケージがアプリケーションにインストールされます。後は、このhbsをテンプレートエンジンとして使うようにコードを追記するだけです。

main.tsでhbsを設定する

テンプレートエンジンの組み込みと設定は、メインプログラムである「main.ts」で行います。ファイルを開き、以下のように内容を修正してください。

（☆部分が追加修正された部分になります）

リスト5-15

```
import { NestFactory } from '@nestjs/core'
import { AppModule } from './app.module'
import { NestExpressApplication } from '@nestjs/platform-express'
import { join } from 'path'
const hbs = require('hbs') //☆

async function bootstrap() {
  const app = await NestFactory
    .create<NestExpressApplication>(AppModule) //☆
  app.setBaseViewsDir(join(__dirname, '..', 'views')) //☆
  hbs.registerPartials(join(__dirname, '..', 'views', 'partials')) //☆
  app.setViewEngine('hbs') //☆
  await app.listen(3000)
}
bootstrap()
```

main.tsでは、bootstrap関数で起動時の処理を行っています。最初にNestFactory.createでアプリケーションのオブジェクトを生成しますが、今回は以下のように修正されています。

```
const app = await NestFactory
    .create<NestExpressApplication>(AppModule)
```

createの後に、<NestExpressApplication>というものがついていますね。これは「ジェネリック（総称型）」と呼ばれる記述を利用するための記述です。これにより、作成されるアプリケーションのオブジェクトがNestApplicationからNestExpressApplicationへと変わります。このNestExpressApplicationは、NestApplicationのサブクラス（これを元に作ったもの）で、いわば「NestApplicationの拡張版」のようなものです。

このNestExpressApplicationには、Expressライブラリの機能が組み込まれており、テンプレートエンジン関係の設定を以下のように行っています。

Chapter 1 Chapter 2 Chapter 3 Chapter 4 Chapter 5 Chapter 6

●ビューの配置場所の設定

```
app.setBaseViewsDir(join(__dirname, '..', 'views'))
```

●パーシャルの配置場所の設定

```
hbs.registerPartials(join(__dirname, '..', 'views', 'partials'))
```

●テンプレートエンジンの設定

```
app.setViewEngine('hbs')
```

setBaseViewsDirでは、「views」フォルダーをビューの配置場所として設定しています。次のregisterPartialsは、テンプレートエンジンであるhbsの機能で、「パーシャル」と呼ばれるものの配置場所を指定するものです。パーシャルは後ほど登場しますが、テンプレートの部品となるものです。

必要な設定ができたら、最後に「setViewEngine」というメソッドでテンプレートエンジンをhbsに設定します。これで、hbsを使ったWebページが使えるようになります。

フォルダーを用意する

コードが記述できたら、テンプレートファイルを配置するフォルダーを用意しましょう。アプリケーションフォルダーの中に「views」という名前でフォルダーを作ってください。これがテンプレートファイルを配置するフォルダーになります。

この「views」フォルダーの中に、更に「partials」という名前でフォルダーを作成してください。こちらは「パーシャル」というファイルを配置する場所になります。

パーシャルを作る

では、テンプレートを作っていきましょう。hbsのテンプレートには、Webページとして読み込みレンダリングする一般的なものの他に「パーシャル」と呼ばれるものもあります。

パーシャルは、テンプレート内に埋め込んで使う、テンプレートを構成する部品となるものです。例えばヘッダーやフッターなどのように、さまざまなページで共通して表示するものは、パーシャルとして作成しておき、それをテンプレート内に配置して利用するのです。

header.hbsの作成

では、ヘッダーのパーシャルを作成します。「views」内の「partials」フォルダー内に「header.hbs」という名前でファイルを作成します。そして以下のように記述をしましょう。

リスト5-16

```
<h1 class="display-6 text-primary">
  <strong>{{title}}</strong>
</h1>
<p>{{message}}</p>
<hr>
```

{{title}}や{{message}}というのは、テンプレートに埋め込まれている値です。これは、実際にテンプレートを使う際に値を用意します。

footer.hbsの作成

続いて、フッターの表示をパーシャルとして用意してみましょう。「views」内の「partials」フォルダーの中に、「footer.html」という名前でファイルを作成してください。そして以下のように記述をしましょう。

リスト5-17

```
<div class="my-3"> </div>
<div style="width:100%"
  class="fixed-bottom bg-secondary p-1">
  <p class="text-center text-white m-0">
    copyright 2022 SYODA-Tuyano.</p>
</div>
```

フッターは、単にコピーライトを表示するだけのものです。こちらは値の埋め込みなどテンプレートとしての機能は特に使用していないので、hbsではなくhtmlファイルとして作成してあります。

テンプレートファイルでページを用意する

では、画面に表示するページのテンプレートファイルを作成しましょう。「views」フォルダー内に「index.hbs」という名前でファイルを作成してください。そして以下のように記述をしましょう。

リスト5-18

```
<!DOCTYPE html>
<html>
  <head>
    <title>{{title}}</title>
```

Chapter 1
Chapter 2
Chapter 3
Chapter 4
Chapter 5
Chapter 6

```
    <link href="https://cdn.jsdelivr.net/npm/bootstrap@5.0.2/dist/css/ ↵
      bootstrap.min.css" rel="stylesheet">
  </head>
  <body class="container mt-2">
    {{>header}}
    <p>※これがサンプルページのコンテンツです。</p>
    {{>footer}}
  </body>
</html>
```

ここでは、<body>内にヘッダーとフッターのパーシャルを組み込んでいます。{{>header}}と{{>footer}}という記述がそれです。パーシャルは、以下のように記述して使います。

```
{{> パーシャル名 }}
```

名前は、パーシャルのフォルダー（ここでは「partials」フォルダー）内にあるファイル名から拡張子部分を取り除いたものです。header.htmlやfooter.hbsは、それぞれ'header', 'footer'という名前になります。

コントローラーアクションからテンプレートを利用する

では、作成したテンプレートファイルを使ってWebページを表示しましょう。今回は、「app.controller.ts」ファイル内にあるAppControllerクラスに新しいアクションメソッドを以下のように追記します。なお、import文の修正が必要になるので合わせて行ってください。

リスト5-19

```
// import { Controller, Render, Param, Body, Get, Post } from ↵
  '@nestjs/common'

@Get()
@Render('index')
index() {
  return {
    title: 'NestJS-MVC',
    message: 'NestJS + hbs = MVC application!'
  }
}
```

NestJS-MVC

NestJS + hbs = MVC application!

※これがサンプルページのコンテンツです。

copyright 2022 SYODA-Tuyano.

図5-11　トップページにアクセスすると、テンプレートファイルを使った表示が現れる。

これでアクションは完成です。アプリケーションのトップページ(http://localhost:3000/)にアクセスしてみてください。テンプレートファイルを使ったWebページが表示されます。

@Renderデコレーターについて

ここでは、まず@Getを使い、GETアクセスで呼び出されるようにしていますね。パスが記述されていないので、これはトップページ('/')にアクセスしたときに呼び出されるようになります。

その後にある「@Render」というのが、レンダリングに関するデコレーターです。これは、引数に指定した名前のテンプレートファイルをレンダリングすることを示しています。これにより、このindexアクションでは、「views」内の「index.hbs」ファイルをレンダリングして表示を作成するようになります。

テンプレートに値を渡す

後はreturnして抜け出せば、@Renderによって設定されたテンプレートファイルがレンダリングされ表示されるのですが、その際、テンプレートで使う値を渡す必要があります。そのためには、渡す値を用意しておかなければいけません。

今回のindexを見ると、以下のような値がreturnされていることがわかります。

```
return {
  title: 'NestJS-MVC',
  message: 'NestJS + hbs = MVC application!'
}
```

returnでオブジェクトが返されていますね。このオブジェクトには、titleとmessageという値が用意されています。このように、テンプレート側で必要な値をオブジェクトにまとめてreturnすれば、その値がテンプレートファイルで利用できるようになります。

フォームの送信

MVCベースの場合、データの送信はAjaxではなくフォームを使って送信をするのが一般的でしょう。これも実際に試してみることにします。

先ほど「views」フォルダー内に作成した「index.hbs」ファイルを開き、以下のように内容を修正しましょう。

リスト5-20

```
<!DOCTYPE html>
<html>
  <head>
    <title>{{title}}</title>
    <link href="https://cdn.jsdelivr.net/npm/bootstrap@5.0.2/dist/css/↵
      bootstrap.min.css" rel="stylesheet">
  </head>
  <body class="container mt-2">
    {{>header}}
    <form method="post" action="/">
      <div class="mb-3">
        <label for="msg" class="form-label">Message</label>
        <input type="text" class="form-control"
          id="msg" name="msg">
      </div>
      <div class="mb-3">
        <label for="name" class="form-label">Name</label>
        <input type="text" class="form-control"
          id="name" name="name">
      </div>
      <button type="submit" class="btn btn-secondary">送信</button>
    </form>
    {{>footer}}
  </body>
</html>
```

今回は、method="post" action="/"という属性を指定してフォームを作成しています。フォームに用意される項目は、msgとnameという2つを用意しました。このフォームを送信して処理を行うことにしましょう。

MsgDataクラスを用意する

送信するフォームの内容を扱うためのクラスを作成しましょう。「src」フォルダー内に「Msgdata.ts」という名前でファイルを作成してください。そして以下のように記述をしておきます。

リスト5-21

```
export default class MsgData {
  msg: string
  name: string
  posted: Date
}
```

msgとnameの他に、送信した日時を保管するpostedという項目も用意しておきました。これらのデータをフォームで送受信していきます。

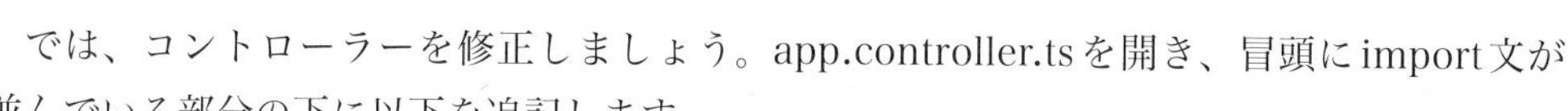

コントローラーのアクションを用意する

では、コントローラーを修正しましょう。app.controller.tsを開き、冒頭にimport文が並んでいる部分の下に以下を追記します。

リスト5-22

```
import MsgData from './Msgdata'
const msgs = []
```

これで、MsgDataクラスが扱えるようになりました。またmsgsという定数を用意し、ここに送信された情報を保管することにします。

アクションを作成する

では、AppControllerクラスにアクションを用意しましょう。先ほど作成した@Getのアクション(indexメソッド)を削除し、以下のメソッドをAppControllerクラスに追加してください。

リスト5-23

```
@Get()
@Render('index')
index() {
```

```
    console.log(msgs)
    return {
      title: 'NestJS-MVC',
      message: 'NestJS + hbs = MVC application!',
      data:msgs
    }
  }

  @Post()
  @Render('index')
  form(@Body() msg:MsgData) {
    msg.posted = new Date()
    msgs.unshift(msg)
    return {
      title: 'NestJS-MVC',
      message: 'posted: ' + JSON.stringify(msg),
      data:msgs
    }
  }
```

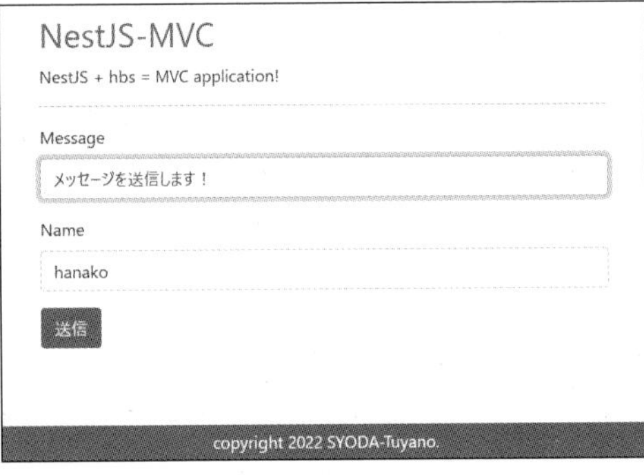

図5-12 フォームを送信すると、その内容がメッセージとして表示される。

修正したら、トップページ(/)にアクセスしてください。そしてフォームに値を入力して送信しましょう。送られたMsgDataオブジェクトの内容がJSONフォーマットでメッセージとして表示されます。

@Postと@Renderデコレーター

今回のアクションでは、formというメソッドで送信されたフォームの処理を行っています。このメソッドには、以下のようなデコレーターが付けられています。

```
@Post()
@Render('index')
```

@Postは、POST送信された際に呼び出されるメソッドであることを示すものでしたね。ここでは引数を省略し、トップページの'/'にアクセスした際に呼び出されるようにしてあります。

その次の「@Render」というのが、テンプレートエンジンによるレンダリングのためのデコレーターです。引数に使用するテンプレートファイル名を指定すると、そのファイルを読み込みレンダリングして表示します。

@Bodyによるデータの受け渡し

formメソッドを見ると、今回は以下のような形で定義されていることがわかるでしょう。

```
form(@Body() msg:MsgData) {……}
```

引数にはMsgDataの値が渡されており、これには「@Body」デコレーターが付けられています。この@Bodyデコレーターは、先にAjaxでPOST送信する処理を行うバックエンドのアクションで使いました。POST送信された内容を受け取るには、この@Bodyを利用します。これはAjaxでもフォーム送信でも違いはありません。

受け取ったMsgDataのpostedに現在の日時を設定し、msgsに追加して作業は終わりです。

```
msg.posted = new Date()
msgs.unshift(msg)
```

これでmsgsに送信された情報が蓄積されていきます。後は、returnで返送するオブジェクトのmessageに、msgの値をJSON.stringifyでテキストにしたものを設定して返すだけです。

なお、返信するデータには、data:msgsという項目も用意してあります。これで、保管した送信データmsgsをdataという名前でテンプレートに渡しています。

データを繰り返し出力する

ここでは、送信されたフォーム情報をすべてmsgsという定数の中に保管しています。こうした配列などにまとめられたデータを表示する場合、hbsでは以下のような記法が利用できます。

●繰り返し表示する

```
{{#each 値}}
  ……表示内容……
{{/each}}
```

配列などが設定された値を{{#each}}に設定すると、そこから値を順に取り出し、繰り返し出力を行えます。取り出された値は、{{this}}で出力することができます。またオブジェクトを取り出した場合は、そのオブジェクト内にあるプロパティなどをそのまま{{○○}}と名前で指定して出力させることができます。

送信フォームの内容を一覧表示する

先ほど作成したフォームの送信処理では、送られたフォームの情報をすべてmsgsという値にまとめていました。そして、このmsgsをdataという名前でテンプレートエンジンに渡していました。{{#each}}を使い、このdataから順にオブジェクトを取り出して出力させれば、送信された全メッセージを一覧表示することができるようになります。

実際にやってみましょう。index.hbsを開いて、適当な場所(</form>の下など)に以下のコードを追加してください。

リスト5-24

```
<table class="table">
  <thead>
    <tr><th>Message</th><th>Name</th><th>posted</th></tr>
  </thead>
  <tbody>
    {{#each data}}
      <tr>
        <td>{{msg}}</td>
        <td>{{name}}</td>
        <td>{{posted}}</td>
      </tr>
    {{/each}}
  </tbody>
</table>
```

Chapter 1
Chapter 2
Chapter 3
Chapter 4
Chapter 5
Chapter 6

NestJS-MVC

NestJS + hbs = MVC application!

Message

Name

送信

Message	Name	posted
やほー。いろいろ書いてみるよ。	sachiko	Thu Mar 03 2022 15:57:23 GMT+0900 (日本標準時)
いろいろ送信したものがすべて記録されていきます。長い文章も平気です。	hanako	Thu Mar 03 2022 15:56:52 GMT+0900 (日本標準時)
はろー、皆さんおげんきですか～	taro	Thu Mar 03 2022 15:56:32 GMT+0900 (日本標準時)
試しにメッセージを送信します。	hanako	Thu Mar 03 2022 15:56:17 GMT+0900 (日本標準時)

copyright 2022 SYODA-Tuyano.

図5-13 送信されたフォームの内容がテーブルにまとめて表示される。

保存したら先ほどと同様にフォームからメッセージを送信してみましょう。送られたメッセージがテーブルにまとめられて表示されます。

ここでは、以下のようにしてdataから順にオブジェクトを取り出し、出力をしています。

```
{{#each data}}
  <tr>
    <td>{{msg}}</td>
    <td>{{name}}</td>
    <td>{{posted}}</td>
  </tr>
{{/each}}
```

{{#each data}}で、dataから順にオブジェクトが取り出されていきます。その中の{msg}}、{{name}}、{{posted}}で、取り出したオブジェクトのmsg, name, postedプロパティの値を出力しているのですね。このように、{{# each}}を利用すると配列データを簡単に一覧表示できます。

セッションの利用

クライアントとサーバーの間で継続した接続を維持するのに利用されるのが「セッション」です。フォームを送信するなどして頻繁にページをリロードしたり移動したりするようになると、クライアントと継続した情報を維持する必要が生じます。例えばネットショップや、ログインして送信をするようなサイトでは、「今、アクセスしているのが誰か」がはっきりわからないと困ります。こうした場合に利用されるのがセッションです。

このセッションの機能も、NestJSの内部にあるExpressライブラリを利用します。では、Expressでセッションを利用するためのパッケージをインストールしましょう。コマンドプロンプト(ターミナル)から以下のコマンドを実行してください。

```
npm install express-session
npm install -D @types/express-session
```

1つ目のexpress-sessionが、Expressでセッションを利用するためのパッケージです。2つ目の@types/express-sessionは、express-sessionをTypeScriptで利用するためのものです。NestJSでセッションを利用するためにはこの2つが必要です。

main.tsでセッションを追加する

では、アプリケーションでセッション機能を使えるようにしましょう。これも、main.tsにコードを追記して対応します。main.tsの内容を以下のように書き換えてください。

(※☆のついた部分が追記したところです)

リスト5-25

```
import { NestFactory } from '@nestjs/core'
import { AppModule } from './app.module'
import { NestExpressApplication } from '@nestjs/platform-express'
import * as session from 'express-session' //☆
import { join } from 'path'
const hbs = require('hbs')

async function bootstrap() {
  const app = await NestFactory
    .create<NestExpressApplication>(AppModule)
  app.setBaseViewsDir(join(__dirname, '..', 'views'))
  app.setViewEngine('hbs')
  app.use(session({ //☆
    secret: 'sample-secret-key', //☆
```

```
    resave: false, //☆
    saveUninitialized: false, //☆
  })) //☆
  hbs.registerPartials(join(__dirname, '..', 'views', 'partials'))
  await app.listen(3000)
}
bootstrap()
```

セッション機能は、express-sessionモジュールとして用意されています。ここでは以下のようにしてモジュールをsessionにインポートしています。

```
import * as session from 'express-session'
```

セッションの組み込みは、NestExpressApplicationの「use」というメソッドで行います。これは、NestExpressApplicationのアプリケーションにモジュールを組み込むのに使われます。

```
《NestExpressApplication》.app( モジュール )
```

セッションのモジュールは、「session」という関数を使って作成します。これは以下のような形で呼び出します。

```
session({…設定…})
```

引数に、セッションの設定情報をオブジェクトにまとめたものを用意してます。こうして作成されたsessionモジュールをuseでアプリケーションに組み込めば、セッションが使えるようになります。

ここで記述したコードを見ると、このようになっていました。

```
app.use(session({
  secret: 'sample-secret-key',
  resave: false,
  saveUninitialized: false,
}))
```

session関数の引数に、3つの項目からなるオブジェクトが用意されていることがわかるでしょう。

secretは、セッションで使う秘密キーで、これはそれぞれで自由にテキストを設定してください。resaveとsaveUninitializedは、セッションの値に関する設定で、セッションストアへの保存と、初期化されない値の保存に関するものです。これらは、「この通りに設定を用意する」と覚えておけばいいでしょう。

フォームを修正する

では、コントローラーの修正の前に、テンプレートファイルのフォームを少し修正しておきましょう。index.hbsのフォームにあるname="name"の<input>を以下のように修正してください。

リスト5-26

```
<input type="text" class="form-control"
  id="name" name="name" value="{{username}}">
```

わかりますか？ value="{{username}}"という属性を追加しています。これで、コントローラー側で用意したusernameという値が初期値として設定されるようになります。

コントローラーのアクションを修正する

では、コントローラーのアクションを修正し、セッションを利用するようにしてみましょう。app.controller.tsを開き、まず冒頭にあるControllerなどをインポートしているimport文を以下のように修正します。

リスト5-27

```
import { Controller, Render, Param, Body, Get, Post, Session } from ↵
  '@nestjs/common'
```

わかりますか？ Sessionが新たに追加されています。これがセッションのオブジェクトになります。

では、AppControllerクラスにあるindexとformメソッドでセッションを使うようにしましょう。この2つのメソッドを以下のように修正してください。

リスト5-28

```
@Get()
@Render('index')
index(@Session() session: Record<string, any>) {
  const username = session.username ? session.username : '（未入力）'
  return {
    title: 'NestJS-MVC',
```

```
    message: 'Username: ' + username,
    username: session.username,
    data:msgs
  }
}

@Post()
@Render('index')
form(@Body() msg:MsgData, @Session() session: Record<string, any>) {
  msg.posted = new Date()
  session.username = msg.name
  msgs.unshift(msg)
  return {
    title: 'NestJS-MVC',
    message: 'posted:' + JSON.stringify(msg),
    username: session.username,
    data:msgs
  }
}
```

NestJS-MVC

Username: Hanako

Message

Name

Hanako

送信

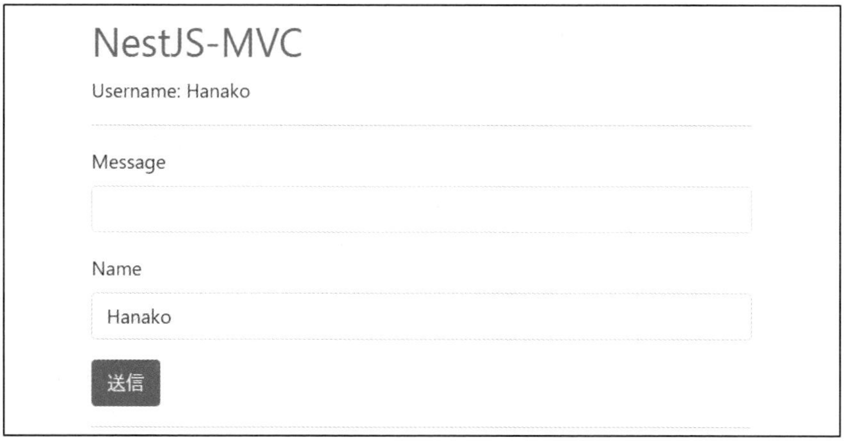

図5-14 フォームを送信すると、そのnameがユーザー名としてセッションに保存される。

フォームにメッセージと名前を書いて送信すると、その名前がユーザー名としてセッションに保存されます。そしてアクセスするとメッセージにユーザー名が表示され、名前のフィールドにユーザー名が自動的に設定されるようになります。

@SessionによるRecord引数の指定

では、修正したメソッドを見てみましょう。今回、2つのメソッドは以下のような形に変わっています。

```
index(@Session() session: Record<string, any>) {……}
form(@Body() msg:MsgData, @Session() session: Record<string, any>) {……}
```

どちらも、引数に「session」という項目が増えています。これは、Record<string, any>という型が指定されていますね。Recordは、セッションに保管される値の型です。セッションの値は、保管する値の名前と値がセットになっています。それを管理するのがRecordです。

このsessionには、「@Session」というデコレーターが付けられています。これにより、sessionにセッションが自動的に割り当てられます。

後は、ただsessionにある値を取り出したり変更したりするだけです。indexでは、まずセッションの値を定数usernameに取り出しています。

```
const username = session.username ? session.username : '(未入力)'
```

ここではユーザー名を「username」という名前で保管しています。この値があれば、そのままsession.usernameを取り出して使い、値がまだなければ'(未入力)'という値を設定するようにしています。

後は、テンプレート側にusername: session.usernameとしてセッションに保管されているユーザー名を渡すだけです。セッションの値がこれでテンプレートで使えるようになります。

TypeORMによるデータベースアクセス

TypeORMについて

NestJSはバックエンドの作成に広く利用されており、バックエンドの処理ではデータベースは必須ともいえます。どのようなデータベースにも対応できるよう、NestJSは標準で固有のデータベース機能を用意するのではなく、さまざまなデータベース用パッケージを組み込んで使えるようにしています。

ここでは、「TypeORM」というデータベースを利用することにします。TypeORMは、TypeScriptに完全対応したORM（Object-Relational Mapping）フレームワークです。データベーステーブルに対応する「エンティティ」と呼ばれるクラスを作成し、これを使ってデータを作成します。

多くのORMでは、データの構造を定義するクラスの中にデータベースアクセスの機能も盛り込んでおり、すべて1つのクラスで操作をしますが、TypeORMはデータベースアクセスの機能はエンティティとは別に「リポジトリー」と呼ばれるものを使って行うようになっており、データ構造とアクセス手段がきれいに分かれています。

またTypeORMはデコレーターを多用して細かな設定を行えるようになっており、シンプルなコードでデータベースを扱えます。JavaScript用ORMの中でも非常に整理された設計がされているフレームワークといえるでしょう。

TypeORMをインストールする

では、アプリケーションでTypeORMを使えるようにしましょう。ここでは、TypeORMからSQLite3を利用してデータベース処理を行います。このため、全部で3つのパッケージをインストールする必要があります。

コマンドプロンプトまたはターミナルでカレントディレクトリがアプリケーションフォルダー内にあるのを確認し、以下のコマンドを順に実行していってください。

```
npm install sqlite3
npm install typeorm
npm install @nestjs/typeorm
```

これで、NestJSからTypeORMを使ってSQLite3にアクセスするのに必要なものがすべて揃います。

 TypeORMの設定ファイルを用意する 

TypeORMを利用するには、まずTypeORMの設定ファイルを作成する必要があります。アプリケーションフォルダーの中に「ormconfig.json」というファイルを作成してください。設定ファイルはこの名前で作成する必要があります。

ファイルを用意したら、以下のように内容を記述しましょう。

リスト5-29

```
{
  "type": "sqlite",
  "database": "database/db.sqlite3",
  "entities": [
    "dist/entities/**/*.entity.js"
  ],
  "migrations": [
    "dist/migrations/**/*.js"
  ]
}
```

ここにはSQLite3データベースを利用する設定が4つ用意されています。それぞれの役割を整理しておきましょう。

type	データベースの種類を指定します。ここで、"sqlite3"を指定します。
database	データベースファイルを指定します。今回は「database」フォルダー内に「db.sqlite3」という名前で配置します。
entities	データベースアクセスに用いる「エンティティ」というファイルを指定します。ここでは「dist」フォルダー内の「enitties」フォルダーの中に「○○.entity.js」という名前で配置するようにしておきます。
migrations	データベースの更新を行う「マイグレーション」というファイルを指定します。ここでは「dist」フォルダー内の「migrations」フォルダーの中に配置するようにしておきます。

これらの設定は、SQLite3で使う前提で記述されています。その他のデータベースを利用する場合は、設定内容が変わるので注意してください。

コラム 「dist」フォルダーとは？ Column

ormconfig.jsonでは、エンティティとマイグレーションというファイルを指定するのに「dist」というフォルダーを指定していました。このフォルダーは、アプリケーションをビルドすると作成されるフォルダーです。NestJSでは、作成したソースコードはそのままアプリケーションで動いているわけではなく、ビルドによって生成されたソースコードを元に実行されます。そのため、ビルド後に使われる「dist」フォルダー内のファイルを指定しているのです。

「dist」フォルダー内には、「src」フォルダー内に作成したソースコードファイルと同じ名前のファイルが作成されていますが、開いてみると中身はかなり変わっていることに気づくでしょう。両者を比べてみると、記述したソースコードがどう変わっているのかよくわかります。

エンティティを設計する

TypeORMでデータベースを利用するためには、さまざまなものを作成していく必要があります。整理するとこのようなものです。

- エンティティ。これでデータの構造を定義する。
- データベーステーブル。マイグレーションという機能で作成する。
- モジュール。サービスとコントローラーをまとめる。
- サービス。データベースにアクセスする機能を用意する。
- コントローラー。クライアントからのアクセスの処理を用意する。

これらを順に作成していきます。

まず最初に作成するのは「エンティティ」ですが、これを作るには、どのようなデータを保存するのか、データの構造を考えておかなければいけません。今回はサンプルとして、メモを記録するエンティティを考えてみます。用意する項目はこのようなものです。

- メモのコンテンツ(テキスト)
- メールアドレス
- URL

この他に、データに割り当てられるIDとなる項目や、データの作成日時・更新日時なども保管できるようにしておくと便利でしょう。これらの項目を扱うエンティティを作成していきます。

Sampledataエンティティを作る

では、エンティティを作成しましょう。エンティティは、TypeScriptのソースコードファイルとして作成します。今回は、「Sampledata」という名前でエンティティを作成することにしましょう。

「src」フォルダーの中に、「sampledata.entity.ts」という名前でファイルを作成してください。これがエンティティのファイルです。そして、以下のようにソースコードを記述しましょう。

リスト5-30

```
import { Entity, Column, PrimaryGeneratedColumn,
  CreateDateColumn, UpdateDateColumn } from 'typeorm'

@Entity()
export class Sampledata {
  @PrimaryGeneratedColumn()
  id: number

  @Column({ length: 255 })
  memo: string

  @Column({ length: 10000, nullable:true })
  mail: string

  @Column({ length: 200, nullable:true })
  url: string

  @CreateDateColumn()
  created: Date

  @UpdateDateColumn()
  updated: Date
}
```

ここでは、export class Sampledata {…}というように、Sampledataクラスを定義してエクスポートしています。このSampledataが、エンティティのクラスです。

@Entityデコレーター

エンティティであるSampledataクラスには、その前に「@Entity」というデコレーターが付けられています。これは、このクラスがエンティティであることを示すものです。

エンティティクラスには必ずこの@Entityデコレーターを付けておく必要があります。これがないとエンティティと認識されないので注意してください。

@PrimaryGeneratedColumnについて

では、Sampledataクラスを見てみましょう。この中には、いくつかのプロパティが用意されています。一番最初にあるのが、以下のようなものです。

```
@PrimaryGeneratedColumn()
id: number
```

idというnumber型のプロパティです。エンティティのプロパティは、このように「名前:型」というようにして型を必ず指定しておきます。

プロパティの手前には、「@PrimaryGeneratedColumn」というデコレーターが付けられています。これは、「値を自動生成するプライマリキーの項目」を示すものです。

データベーステーブルには、必ず「プライマリキー」と呼ばれる項目が用意されます。これはテーブルに保管されているレコードを識別するのに使われるものです。このデコレーターは、プライマリキーの項目を指定します。

@Columnで項目を定義する

その後には、memo, mail, urlといった項目が並んでいます。これらにはいずれも「@Column」というデコレーターが付けられています。各項目を見てみましょう。

```
@Column({ length: 255 })
memo: string

@Column({ length: 10000, nullable:true })
mail: string

@Column({ length: 200, nullable:true })
url: string
```

@Columnは、このプロパティがデータベーステーブルに保管される項目であることを示します。()には、その項目に関する設定情報をまとめたオブジェクトが用意されます。ここでは以下のようなものが使われています。

length	値の長さ。テキストなら最大文字数を示す値。
nullable	未入力を許可するかどうか。trueならば許可する。

この他にも設定はいろいろ用意されていますが、この2つだけ知っていれば基本的な型の項目は作成できるでしょう。

@CreateDateColumn/@UpdateDateColumnによる日時の項目

その後には、createdとupdatedという項目があります。これらには、また違ったデコレーターが設定されていますね。

```
@CreateDateColumn()
created: Date

@UpdateDateColumn()
updated: Date
```

これらは、日時の値を自動設定するためのものです。@CreateDateColumnは作成時、@UpdateDateColumnは更新時に値を現在の日時に更新することを示します。これらの値は、型をDateにしておきます。

マイグレーションについて

エンティティができても、まだデータベースは使えません。何しろ、データベースにはまだ何も用意されていないのですから。

このエンティティの内容を元に手作業でデータベースにテーブルを定義してもいいのですが、NestJSにはもっと便利な機能があります。それが「マイグレーション」です。

マイグレーションは、データベースを最新の状態に更新するための機能です。用意されたエンティティの情報などを元に、それに対応するテーブルをデータベース側に生成するのもマイグレーションで行います。

マイグレーションを利用するためには、まず更新情報を記録したマイグレーションファイルを作成する必要があります。コマンドプロンプト(ターミナル)から以下のコマンドを実行してください。

```
npm run build
npx typeorm migration:generate -n sampledata_migration -d src/migrations
```

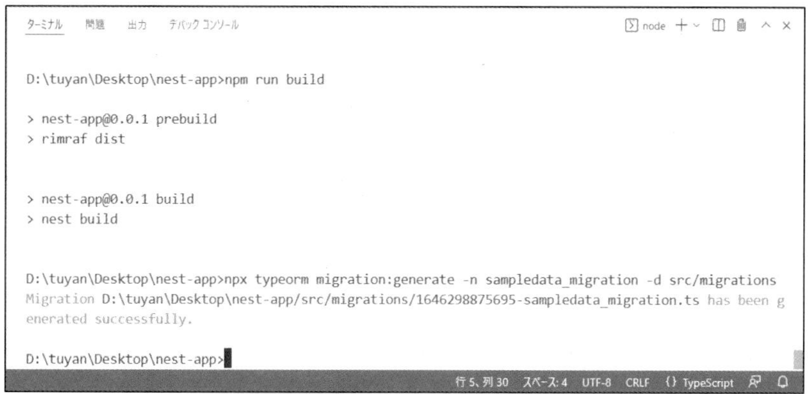

図5-15 マイグレーションファイルを作成する。

「npm run build」は、アプリケーションのビルドを実行するコマンドです。マイグレーションは、必ずこれを実行して最新の状態にビルドしてから行います。

その後にあるコマンドがマイグレーションを実行するためのもので、以下のように記述をします。

```
npx typeorm migration:generate -n ファイル名 -d 保存場所
```

今回は、ファイル名を「sampledata_migration」と指定しました。これで、「数値-sampledata_migration.ts」というファイル名でマイグレーションファイルが作成されます（冒頭の数値は作成した日時を表す値になります）。保存場所は「src」フォルダー内に「migrations」というフォルダーを作成し、そこに保存するようにしています。

コマンド実行後、「migrations」フォルダーにマイグレーションファイルが用意されているのを確認しましょう。

マイグレーションの実行

では、マイグレーションを実行しましょう。コマンドプロンプトから以下のコマンドを実行してください。

```
npm run build
npx typeorm migration:run
```

```
ターミナル　問題　出力　デバッグ コンソール

D:\tuyan\Desktop\nest-app>npx typeorm migration:run
query: SELECT * FROM "sqlite_master" WHERE "type" = 'table' AND "name" = 'migrations'
query: CREATE TABLE "migrations" ("id" integer PRIMARY KEY AUTOINCREMENT NOT NULL, "timestamp" bigint NOT NULL, "name" varchar NOT NULL)
query: SELECT * FROM "migrations" "migrations" ORDER BY "id" DESC
0 migrations are already loaded in the database.
1 migrations were found in the source code.
1 migrations are new migrations that needs to be executed.
query: BEGIN TRANSACTION
query: CREATE TABLE "sampledata" ("id" integer PRIMARY KEY AUTOINCREMENT NOT NULL, "memo" varchar(255) NOT NULL, "mail" varchar(10000), "url" varchar(200), "created" datetime NOT NULL DEFAULT (datetime('now')), "updated" datetime NOT NULL DEFAULT (datetime('now')))
query: INSERT INTO "migrations"("timestamp", "name") VALUES (?, ?) -- PARAMETERS: [1646298875695,"sampledataMigration1646298875695"]
Migration sampledataMigration1646298875695 has been executed successfully.
query: COMMIT

D:\tuyan\Desktop\nest-app>
```

図5-16　マイグレーションを実行する。

再度ビルドをしてからマイグレーションを実行します。これでSQLite3のデータベースファイルにエンティティを保管するテーブルが生成されます。

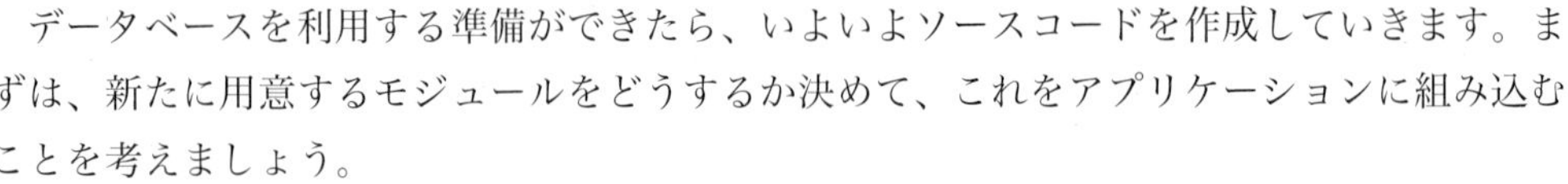

モジュールを組み込む

データベースを利用する準備ができたら、いよいよソースコードを作成していきます。まずは、新たに用意するモジュールをどうするか決めて、これをアプリケーションに組み込むことを考えましょう。

NestJSでは、プログラムは「モジュール」「サービス」「コントローラー」といったものがセットで用意され、これらが組み合わせられて動いていました。新たにSampledataエンティティを利用するプログラムを作成するのであれば、この3つを新たに用意し、その中で使うようにしたいところです。

今回は、以下のように各部品を用意することにしましょう。

●モジュール

```
SampledataModule (sampledata.module.ts)
```

●サービス

```
SampledataService (sampledata.service.ts)
```

●コントローラー

```
SampledataController (sampledata.controller.ts)
```

サービスとコントローラーはモジュールでまとめられます。このモジュールを、アプリケーションのモジュール(AppModule)にインポートし使えるようにすれば、新たに追加する3つのコードがすべて利用できるようになります。

AppModuleにSampledataModuleを組み込む

では、それぞれのソースコードを作る前に、モジュールの組み込み処理を作成しておきましょう。「app.module.ts」ファイルを開き、以下のように内容を修正してください。

リスト5-31

```
import { Module } from '@nestjs/common'
import { AppController } from './app.controller'
import { AppService } from './app.service'
import { ServeStaticModule } from '@nestjs/serve-static'
import { join } from 'path'
import { TypeOrmModule } from '@nestjs/typeorm' //☆
import { SampledataModule } from './sampledata/sampledata.module' //☆

@Module({
  imports: [
    ServeStaticModule.forRoot({
      rootPath: join(__dirname, '..', 'public'),
    }),
    TypeOrmModule.forRoot(), //☆
    SampledataModule, //☆
  ],
  controllers: [AppController],
  providers: [AppService],
})
export class AppModule {}
```

☆マークのつけられたところが新たに追記した部分になります。今回は、TypeORMのモジュール(TypeOrmModule)と、これから作成するSampledataModuleをAppModuleに追加し、アプリケーションで利用できるようにしています。

ここでは、@Moduleの引数オブジェクトにある「imports」に値を追加しています。

```
imports: [
  ……略……,
  TypeOrmModule.forRoot(),
  SampledataModule,
]
```

Chapter 1 Chapter 2 Chapter 3 Chapter 4 Chapter 5 Chapter 6

TypeOrmModuleは「forRoot」というメソッドで返されるモジュールを追加します。SampledataModuleはそのまま記述すればOKです。これで、TypeORMとSampledataのモジュールがアプリケーションで使えるようになります。

SampledataModuleモジュールの作成

では、Sampledata関連のコードを作成していきましょう。まずはモジュールからです。これは、nestコマンドを使って作成します。

```
nest generate module モジュール名
```

このように、コマンドの最後に作成するモジュールの名前をつけて呼び出せば、そのためのファイルが作成されます。ではコマンドプロンプト(ターミナル)から、以下のコマンドを実行してください。

```
nest generate module sampledata
```

モジュールの作成は、「nest generate module 名前」というコマンドを使って行います。これで、「src」内に「sampledata」というフォルダーが作られ、その中に「sampledata.module.ts」というファイルが作成されます。モジュールのソースコードファイルは、このようにモジュール名のフォルダーの中に「名前.module.ts」というファイル名で作成されます。

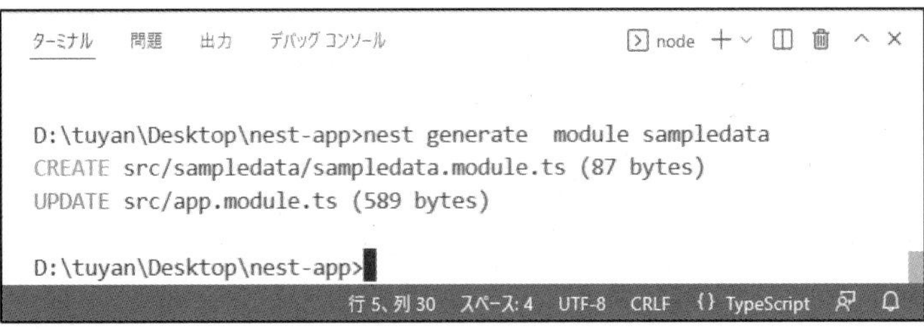

図5-17　Sampledataのモジュールを作成する。

sampledata.module.tsのコードを記述する

では、ソースコードを記述しましょう。作成された「sampledata.module.ts」ファイルを開き、以下のように記述してください。

リスト5-32

```
import { Module } from '@nestjs/common'
import { TypeOrmModule } from '@nestjs/typeorm'
import { SampledataService } from './sampledata.service'
import { SampledataController } from './sampledata.controller'
import { Sampledata } from 'src/entities/sampledata.entity'

@Module({
  imports: [TypeOrmModule.forFeature([Sampledata])],
  providers: [SampledataService],
  controllers: [SampledataController]
})
export class SampledataModule {}
```

ここでは、「src」内の「sampledata」フォルダー内にサービスとコントローラーのファイル(sampledata.service.ts、sampledata.controller.ts)が、そして「src」内の「entities」フォルダー内にエンティティファイル(sampledata.entity.ts)が配置されている、ものとして作成してあります。

記述されているimport文を見てみましょう。

●NestJSの基本モジュール

```
import { Module } from '@nestjs/common'
```

●TypeORMモジュール

```
import { TypeOrmModule } from '@nestjs/typeorm'
```

●Sampeldata関連のモジュール

```
import { SampledataService } from './sampledata.service'
import { SampledataController } from './sampledata.controller'
import { Sampledata } from 'src/entities/sampledata.entity'
```

NestJSとTypeORM以外はすべてSampledata関連のものです。これらをすべてインポートし、@Moduleに設定しています。@Moduleの引数に用意されるオブジェクトでは、以下の3つの項目が用意されています。

```
imports: [TypeOrmModule.forFeature([Sampledata])],
providers: [SampledataService],
controllers: [SampledataController]
```

「TypeOrmModule.forFeature」というのは、引数に指定したエンティティを利用するためのものです。他にプロバイダーとコントローラーにそれぞれサービスとコントローラーを用意します。このあたりの基本的な書き方は、デフォルトで用意されるAppModuleとほぼ同じことがわかるでしょう。

 SampledataServiceサービスの作成 

続いて、サービスです。サービスの作成も、以下のようなnestコマンドで行うことができます。

```
nest generate service サービス名
```


コマンドの最後に作成するサービス名を指定して実行すれば、ファイルが作られます。では、以下のコマンドを実行してください。

```
nest generate service sampledata
```

これで、「src」内の「sampledata」内に「sampledata.service.ts」ファイルが作成されます（この他、「sampledata.service.spec.ts」というファイルも作られますが、これはテスト用のファイルです）。

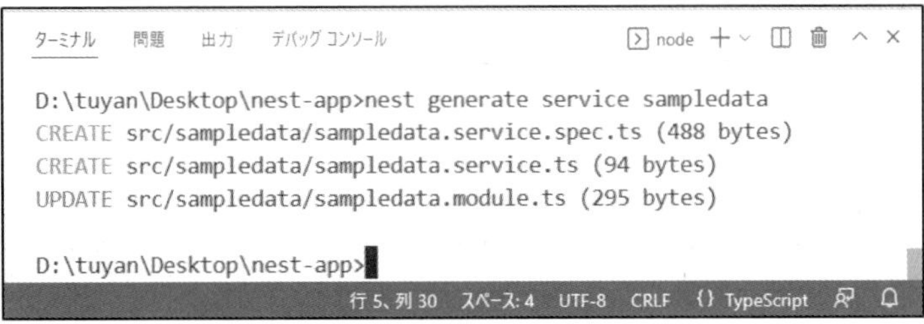

ターミナル 問題 出力 デバッグ コンソール
node
D:\tuyan\Desktop\nest-app>nest generate service sampledata
CREATE src/sampledata/sampledata.service.spec.ts (488 bytes)
CREATE src/sampledata/sampledata.service.ts (94 bytes)
UPDATE src/sampledata/sampledata.module.ts (295 bytes)
D:\tuyan\Desktop\nest-app>
行 5、列 30 スペース: 4 UTF-8 CRLF {} TypeScript

図5-18　サービスを作成する。

sampledata.service.tsのコードを記述する

では、作成されたsampledata.service.tsのソースコードを記述しましょう。ファイルを開き、以下のように内容を記述してください。

リスト5-33

```
import { Injectable } from '@nestjs/common'
import { InjectRepository } from '@nestjs/typeorm'
```

```
import { Repository } from 'typeorm'
import { Sampledata } from 'src/entities/sampledata.entity'

@Injectable()
export class SampledataService {
  constructor(
    @InjectRepository(Sampledata)
    private readonly sampledataRepository: Repository<Sampledata>
  ) {}

  async getAll():Promise<Sampledata[]> {
    return await this.sampledataRepository.find()
  }
}
```

サービスは、@Injectableデコレーターをつけて作成をしましたね。ここでも@nestjs/commonからInjectableをインポートして使っています。

今回は、この他にもう1つ、「@InjectRepository」というデコレーターも使っています。これは@nestjs/typeormという、NestJSでTypeORMを利用するためのモジュールに用意されているものです。

SampledataServiceクラスのコンストラクター（初期化処理のメソッド）を見てみると、このような引数が用意されています。

```
@InjectRepository(Sampledata)
private readonly sampledataRepository: Repository<Sampledata>
```

この@InjectRepositoryというデコレーターは、「リポジトリー」という機能を利用するためのものです。リポジトリーは、データベースにアクセスしてエンティティをやり取りするための機能を提供するオブジェクトです。

引数にこの@InjectRepositoryを指定することで、リポジトリーであるRepositoryオブジェクトが自動的に引数に割り当てられるようになります。デコレーターの引数にはSampledataが指定されており、これはSampledataエンティティを利用するためのリポジトリーが設定されることを示します。

リポジトリーのメソッドを利用する

このSampledataServiceには、データベース利用のサンプルとして「getAll」というメソッドを1つだけ用意しておきました。以下のようなものです。

```
async getAll():Promise<Sampledata[]> {
  return await this.sampledataRepository.find()
}
```

戻り値には、Promise<Sampledata[]>という型が指定されていますね。Promiseというのは、非同期処理で使われるオブジェクトで、この<>内に書かれているのが実質的な戻り値になります。ここでは、Sampeldataエンティティの配列が返されるようになっているのですね。

実行している処理を見ると、コンストラクターの引数で用意されたsampledataRepositoryというリポジトリーから「find」というメソッドを呼び出しているのがわかります。このfindは、リポジトリーに指定されたエンティティを取得するものです。引数なしで呼び出すと、リポジトリーに設定されたエンティティをすべて取得します。

エンティティというのは、対応するデータベーステーブルにあるレコードをORMで扱うためのものです。findは、データベーステーブルからすべてのレコードを取得し、それらをエンティティの配列という形にして返すものだったわけです。

TypeORMでは、こんな具合に「リポジトリーにあるメソッドを呼び出してデータベースを操作する」というやり方でデータを扱います。

SampledataControllerコントローラーの作成

残るは、コントローラーですね。これもコマンドを使って実行します。以下のnestコマンドを実行すればコントローラーが作られます。

```
nest generate controller コントローラー名
```

では、コマンドプロンプト(ターミナル)から以下のように実行し、コントローラーファイルを作成しましょう。

```
nest generate controller sampledata
```

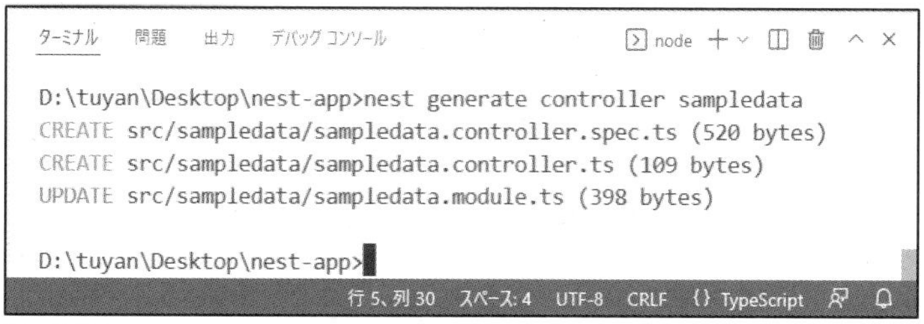

```
ターミナル  問題  出力  デバッグ コンソール                    node

D:\tuyan\Desktop\nest-app>nest generate controller sampledata
CREATE src/sampledata/sampledata.controller.spec.ts (520 bytes)
CREATE src/sampledata/sampledata.controller.ts (109 bytes)
UPDATE src/sampledata/sampledata.module.ts (398 bytes)

D:\tuyan\Desktop\nest-app>
                    行 5、列 30  スペース: 4  UTF-8  CRLF  {} TypeScript
```

図5-19　コントローラーを作成する。

これで「src」内の「sampledata」フォルダーの中に「sampledata.controller.ts」ファイルが作られます。これがコントローラーのソースコードファイルです(sampledata.controller.spec.tsも作られますが、これはテスト用ファイルなので省略します)。

sampledata.controller.tsのコードを作成する

では、作成されたsampledata.controller.tsを開き、中のソースコードを以下のように記述しましょう。

リスト5-34
```
import { Controller, Get } from '@nestjs/common';
import { SampledataService } from './sampledata.service';

@Controller('sampledata')
export class SampledataController {
  constructor(private readonly sampledataService: SampledataService) {}

  @Get('/')
  root():Promise<Sampledata[]> {
    return this.sampledataService.getAll()
  }

}
```

ここでは、@Controllerデコレーターの引数に'sampledata'と指定をしていますね。これはコントローラーを利用するパスのプレフィクス(接頭テキスト)です。例えば、ここに用意されたアクションメソッドには@Get('/')と指定していますが、これは'/'ではなく、'/sampledata/'というパスに割り当てられます。/sampledataというパスの下にすべてのアクションが割り当てられるわけですね。

コントローラーのコンストラクターでは、引数にSampledataServiceサービスが指定されています。このサービスを使ってデータベース操作を行うことになります。

@Get('/')に割り当てられているrootメソッドでは、Promise<Sampledata[]>というようにSampledata配列が非同期で返されるようになっています。このメソッドでは、SampledataServiceの「getAll」メソッドを呼び出し、その戻り値がreturnされています。getAllは、先ほど作ったSampledataServiceに用意してありましたね。これは全Sampledataエンティティを取得する働きをするものでした。その戻り値をそのままアクションの戻り値として返しているだけです。

エンティティ配列を返していることからもわかるように、このアクションはバックエンドとして利用することを考えて作っています。テンプレートを使ってページを作って表示するような形では考えていません。

/sampledataにアクセスする

一通りファイルが完成したら、アプリケーションを実行し、http://localhost:3000/sampledata/にアクセスしてみましょう。すると、現在保管されているSampledataのデータがJSONフォーマットにまとめて表示されます。といっても、まだ現時点では何もデータは用意していないのでからの配列が表示されるだけです。

ただ、エラーもなく空の配列が表示されたなら、コードは正常に動いていることがわかります。データベースアクセス自体は問題ないと考えていいでしょう。

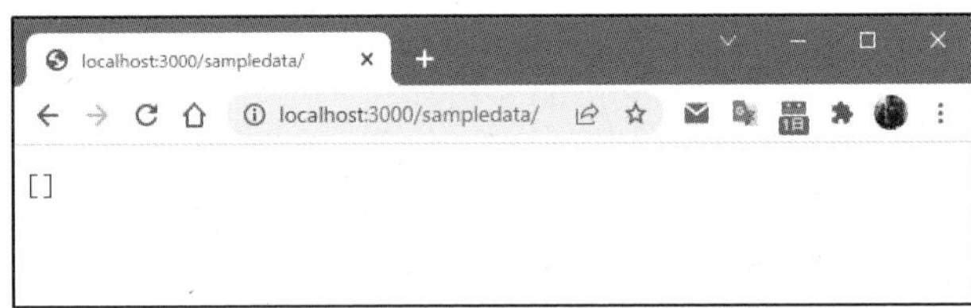

図5-20 アクセスすると、[]と空の配列だけが表示される。

コラム db.sqlite3データベースファイルについて Column

SQLite3の使い方がわかっている人なら、データベースファイルを直接編集してダミーデータを追加しておくと、より動作の確認がしやすいでしょう。

アプリケーションフォルダー内にある「database」というフォルダーの中に「db.sqlite3」というファイルがあります。これが、アプリケーションのSQLite3で使っているデータベースファイルです。

このファイルにある「sampledata」テーブルにレコードを追加すれば、/sampledataでそれらが表示されるようになります。

図5-21　db.sqlite3にダミーデータを追加すると、このように表示される。

Chapter 1 Chapter 2 Chapter 3 Chapter 4 Chapter 5 Chapter 6

Section 5-5 データベースアクセスをマスターする

Sampledataの一覧を表示する

では、データベースが一通り使えるようになったところで、エンティティとリポジトリーを使ったデータベースアクセスについて考えていくことにしましょう。

まずは、既に作成した「全エンティティの取得」機能を使って、データを表示するページを作成してみます。/sampledataに用意したアクションはエンティティをJSONで返すものです。これを利用してデータを取得し表示するならば、HTMLファイルとしてページを作成し、その中からAjaxで/sampledataにアクセスして結果を受け取り、それを表示するような処理を用意することになるでしょう。

では、実際にやってみましょう。「public」フォルダーに「sampledata.html」というファイルを作成してください。そしてその中に以下のコードを記述しましょう。

リスト5-35

```
<!DOCTYPE html>
<html>
  <head>
    <title>NestJS</title>
    <link href="https://cdn.jsdelivr.net/npm/bootstrap@5.0.2/dist/css/↵
      bootstrap.min.css" rel="stylesheet">
  </head>
  <body class="container mt-2" onload="getData()">
    <h1 class="display-6 text-primary">
      <strong>NestJS+TypeORM</strong>
    </h1>
    <div id="result" class="my-3">
      <p id="msg">※データを送信します。</p>
    </div>
    <table class="table">
      <thead>
        <tr><th>Memo</th><th>Created</th></tr>
      </thead>
```

```
      <tbody id="tbody"></tbody>
    </table>
    <div class="my-3"> </div>
    <div style="width:100%"
      class="fixed-bottom bg-secondary p-1">
      <p class="text-center text-white m-0">
        copyright 2022 SYODA-Tuyano.</p>
    </div>
    <script>
      function getData() {
        fetch('/sampledata')
          .then(response => response.json())
          .then(data => makeTable(data))
      }

      function makeTable(data) {
        var result = ''
        for (var item of data) {
          result += `<tr><td>${item.memo}</td><td>${item.created}</td>↲
            </tr>`
        }
        document.querySelector('#tbody').innerHTML = result
      }
    </script>
  </body>
</html>
```

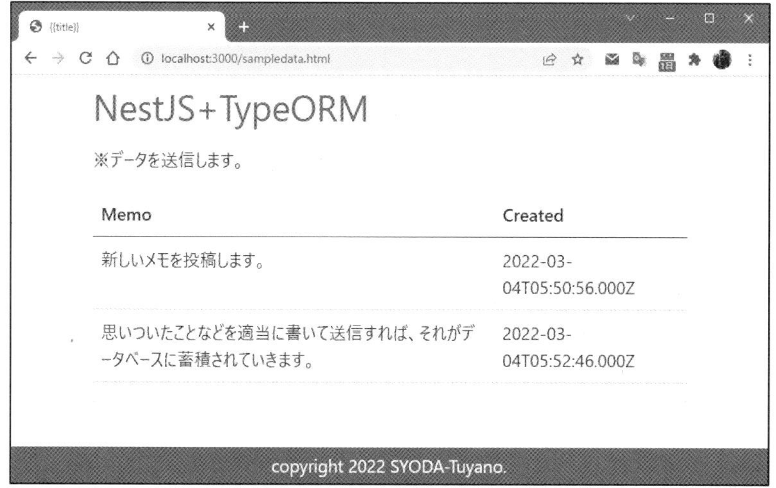

図5-22 /sampledata.htmlにアクセスすると、Sampledataエンティティの一覧が表示される。なお、図はいくつかデータを追加した状態のもの。

作成できたら、/sampledata.htmlにアクセスしてみましょう。画面にSampledataのメモと作成日がテーブルにまとめて表示されます。

ここでは、getDataという関数でバックエンドにアクセスして結果を取得しています。これは以下のように行っています。

```
fetch('/sampledata')
  .then(response => response.json())
  .then(data => makeTable(data))
```

fetch関数は既に使いましたね。まずfetch('/sampledata')で指定のパスにアクセスをし、then(response => response.json())で受け取った結果をJSONに変換し、then(data => makeTable(data))では変換されたデータを引数にmakeTable関数を呼び出しています。

makeTableでは、引数に渡されたSampledataエンティティの配列を元にテーブルの内容を作成し表示しています。データを元にテーブルを作成しているのは以下の部分です。

```
for (var item of data) {
  result += `<tr><td>${item.memo}</td><td>${item.created}</td></tr>`
}
```

forを使ってdataから順に値を取り出し、その中からmemoとcreatedの値をテーブルの行データとして埋め込んでいます。これをひたすら繰り返していけば、データを表示するテーブルのHTMLタグがテキストとしてまとめられます。後はそれを<table>の<tbody>に組み込んで表示するだけです。

既にfetchによるバックエンドへのアクセスは行っていますから、後は「どのようなデータが返され、それをどう利用すればいいか」を考えるだけです。JSONデータの場合、jsonメソッドを使ってJavaScriptのオブジェクトに戻せますから、データの利用は非常に簡単になります。

今回は、Sampledataエンティティの配列ですから、繰り返しを使って順にエンティティを取り出し、必要な値をテキストにまとめていくだけです。fetchの操作に慣れれば、Ajaxによるアクセスも意外と簡単ですね！

新しいエンティティを追加する

続いて、Sampledataのエンティティを作成し、データベースに追加する処理を考えてみましょう。これにはサービスとコントローラーの両方に追加が必要になります。

サービス	リポジトリーを使ってエンティティを追加するメソッドを用意する。
コントローラー	送信されたデータを元に、サービスのメソッドを呼び出してエンティティを追加するアクションを用意する。

これらを用意したら、HTMLのJavaScriptを使ってコントローラーにAjax送信する処理を用意することになります。では、順に作成していきましょう。

sampledata.service.tsへの追加

まずはサービスの追加です。sampledata.service.tsを開き、SampledataServiceクラスに以下のメソッドを追加しましょう。なお、import文も一部書き換えが必要なので忘れずに行ってください。

リスト5-6

```
// import { InsertResult, Repository } from 'typeorm' // 修正

async addSampledata(obj): Promise<InsertResult> {
  return this.sampledataRepository.insert(obj)
}
```

addSampledataメソッドでは、Sampledataのリポジトリーにある「insert」というメソッドを実行しています。これはエンティティを追加するもので以下のように呼び出します。

```
《Repository》.insert( エンティティ )
```

エンティティの追加は、引数にエンティティのオブジェクトを指定してinsertメソッドを呼び出すだけです。実に単純ですね！

戻り値はInsertResultという実行結果の情報を表すオブジェクトになっているので、ここではそれをそのまま返すようにしています。

sampledata.controllerへの追加

続いて、コントローラーの追加です。SampledataControllerクラスに以下のメソッドを追加しましょう。なおimport文の追加も忘れないでください。

リスト5-37

```
// import { InsertResult, UpdateResult, DeleteResult } from 'typeorm' //
追記
```

```
@Post('/add')
async add(@Body() data: Sampledata):Promise<InsertResult> {
  return  this.sampledataService.addSampledata(data)
}
```

ここでは、@Post('/add')というようにデコレーターを用意しました。これで、/sampledata/addにPOSTアクセスすると、このメソッドが実行されるようになります。

メソッドで行っているのは、SampledataServiceに追加した「addSampledata」メソッドを呼び出すだけです。addメソッドの引数には、@BodyでSampledataが渡されるようになっており、この引数のオブジェクトをそのままaddSampledataの引数に指定して実行すれば、後はサービス側で処理をしてくれます。結果はInsertResultオブジェクトとして返されるので、それをここでもそのまま返しています。

sampledata.htmlに追記する

これでバックエンドの処理はできました。ではフロントエンド側に、エンティティを作成するためのコードを用意しましょう。

ここでは、先ほど作ったsampledata.htmlにフォームを追加し、エンティティを作成できるようにしてみます。sampledata.htmlの適当なところ(<table>の手前あたりでいいでしょう)に、以下のコードを追記してください。

リスト5-38

```
<div class="mb-3">
  <label for="name" class="form-label">Memo</label>
  <textarea class="form-control"
    id="memo" name="memo"></textarea>
</div>
<div class="mb-3">
  <label for="mail" class="form-label">Mail</label>
  <input type="email" class="form-control"
    id="mail" name="mail">
</div>
<div class="mb-3">
  <label for="url" class="form-label">Url</label>
  <input type="url" class="form-control"
    id="url" name="url">
</div>
<button class="btn btn-secondary" onclick="doAction();">送信</button>
```

ここでは、memo, mail, urlといった名前の入力項目と送信ボタンを追加しました。送信ボタンでは、doActionという関数を呼び出すようにしてあります。

JavaScript関数を追加する

では、フォームの内容をまとめてバックエンドに送信し、エンティティを追加するJavaScript関数を用意しましょう。sampledata.htmlの<script>内に以下の関数を追加してください。

リスト5-39

```
function doAction() {
  const memo = document.querySelector('#memo').value
  const mail = document.querySelector('#mail').value
  const url = document.querySelector('#url').value
  const data = {memo:memo, mail:mail, url:url}
  const opt = {
    method: 'POST',
    headers: {
      'Content-Type': 'application/json'
    },
    body: JSON.stringify(data)
  }
  fetch('/sampledata/add', opt)
    .then(response => response.text())
    .then(data => setData(data))
}

function setData(res) {
  document.querySelector('#msg').textContent = '結果：' + res
  document.querySelector('#memo').value = ''
  document.querySelector('#mail').value = ''
  document.querySelector('#url').value = ''
  getData()
}
```

図5-23　フォームに入力し送信すると、エンティティが追加される。

完成したら、/sampledata.htmlにアクセスして動作を確かめましょう。フォームに値を記入して送信ボタンを押すと、入力したデータがサーバーに送られ、エンティティとして追加されます。一覧表示されているテーブルに項目が増えているのが確認できるでしょう。

バックエンドへの送信

では、doActionで行っている内容を見てみましょう。まず、document.querySelectorで入力項目の値を変数に取り出します。

そして、POSTアクセスするための設定情報をオブジェクトにまとめたものを用意します。

```
const opt = {
  method: 'POST',
  headers: {
    'Content-Type': 'application/json'
  },
  body: JSON.stringify(data)
}
```

methodは'POST'、headersにはContent-Typeで 'application/json'を指定します。そしてbodyには、フォームの値をオブジェクトにまとめたものをJSON.stringifyでテキストにして設定します。

後は、これを元にfetchでバックエンドに送信するだけです。

```
fetch('/sampledata/add', opt)
  .then(response => response.text())
```

```
    .then(data => setData(data))
```

送信先は、'/sampledata/add'になります。そして受け取った情報は、response.text()でテキストに変換し、setData関数でメッセージとして表示させておきます。setDataでは入力項目の値をクリアした後、getData関数を呼び出してテーブルの一覧を更新しておきます。これで、追加したデータもここに表示されるようになります。

POST送信の場合、fetchに用意する設定情報がいろいろと必要になります。headersには'Content-Type': 'application/json'でJSONデータを送ることを指定する必要がありますし、bodyには送信データを用意しなければいけません。

しかし、これらはPOSTの基本的な設定ですから、何度かコードを書いていくうちに自然と覚えられるでしょう。設定さえできれば、fetchの使い方は普通のGETとだいたい同じです。

エンティティの更新

続いて、レコードの更新です。更新には2つの操作が必要になります。まず更新するデータを取得し内容を表示する作業が必要でしょう。続いて、変更されたデータを送ってエンティティを更新する作業が必要になります。

では、順に作成していきましょう。

sampledata.service.tsへの追加

まずはサービスからです。sampledata.service.tsを開き、SampleDataServiceクラスに以下のメソッドを追加します。

リスト5-40

```
async getById(id:number):Promise<Sampledata> {
  return await this.sampledataRepository.findOne(id)
}

async update(data:Sampledata):Promise<Sampledata> {
  const entity = await this.getById(data.id)
  entity.memo = data.memo
  entity.mail = data.mail
  entity.url = data.url
  return await this.sampledataRepository.save(entity)
}
```

getByIdは、引数に渡したIDでエンティティを取り出すものです。ここではリポジトリーの「findOne」というメソッドを使っています。

```
《Repository》.findOne( ID番号 )
```

ID（プライマリキーの値）で検索する場合は、引数に取り出したいID番号を指定するだけです。これでエンティティが取り出せます。ただし、これも非同期メソッドなので、awaitで戻り値を受け取るか、thenで実行後の処理を用意するなどして実行結果に対応する必要があります。

こうして更新するエンティティを取得できたら、その項目を書き換えた後、「save」メソッドで保存をします。

```
《Repository》.save( エンティティ )
```

内容を変更したエンティティを引数に指定してsaveを実行すれば、そのエンティティが更新されます。これも非常に簡単ですね。

sampledata.controller.tsへの追加

続いて、コントローラーの修正です。sampledata.controller.tsを開き、SampleControllerクラスに以下のメソッドを追加してください。

リスト5-41

```
@Post('/id')
async byId(@Body() data: any):Promise<Sampledata> {
  return this.sampledataService.getById(data.id)
}

@Post('/edit')
async edit(@Body() data: Sampledata):Promise<Sampledata> {
  return this.sampledataService.update(data)
}
```

ここでは、/idにPOSTすると特定のIDのエンティティを取得して返します。また/editにPOSTすると、送られた内容にエンティティを更新します。

どちらも@Bodyで送信された情報をSampledataとして受け取り、そこからSampledataServiceのgetByIdやupdateを呼び出しています。既にエンティティの取得や更新の処理はサービスに用意されていますから、それらを呼び出すだけですね。

sampleedit.htmlを作成する

では、データの更新を行うHTMLファイルを用意しましょう。「public」フォルダーに「sampleedit.html」という名前でファイルを用意しましょう。そして、以下のようにコードを記述します。

リスト5-42

```
<!DOCTYPE html>
<html>
  <head>
    <title>NestJS</title>
    <link href="https://cdn.jsdelivr.net/npm/bootstrap@5.0.2/dist/css/↵
      bootstrap.min.css" rel="stylesheet">
  </head>
  <body class="container mt-2">
    <h1 class="display-6 text-primary">
      <strong>NestJS+TypeORM</strong>
    </h1>
    <div id="result" class="my-3">
      <p id="msg">※データを更新します。</p>
    </div>
    <div class="mb-3">
      <label for="id" class="form-label">ID</label>
      <input type="number" class="form-control"
        id="id" name="id" onchange="doChange()">
    </div>
    <hr>
    <div class="mb-3">
      <label for="name" class="form-label">Memo</label>
      <textarea class="form-control"
        id="memo" name="memo"></textarea>
    </div>
    <div class="mb-3">
      <label for="mail" class="form-label">Mail</label>
      <input type="email" class="form-control"
        id="mail" name="mail">
    </div>
    <div class="mb-3">
      <label for="url" class="form-label">Url</label>
      <input type="url" class="form-control"
        id="url" name="url">
    </div>
    <button class="btn btn-secondary" id="sendbtn"
```

```
    onclick="doAction();" disabled>送信</button>
  <div class="my-3"> </div>
  <div style="width:100%"
    class="fixed-bottom bg-secondary p-1">
    <p class="text-center text-white m-0">
      copyright 2022 SYODA-Tuyano.</p>
  </div>
  <script>
    function doChange() {
      const id = document.querySelector('#id').value
      const opt = {
        method: 'POST',
        headers: {
          'Content-Type': 'application/json'
        },
        body: JSON.stringify({id:+id})
      }
      fetch('/sampledata/id', opt)
        .then(response => response.json())
        .then(data => showData(data))
        .catch(error => clearData() )
    }

    function showData(data) {
      document.querySelector('#msg').textContent = 'id=' + id +  ↵
        ' のデータ。'
      document.querySelector('#memo').value = data.memo
      document.querySelector('#mail').value = data.mail
      document.querySelector('#url').value = data.url
      document.querySelector('#sendbtn').disabled = false
    }
    function clearData() {
      document.querySelector('#msg').textContent = '※データを更新します。'
      document.querySelector('#memo').value = ''
      document.querySelector('#mail').value = ''
      document.querySelector('#url').value = ''
      document.querySelector('#sendbtn').disabled = true
    }

    function doAction() {
      const id = document.querySelector('#id').value
      const memo = document.querySelector('#memo').value
      const mail = document.querySelector('#mail').value
      const url = document.querySelector('#url').value
      const data = {id:id, memo:memo, mail:mail, url:url}
```

```
        const opt = {
          method: 'POST',
          headers: {
            'Content-Type': 'application/json'
          },
          body: JSON.stringify(data)
        }
        fetch('/sampledata/edit', opt)
          .then(response => response.text())
          .then(data => setData(data))
      }

      function setData(res) {
        document.querySelector('#msg').textContent = '結果：' + res
      }
    </script>
  </body>
</html>
```

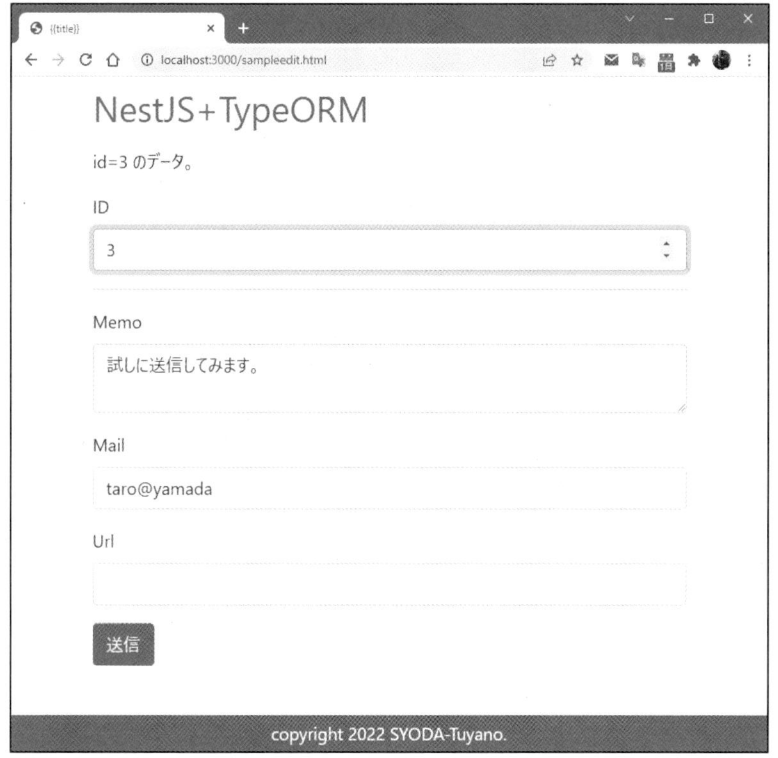

図5-24　IDフィールドで更新するIDを入力し、内容を書き換えて送信するとそのデータが変更される。

今回はIDを入力する項目と、その他のmemo, mail, urlといった項目を編集するためのフィールドが用意されています。まずIDフィールドで編集したい項目のIDを入力すると、そのエンティティの内容が他のmemo, mail, urlの項目に表示されます。これらを書き換えて送信ボタンを押すと、そのエンティティの内容が更新されます。

ここでは、全部で5つのJavaScript関数を作成してあります。

doChange	IDフィールドを変更すると呼び出されます。fetchで/sampledata/idにPOST送信し、IDフィールドのエンティティを受け取ります。
showData	doChangeから呼び出されます。取得したエンティティの値を各フィールドに設定します。
clearData	doChangeから呼び出されます。エンティティの取得に失敗したときフィールドをクリアします。
doAction	送信ボタンを押すと呼び出されます。fetchでフィールドに入力した値を/sample/editにPOST送信します。
setData	doActionから呼び出されます。返された値をメッセージに表示します。

基本的に、fetchでPOST送信し、その結果を受け取って処理する、というやり方はこれまでと同じです。どのパスにどういうデータを送信しているかがわかれば、やっていることはすぐに理解できるでしょう。

エンティティの削除

残るは、エンティティの削除ですね。これもサービスから作成していきましょう。sampledata.service.tsを開き、SampledataServiceクラスに以下のメソッドを追加します。

リスト5-43

```
async delete(data:any):Promise<DeleteResult> {
  return await this.sampledataRepository.delete(data.id)
}
```

ここでは、リポジトリーの「delete」メソッドを呼び出しています。これは以下のように呼び出すものです。

```
《Repository》.delete( ID番号 )
```

引数に削除するエンティティのIDを指定すれば、それを削除します。非常に単純なメソッドですね。

sampledata.controller.tsへの追加

サービスができたら、コントローラーからこれを呼び出して削除を行うアクションを用意しましょう。sampledata.controller.tsを開いて、SampledataControllerクラスに以下のメソッドを追加します。

リスト5-44

```
@Post('/delete')
async delete(@Body() data: any):Promise<DeleteResult> {
  return this.sampledataService.delete(data)
}
```

今回は、@Post('/delete')として/sampledata/deleteに割り当ててあります。引数は@Bodyで値を受け取り、その中からidの値を取り出してSampledataServiceのdeleteメソッドを呼び出しています。

sampledelete.htmlの作成

では、削除ページのHTMLファイルを作成しましょう。「public」フォルダーの中に「sampledelete.html」という名前でファイルを作成してください。そして以下のように記述をしましょう。

リスト5-45

```
<!DOCTYPE html>
<html>
  <head>
    <title>NestJS</title>
    <link href="https://cdn.jsdelivr.net/npm/bootstrap@5.0.2/dist/css/↵
      bootstrap.min.css" rel="stylesheet">
  </head>
  <body class="container mt-2">
    <h1 class="display-6 text-primary">
      <strong>NestJS+TypeORM</strong>
    </h1>
    <div id="result" class="my-3">
      <p id="msg">※データを削除します。</p>
```

```
</div>
<div class="mb-3">
  <label for="id" class="form-label">ID</label>
  <input type="number" class="form-control"
    id="id" name="id" onchange="doChange()">
</div>
<button class="btn btn-secondary" id="sendbtn"
  onclick="doAction();" disabled>送信</button>
<div class="my-3"> </div>
<div style="width:100%"
  class="fixed-bottom bg-secondary p-1">
  <p class="text-center text-white m-0">
    copyright 2022 SYODA-Tuyano.</p>
</div>
<script>
  function doChange() {
    const id = document.querySelector('#id').value
    const opt = {
      method: 'POST',
      headers: {
        'Content-Type': 'application/json'
      },
      body: JSON.stringify({id:+id})
    }
    fetch('/sampledata/id', opt)
      .then(response => response.json())
      .then(data => showData(data))
      .catch(error => clearData() )
  }

  function showData(data) {
    document.querySelector('#msg').innerHTML = '<h6>このデータを ↵
      削除します。</h6>'
      + '<div>' + JSON.stringify(data) + '</div>'
    document.querySelector('#sendbtn').disabled = false
  }
  function clearData() {
    document.querySelector('#msg').textContent = '※データを削除します。'
    document.querySelector('#sendbtn').disabled = true
  }

  function doAction() {
    const id = document.querySelector('#id').value
    const opt = {
      method: 'POST',
```

```
        headers: {
          'Content-Type': 'application/json'
        },
        body: JSON.stringify({id:id})
      }
      fetch('/sampledata/delete', opt)
        .then(response => response.text())
        .then(data => setData(data))
    }

    function setData(res) {
      document.querySelector('#msg').textContent = '結果：' + res
    }
  </script>
</body>
</html>
```

図5-25 sampledelete.htmlの表示。IDを入力し、送信するとそのエンティティを削除する。

記述できたら、/sampledelete.htmlにアクセスしてください。先ほどと同じように、IDのフィールドに値を入力すると、そのIDのエンティティが表示されます。そのままボタンを押すと、そのエンティティが削除されます。

ここでは、doChangeで入力したIDのエンティティを取得し、showDataで表示する、という部分は先ほどのsampleedit.htmlと同じです。ボタンを押したときのdoActionで、IDの値をボディに設定して/sampledata/deleteにPOST送信する、という点が違います。更新よりもやることは少ないので理解しやすいでしょう。

これで、データベースの基本操作であるCRUD（Create, Read, Update, Delete）が一通りできました！

エンティティの検索

CRUDができればデータベースの利用は完璧というわけではありません。それ以上に重要なのが「検索」です。ここまで、リポジトリーのfindを使って全エンティティを取得することはしましたが、必要に応じてエンティティを検索するというのもやっておかないといけませんね。

では、まず検索用のHTMLファイルから用意しましょう。「public」フォルダーに「samplefind.html」という名前でファイルを作成してください。そして以下のように記述をします。

リスト5-46

```
<!DOCTYPE html>
<html>
  <head>
    <title>NestJS</title>
    <link href="https://cdn.jsdelivr.net/npm/bootstrap@5.0.2/dist/css/↵
      bootstrap.min.css" rel="stylesheet">
  </head>
  <body class="container mt-2" onload="getData()">
    <h1 class="display-6 text-primary">
      <strong>NestJS+TypeORM</strong>
    </h1>
    <div id="result" class="my-3">
      <p id="msg">※データを検索します。</p>
    </div>
    <div class="mb-3">
      <label for="find" class="form-label">Find</label>
      <input type="text" class="form-control"
        id="find" name="find">
    </div>
    <button class="btn btn-secondary" onclick="doAction();">送信</button>
    <hr>
    <table class="table">
      <thead>
        <tr><th>Memo</th><th>Created</th></tr>
      </thead>
      <tbody id="tbody"></tbody>
    </table>
    <div class="my-3"> </div>
    <div style="width:100%"
      class="fixed-bottom bg-secondary p-1">
      <p class="text-center text-white m-0">
```

```
        copyright 2022 SYODA-Tuyano.</p>
    </div>
    <script>
      function doAction() {
        const find = document.querySelector('#find').value
        const opt = {
          method: 'POST',
          headers: {
            'Content-Type': 'application/json'
          },
          body: JSON.stringify({find:find})
        }
        fetch('/sampledata/find', opt)
          .then(response => response.json())
          .then(data => makeTable(data))
      }
      function makeTable(data) {
        var result = ''
        for (var item of data) {
          result += `<tr><td>${item.memo}</td><td>${item.created}</td>↵
            </tr>`
        }
        document.querySelector('#tbody').innerHTML = result
      }
    </script>
  </body>
</html>
```

ここでは、「find」というフィールドを用意しました。そしてボタンをクリックすると、fetchで以下のように送信をしています。

●findフィールドの値を取得

```
const find = document.querySelector('#find').value
```

●POST送信の設定オブジェクトを用意

```
const opt = {
  method: 'POST',
  headers: {
    'Content-Type': 'application/json'
  },
  body: JSON.stringify({find:find})
}
```

●fetchでバックエンドに送信

```
fetch('/sampledata/find', opt)
  .then(response => response.json())
  .then(data => makeTable(data))
```

ここでは送信データとして{find:find}という値をボディに設定してあります。findだけのオブジェクトですね。そしてfetchでは、'/sampledata/find'に送信をしています。そして結果をjsonメソッドでJavaScriptオブジェクトに変換し、makeTableで内容をテーブルにまとめて出力しています。

ということは、'/sampledata/find'のパスに、findの値を受け取って検索をし結果を返すアクションを用意すればいい、というわけですね。

検索のバックエンドを作る

では、コントローラーのアクションから作りましょう。sampledata.controller.tsを開き、SampledataControllerクラスに以下のメソッドを追加します。

リスト5-47

```
@Post('/find')
async find(@Body() data: any):Promise<Sampledata[]> {
  return this.sampledataService.find(data)
}
```

ここではSampledataServiceの「find」というメソッドを呼び出し、その結果をreturnするようにしてあります。検索の具体的な処理はサービス側に任せておくわけです。

findサービスを用意する

では、sampledata.service.tsを開いて、SampledataServiceクラスに検索のメソッドを追加しましょう。

リスト5-48

```
async find(data:any):Promise<Sampledata[]> {
  return await this.sampledataRepository.find({mail:data.find})
}
```

これで検索が行えます。検索は、リポジトリーの「find」メソッドを使います。全エンティティを取得する場合は引数なしでしたが、ここでは{mail:data.find}という値が用意されていますね。これが検索の設定です。

検索は、このように検索対象となる項目名に値を指定したものを用意します。{mail:data.find}ならば、mailの項目の値がdata.findであるものを検索するわけです。

実際に/samplefind.htmlにアクセスして検索を行ってみてください。メールアドレスでメモが検索できることがわかります。

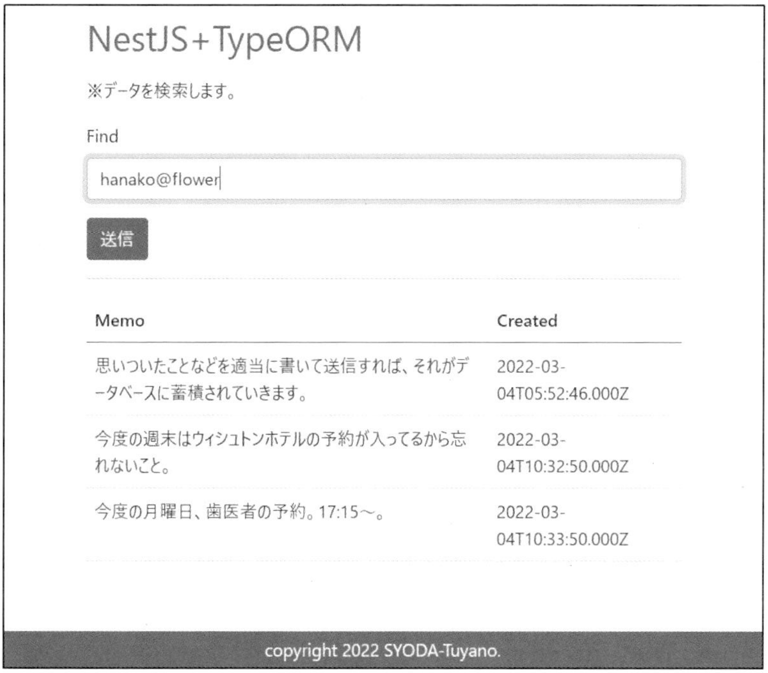

NestJS+TypeORM

※データを検索します。

Find

hanako@flower

送信

Memo	Created
思いついたことなどを適当に書いて送信すれば、それがデータベースに蓄積されていきます。	2022-03-04T05:52:46.000Z
今度の週末はウィシュトンホテルの予約が入ってるから忘れないこと。	2022-03-04T10:32:50.000Z
今度の月曜日、歯医者の予約。17:15～。	2022-03-04T10:33:50.000Z

copyright 2022 SYODA-Tuyano.

図5-26　メールアドレスを入力して検索すると、そのメールアドレスのエンティティだけが表示される。

検索条件の設定

しかし、完全一致するものだけしか検索できないのでは、あまり便利ではありませんね。メモであれば、検索テキストがメモに含まれているものをすべて検索できると更に便利でしょう。

では、SampledataServiceクラスに作成したfindメソッドを以下のように書き換えてみましょう。

リスト5-49

```
async find(data:any):Promise<Sampledata[]> {
  return await this.sampledataRepository.find({memo:Like(`%${data.
    find}%`)})
}
```

図5-27　メモの中に検索テキストを含むものをすべて検索する。

修正したら検索を試してみましょう。今度は、検索フィールドに入力したテキストをmemoに含むエンティティをすべて検索します。

Likeによるあいまい検索

今回の検索設定を見ると、memoの値にLike(`%${data.find}%`)というものが設定されています。Likeという関数を使ってmemoに値を設定しているのです。

このLikeは、「あいまい検索」の指定をするためのものです。例えば、このように使います。

●Like関数の指定

Like("○○%")	○○で始まるものを検索
Like("%○○")	○○で終わるものを検索
Like("%○○%")	○○を含むものを検索

Likeの引数に検索テキストを指定する際、「%」という記号(ワイルドカード)を使って、検索テキストの前後にテキストがあるかどうかを指定できます。

比較の検索設定

このLikeのように、検索条件を設定するための関数は他にもいろいろと用意されています。特に使用頻度が高いのは、比較のための関数でしょう。

●指定の値より小さいものを検索

```
LessThan( 値 )
```

●指定の値と等しいか小さいものを検索

```
LessThanOrEqual( 値 )
```

●指定の値より大きいものを検索

```
MoreThan( 値 )
```

●指定の値と等しいか大きいものを検索

```
MoreThanOrEqual( 値 )
```

●指定した範囲内のものを検索

```
Between( 最小値, 最大値 )
```

これらを使うことで、特に数値の項目を比較して検索を行えるようになります。この他にもこうした検索設定の関数はありますが、とりあえずLikeと上記の比較の関数がわかっていれば、より複雑な検索が行えるようになるでしょう。

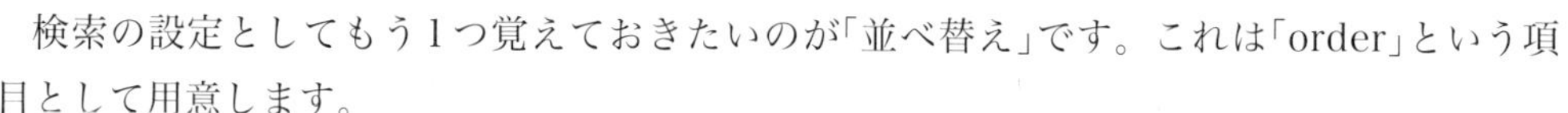

エンティティの並べ替えについて

検索の設定としてもう1つ覚えておきたいのが「並べ替え」です。これは「order」という項目として用意します。

```
order: { 項目名: 'ASC または DESC' }
```

並べ替えの基準とする項目名に、ASCかDESCを指定します。ASCは「昇順」、DESCは「降順」で並べることを示すものです。これを利用することで、検索したエンティティを思い通りに並べ替えることができます。

新しいものから順に表示する

では、SampledataServiceクラスにある「getAll」メソッドを修正して、新しいものから順に並ぶようにしてみましょう。メソッドを以下のように書き換えてください。

リスト5-50

```
async getAll():Promise<Sampledata[]> {
  return await this.sampledataRepository.find({
    order:{created:'DESC'}
  })
}
```

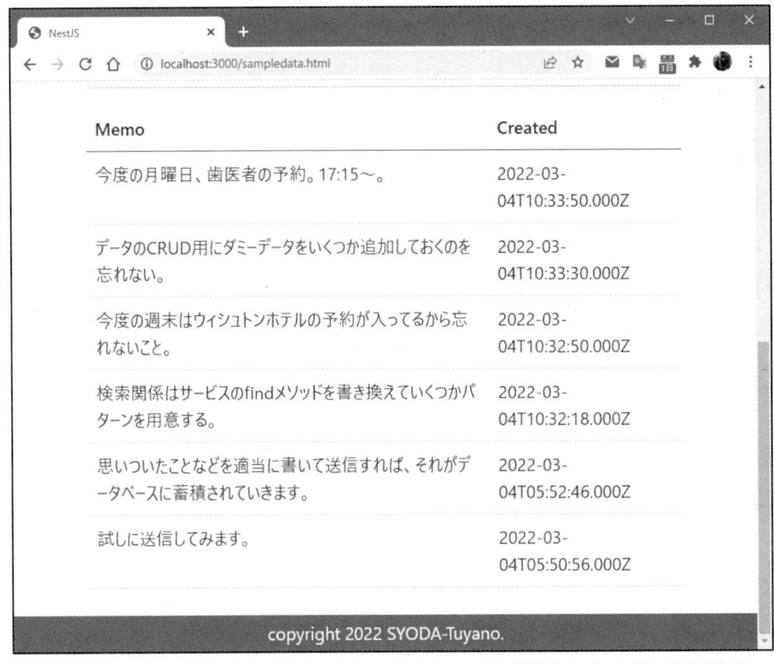

図5-28 /sampledata.htmlにアクセスすると、メモが新しいものから順に並ぶ。

修正したら、/sampledata.htmlにアクセスしてみましょう。保管されている全エンティティがテーブルにまとめて表示されますが、新しいものから順に並ぶように変わっているのがわかるでしょう。

ここでは、findの設定オブジェクトに、order:{created:'DESC'} というようにして並べ替えの設定を用意してあります。これでcreatedの値が大きいもの(新しいもの)から順に並ぶようになったのです。

ここでは1項目だけを用意していますが、orderの値となるオブジェクトには複数の項目を用意することもできます。そうすれば、より細かく並び順を設定できます。例えば、このようにするとどうなるでしょうか。

```
order:{mail:'ASC', created:'DESC'}
```

こうすると、エンティティはメールアドレス順に並べられ、同じメールアドレスのメモは新しいものから順に並べられるようになります。

TypeORMはNestJS以外でも使える

以上、TypeORMを使ったデータベースアクセスの基本について説明をしました。説明したのはごく基本的な機能だけでしたが、NestJSとTypeORMの組み合わせで、強力なデータ処理が行えることは感じ取れたことでしょう。

NestJSは多くのデータベースフレームワークに対応しているので、TypeORM以外のフレームワークを利用することもできます。またTypeORMも、対応するアプリケーションフレームワークは多数あります。例えばChapter-2で使ったPrismaをNestJSで利用することもできますし、TypeORMをExpressで使うこともできます。NestJSもTypeORMも、他の同種のフレームワークと置き換え可能なのです。

「NestJSは難しい」という人も、とりあえずここで利用したTypeORMの使い方を知っていれば他の環境で役立つこともあるでしょう。フレームワークは、覚えるほどに利用できる世界が広がります。「NestJS+ TyptORM」の組み合わせ以外にもいろいろ使えるんだ、ということを忘れないでください。

Chapter

6

Meteor

「Meteor」はリアルタイム性を重視したモダンなアプリケーションフレームワークです。ここではその基本的な使い方、mongoDBによるデータベースの利用、そしてフロントエンドにReactを使った場合の連携処理について解説します。

Section 6-1 Meteorの基本

Meteorとは？

Web技術は、必ずしもWebの世界でのみ使われるわけではありません。最近では、スマートフォンのアプリやパソコンのアプリ開発にもWebの技術が使われるようになってきています。

それなら、「Webもスマホもパソコンも全部に対応するフレームワーク」があればいいと思いませんか？ Webアプリケーションとしても使えるし、スマホのアプリとしてもビルドできる。そういうものがあったなら最強の開発環境になるでしょう。

実は、あるんです。それが「Meteor」です。Meteorは、もともとは「リアルタイムなWebアプリケーション開発環境」として作成されたフレームワークです。アプリケーションを実行し、リアルタイムに変更などが反映されていくようなフレームワークです。それがさまざまなパワーアップを経て、気がつけばWeb、スマホ、パソコンのすべてに対応したフレームワークになっていたのです。

またWebアプリから始まったといっても、旧態依然とした「サーバーでページを作って表示して、フォームを送信して処理をして……」といったやり方ではなく、クライアントとサーバーをシームレスにつなげて動くようなモダンな設計となっています。その分、従来のクライアント＝サーバー型のWebアプリケーションに慣れた人にはかなりわかりにくいものになってしまっているかも知れません。

Meteorは良くも悪くも、従来の考え方を打ち破り新しい開発スタイルを確立したフレームワークなのです。

Meteorの特徴

では、Meteorはどのようなフレームワークなのでしょう。その特徴を簡単にまとめてみましょう。

●Web、パソコン、スマホの開発に対応

既に触れましたが、MeteorではWebアプリケーションだけでなくパソコンやスマホのアプリ開発も行えます。標準ではWebアプリケーション用に作成されますが、対応プラットフォームを追加新ストールすることでパソコンやスマホのアプリとして作成することもできるようになっています。

どのプラットフォームであっても、作成するコードは基本的に同じです。「スマホアプリの場合は、スマホ用にコードを書かないといけない」といったことはなく、すべて同じアプリとして作成することができます。

●クライアント＝サーバーのシームレスな開発

Meteorのもっとも大きな特徴は、クライアントとサーバーがきれいにつながって動いていることです。Meteorにはクライアントでは、サーバー側の情報がキャッシュされており、キャッシュとサーバーの元データは連携して動いています。サーバー側で情報が変更されれば、キャッシュしているクライアント側の表示もリアルタイムに更新され、両者は常に同期して動くようになっています。

●リアクティブなフロントエンド

Meteorでは、画面の表示はサーバーサイドではなくクライアントサイドで作成されます。リアクティブプログラミングを採用し、Meteor製のBlazeやReact、Angularといったフロントエンドフレームワークと連携することで常にリアルタイムで変化するフロントエンドを開発できます。

●劇的な省エネ・コーディング

Meteorは、アプリケーションのコスト削減を重視して設計されています。旧来のMVCアプリケーションとはかなり構造が違いますが、しかし「必要最低限のコードを書けばその場で動く」という考え方で作られているため、慣れてしまうととにかく少ないコードでアプリケーションを作成できることがわかるでしょう。

Meteorを準備する

では、実際にMeteorを利用してみましょう。まずはMeteorをインストールします。コマンドプロンプトまたはターミナルを起動し、以下を実行してください。

```
npm install -g meteor
```

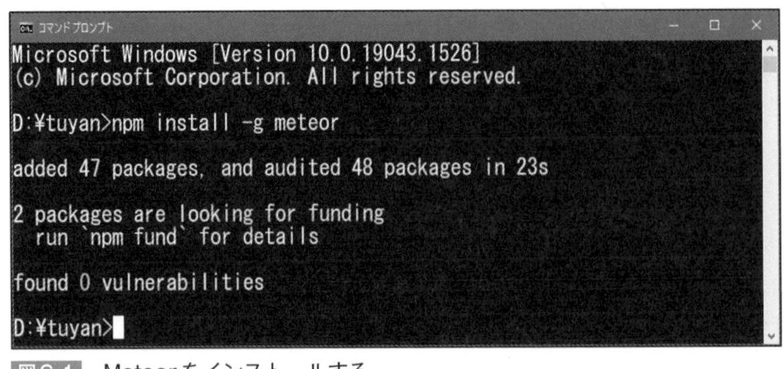

図6-1　Meteorをインストールする。

これでMeteorのCLIプログラムがインストールされ、meteoコマンドが使えるようになります。後はコマンドを利用してアプリケーションを作成します。

Meteorのアプリケーションについて

Meteorのアプリケーション作成は「create」というコマンドを使って行います。これは以下のような形になっています。

```
meteor create アプリ名
```

これに必要に応じてオプションを付けて実行することで、作成するプロジェクトのテンプレートなどを設定できます。

Meteorでは、さまざまな内容のアプリケーションを作成することができます。主なものを整理すると以下のようになります。

オプションなし	フロントエンドにReactを採用した一般的なアプリケーション
--bare	空のアプリケーション
--minimal	Meteorを利用した必要最小限のアプリケーション
--blaze	Meteor標準のBlazeテンプレートエンジンを使ったアプリケーション
--full	CRUDなどの各ページまで揃ったフルセットのアプリケーション

これらのオプションの指定によって、アプリケーションにインストールされる内容も大きく変わってきます。したがって、「どのテンプレートを使うか」は非常に重要なのです。

ここでは、Meteorを利用する必要最低限のアプリである「--minimal」オプションを使ってアプリケーションを作成してみます。そして基本的な部分の仕組みがわかったら、それに必要な機能などを追加してアプリケーションを作成していくことにしましょう。

ミニマル・アプリケーションの作成

では、Meteorを使った必要最小限のアプリケーションを作成しましょう。コマンドプロンプトまたはターミナルから「cd Desktop」を実行してカレントディレクトリをデスクトップに移動します。そして以下のコマンドを実行してください。

```
meteor create --minimal meteor_minimal_app
```

```
コマンド プロンプト
Microsoft Windows [Version 10.0.19043.1526]
(c) Microsoft Corporation. All rights reserved.

D:¥tuyan>cd Desktop

D:¥tuyan¥Desktop>meteor create --minimal meteor_minimal_app
Created a new Meteor app in 'meteor_minimal_app'.

To run your new app:
  cd meteor_minimal_app
  meteor
```

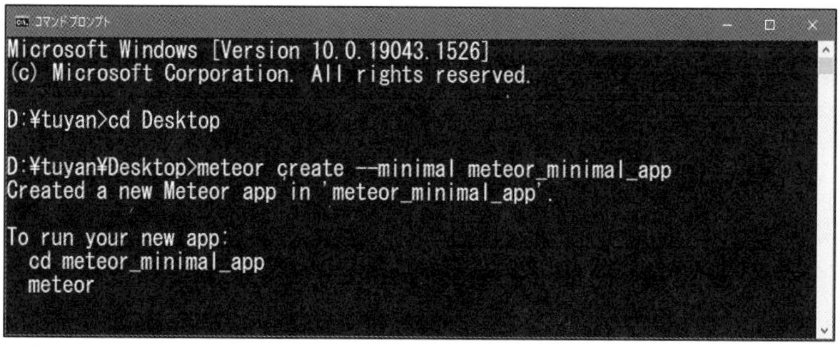

図6-2 Meteorのミニマル・アプリケーションを作る。

これで、「meteor_minimal_app」というフォルダーが作成され、その中にMeteorアプリケーションのファイルやフォルダー類がインストールされます。

アプリケーションを実行する

では、アプリケーションが作成されたら、実際に動かしてみましょう。コマンドプロンプトまたはターミナルで「cd meteor_minimal_app」を実行してカレントディレクトリをアプリケーションのフォルダー内に移動します。そして「meteor」と実行してください。これでアプリケーションが実行されます。

起動したら、Webブラウザから「http://localhost:3000/」にアクセスしてください。Meteorアプリケーションにサンプルで用意されているページが表示されます。シンプルなものですが、アプリケーションが実行され動いていることはこれで確認できるでしょう。

なお、Meteorはリアルタイム性を重視しており、meteorコマンドでアプリケーションを実行した場合も、アプリケーションのファイルを編集し保存すればリアルタイムでその変更内容が反映されます。ですから、いちいち「サーバーを中断して再起動」などといった作業をする必要はありません。開発中は、ずっとMeteorを起動しっぱなしにしておけばいいのです。

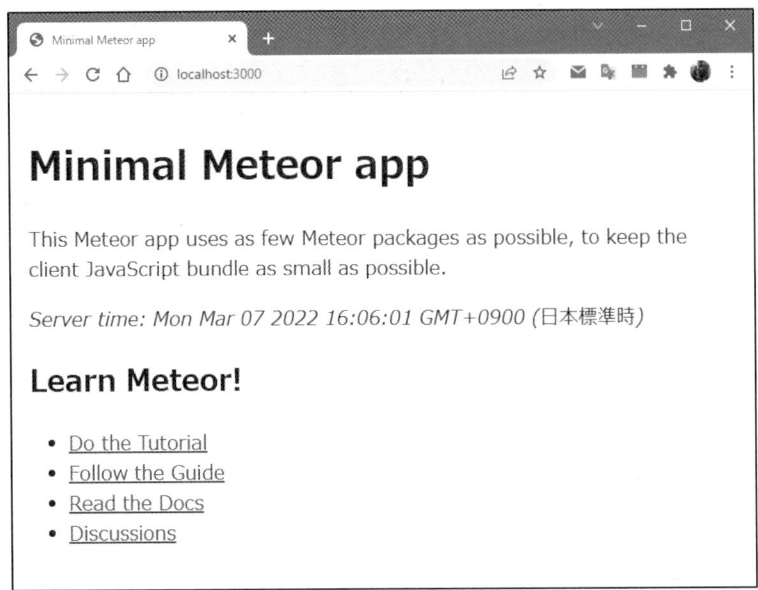

図6-3 http://localhost:3000/にアクセスするとサンプルページが表示される。

アプリケーションの構成について

では、作成されたアプリケーションの内容がどうなっているのか簡単に説明しましょう。用意されるフォルダーとファイルは以下のようになっています。

●フォルダー類

「.meteor」フォルダー	Meteorが必要に応じて生成するファイル類がまとめられます。データベースファイルやキャッシュファイル、ビルドされたプログラムなどがまとめられています。
「node_modules」フォルダー	アプリケーションで使うnpmのパッケージがまとめられているところです。
「client」フォルダー	クライアント側のファイル類がまとめてあります。
「server」フォルダー	サーバー側のファイル類がまとめてあります。
「tests」フォルダー	テスト用のファイルがまとめてあります。

●ファイル類

.gitignore	Gitで使うファイル
package.json	パッケージ情報を記載したファイル
package-lock.json	パッケージに関するファイル(自動生成)

ファイル類については、これまで何度も出てきたものですからなんとなく役割はわかるでしょう。フォルダーについては、これはミニマル・アプリケーションの内容だ、という点に留意してください。別のアプリケーションでは用意されるフォルダーもまた変わってきます。

この中でもっとも重要なのは「client」と「server」でしょう。この2つのフォルダーに用意されているファイルを編集してアプリケーションを作成することになります。

 server/main.jsについて 

では、作成されたアプリケーションのコードがどうなっているのか見ていきましょう。

まずは「server」フォルダーからです。この中には「main.js」というファイルが1つだけ用意されています。このファイルを開くと以下のようなコードが書かれています(一部コメントは省略)。

リスト6-1

```
import { Meteor } from "meteor/meteor";
import { onPageLoad } from "meteor/server-render";

Meteor.startup(() => {
  console.log(`Greetings from ${module.id}!`);
});

onPageLoad(sink => {
  sink.renderIntoElementById(
    "server-render-target",
    `Server time: ${new Date}`
  );
});
```

これがアプリケーションを起動した際に実行される処理です。アプリケーションの本体部分に相当するものと考えていいでしょう。ただし、Meteorでは開発者が編集するコードは必要最小限に抑えられており、ここでも具体的にアプリケーションを作成して起動する処理のようなものはありません。

ここに用意されているのは、Meteorの起動時の処理と、ページにアクセスされた際の処理です。まずは起動時の処理から見てみましょう。

●起動時の処理

```
Meteor.startup(() => {
  ……実行する処理……
});
```

「Meteor」というのが、Meteorアプリケーションのオブジェクトです。ここにあるstartupというメソッドで初期化処理を行っています。このメソッドは、引数に関数を用意し、その中に実行する処理を用意します。

サンプルでは、console.logというものが1行書かれているだけですね。これはコンソールに出力をするだけのものです。要するに、起動したら何かコンソールに表示していたのですね。

ページロード時の処理

もう1つ用意されているのが、ページをロードする際の処理です。これはmeteorのserver-renderというモジュールにある「onPageLoad」関数を使います。これは以下のように記述します。

●ページロード時の処理

```
onPageLoad(sink => {
  ……実行する処理……
});
```

このonPageLoadも引数に関数を指定します。この関数では、「ClientSink」というオブジェクトが渡されます。このオブジェクトに用意されているメソッドなどを使ってページがロードされる際の処理を行います。

HTML要素に値を割り当てる

サンプルで生成されるコードでは、「renderIntoElementById」というメソッドを呼び出していますね。この部分です。

```
sink.renderIntoElementById(
  "server-render-target",
  `Server time: ${new Date}`
);
```

このrenderIntoElementByIdは、表示するHTMLファイルの特定の要素に値を割り当てる働きをするものです。このメソッドは以下のように呼び出します。

●ターゲットの要素に値を割り当てる

```
《Sink》.renderIntoElementById( ターゲットID, 値 )
```

サンプルでは、IDが"server-render-targetであるHTML要素に`Server time: ${new Date}`という値を割り当てていたのですね。このように、表示するページの内容は、このonPageLoadで操作することができるのです。

クライアント側のコードをチェックする

続いて、クライアント側のコードを見てみましょう。これは「client」フォルダーの中にまとめられています。

この中には3つのファイルが用意されています。cssファイルは処理の実行には関係ないので今回は省略しましょう。まずはJavaScriptのファイルである「main.js」から見てみます。

リスト6-2
```
console.log(`Greetings from ${module.id}!`);
```

中身は以外なほどあっさりしていますね。console.logでコンソールに出力をしているだけです。要するに、「特に重要なことは何もしていない」と考えていいでしょう。

このファイルは、クライアント側になにかの処理を追加する場合に利用されます。今はまだ全く使いませんが、ページを作成するようになるとここにコードを記述するようになるでしょう。

main.htmlをチェックする

続いてHTMLファイルです。「main.html」を開くと、以下のようなコードが書かれていることがわかります。

リスト6-3
```
<head>
  <title>Minimal Meteor app</title>
</head>

<body>
  <h1>Minimal Meteor app</h1>
  <p>
    This Meteor app uses as few Meteor packages as possible, to keep the
    client JavaScript bundle as small as possible.
  </p>

  <em id="server-render-target"></em>
```

```
  <h2>Learn Meteor!</h2>
  <ul>
    <li><a href="https://www.meteor.com/try" target="_blank">
      Do the Tutorial</a></li>
    <li><a href="http://guide.meteor.com" target="_blank">
      Follow the Guide</a></li>
    <li><a href="https://docs.meteor.com" target="_blank">
      Read the Docs</a></li>
    <li><a href="https://forums.meteor.com" target="_blank">
      Discussions</a></li>
  </ul>
</body>
```

Chapter 1
Chapter 2
Chapter 3
Chapter 4
Chapter 5
Chapter 6

いろいろ書かれていますが、特に難しいことはしていません。HTMLの基本がわかれば理解できるでしょう。

コードを見てまず誰もが気がつくのは「<html>タグがない」という点でしょう。Meteorで書かれるHTMLファイルは、<head>と<body>の内容だけで、<html>は記述しません。これは、ページをレンダリングする際にMeteorが必要とするJavaScriptコードなどをページ内に埋め込んだりするため、ヘッダーとコンテンツ部分だけを記述するようになっているのですね。

コンテンツを埋め込むタグ

<body>内にはテキストとリンク類が用意されていますが、その他に何も表示していないタグが1つだけあるのに気がつきます。これですね。

```
<em id="server-render-target"></em>
```

id="server-render-target"ということで想像がつくように、これはserver/main.jsでClientSinkのrenderIntoElementByIdを使ってコンテンツを設定していたHTML要素です。このHTML要素の中に、renderIntoElementByIdで設定したコンテンツが組み込まれ表示されていたのです。

ミニマル・アプリケーションで行っている内容は、たったこれだけです。「renderIntoElementByIdでid="server-render-target"にコンテンツを表示する」ということだけのシンプルなアプリだったのです。

コンテンツをいろいろ設定しよう

基本がわかったら、server/main.jsとclient/main.htmlを書き換えて、コンテンツの表示を行ってみましょう。

まずは、HTML側からです。「client」フォルダーのmain.htmlを開き、その内容を以下のように書き換えてください。

リスト6-4

```
<head>
  <title>Meteor app</title>
  <link href="https://cdn.jsdelivr.net/npm/bootstrap@5.0.2/dist/css/  ↵
    bootstrap.min.css" rel="stylesheet">
</head>
<body>
  <div class="container">
    <h1 id="title" class="display-4 my-3 text-primary"></h1>
    <p id="content"></p>
  </div>
</body>
```

ここでは、Bootstrapを使ってスタイルを設定してあります。<h1>と<p>にそれぞれ"title", "content"とIDを設定しておきました。これらに値をはめ込んで表示させてみましょう。

server/main.jsを修正

ではサーバー側の修正です。「server」フォルダーのmain.jsを開き、onPageLoad関数の部分を以下に書き換えてください。

リスト6-5

```
onPageLoad(sink => {
  sink.renderIntoElementById('title', 'Meteor')
  sink.renderIntoElementById('content',
    'これは、Meteorミニマルアプリケーションのページです。')
})
```

図6-4　タイトルとコンテンツが表示される。

これらの内容を保存したら、Webブラウザで表示を確かめましょう。タイトルとコンテンツの部分に、main.jsで設定したテキストが表示されるのがわかります。このように、サーバー側のスクリプトから値をクライアント側に設定するのは意外と簡単に行えます。

Section 6-2 Blazeによるビューの実装

テンプレートを考える

サーバー側とクライアント側の連携がどうなっているのか、少しわかってきましたね。onPageLoadで値を設定する処理を用意すれば、それが表示される。非常に単純です。しかし、それ以上のことは、標準ではできません。

クライアントに表示される値は、あくまで静的なものです。つまり、操作に応じてダイナミックに値が変更されたり、表示が更新されたりするものではありません。

またサーバー側に処理を用意してクライアントと連携したり、必要に応じて表示されるコンテンツを変えたりといったこともできません。こうした複雑な作業を行うためには、やはりビューに関する専用の機能を追加する必要があります。ミニマル・アプリケーションはこうしたものをすべて省いたものなので、必要に応じて機能を追加していくのです。

表示にある程度の機能を持たせようと考えるなら、やはり「テンプレート」と「ルーティング」の機能が必要となるでしょう。テンプレートは、テンプレートエンジンによる表示のレンダリングを行う機能ですね。またルーティングは、アクセスするパスに応じてダイナミックに表示を変える機能です。これらが揃えば、基本的なWebアプリケーションの表示を用意できるようになります。

BlazeとFlowRouter

ここでは、テンプレートエンジンに「Blaze」というものを使ってみましょう。これはMeteorの標準的なテンプレートエンジンです。

Blazeは、Reactなどのようにリアクティブな表示を実現します。一般的なテンプレートエンジンは、サーバー側でレンダリングして結果を表示するのですが、BlazeはMeteorのクライアント側スクリプトに必要なコードを記述し、リアルタイムに表示を更新するような処理を行えます。

また、テンプレートが使えるようになるとルーティングの処理も欲しくなるでしょうから、これも合わせてインストールしておきましょう。ここでは「FlowRouter」というライブラリを使います。アプリケーションフレームワークのルーティングというとサーバー側で処理を行うのが基本ですが、これはクライアント側で機能するルーティングライブラリです。

では、必要なパッケージを追加していきましょう。

static-htmlの削除

最初に行うのは、「static-html」というパッケージの削除です。これは静的HTMLファイルを扱うためのものですが、Blazeを使うようになるとこれは不要になり、またHTMLファイルを扱うライブラリが2つになって競合するため問題が起こります。そこでstatic-htmlを取り除いていくことにします。

コマンドプロンプト(ターミナル)から以下を実行してください。

```
meteor remove static-html
```

```
ターミナル　問題　出力　デバッグ コンソール　　cmd
Microsoft Windows [Version 10.0.19043.1526]
(c) Microsoft Corporation. All rights reserved.

D:\tuyan\Desktop\meteor_minimal_app>meteor remove static-html

Changes to your project's package version selections:

static-html  removed from your project

static-html: removed dependency

D:\tuyan\Desktop\meteor_minimal_app>
行 12、列 1　スペース: 2　UTF-8　LF　HTML
```

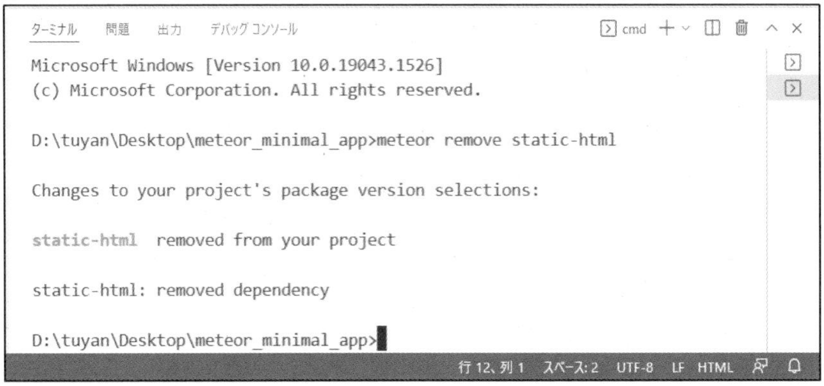

図6-5　static-htmlを削除する。

パッケージを追加する

では、必要なパッケージを追加していきましょう。コマンドプロンプト(ターミナル)から以下のコマンドを順に実行していってください。

```
meteor add jquery
meteor npm install jquery
meteor add blaze-html-templates
meteor add kadira:blaze-layout
meteor add ostrio:flow-router-extra
```

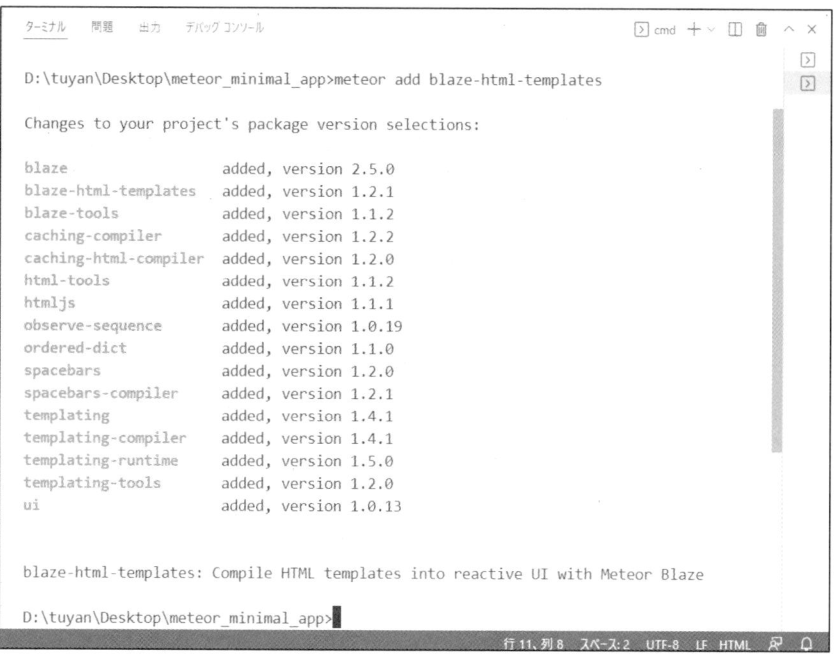

図6-6 順にパッケージを追加していく。blaze-html-templatesを追加したところ。

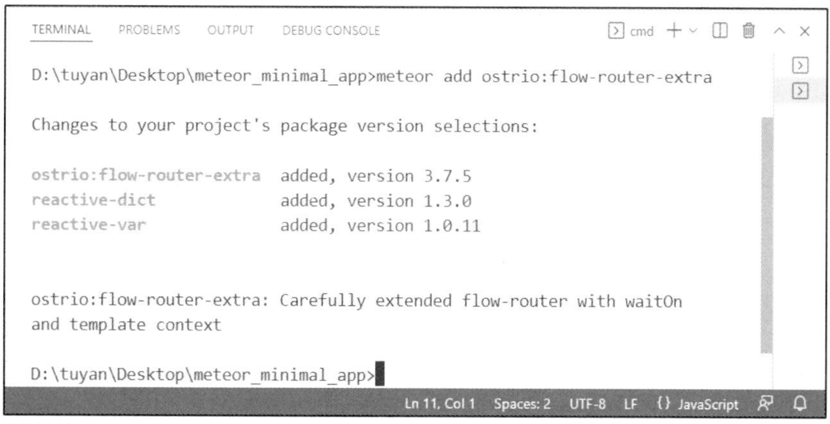

図6-7 これはostrio:flow-router-extraを追加したところ。

これらのパッケージをすべてインストールしたら、BlazeとFlowrouterの機能が使えるようになっています。

 main.htmlを表示させる 

では、まずテンプレートが正しく機能しているかを確認しましょう。最初にサーバー側の処理を修正します。「server」内の「main.js」を開いて、内容を以下のように修正してください。

リスト6-6

```
import { Meteor } from "meteor/meteor"
import { onPageLoad } from "meteor/server-render"

Meteor.startup(() => {});
onPageLoad(sink => {})
```

見ればわかるように、startupとonPageLoadの処理をすべて取り除きました。これで、サーバー側では何の処理も行わなくなりました。

main.htmlを修正する

続いて、「client」内にある「main.html」を開き、表示する内容を以下のように修正しましょう。

リスト6-7

```
<head>
  <title>Meteor app</title>
  <link href="https://cdn.jsdelivr.net/npm/bootstrap@5.0.2/dist/css/ ↵
    bootstrap.min.css" rel="stylesheet">
</head>
<body>
  <div class="container">
    <h1 class="display-4 my-3 text-primary">Index</h1>
    <h6 class="p-3 border border-primary">This is main.html.</h6>
  </div>
</body>
```

とりあえず、ただのHTMLのコードにしてあります。テンプレートエンジンの機能を使った記述などは何もありません。

これを表示させてみます。「client」内にある「main.js」を開いて、コードを以下のように修正してください。

リスト6-8

```
import './main.html'
```

importでmain.htmlを読み込んでいるだけで何も処理はしていません。これでOKなのです。実際にWebブラウザでhttp://localhost:3000/にアクセスしてみましょう。ちゃんとmain.htmlの内容が表示されますよ。

これで表示されるということはつまり、「HTMLファイルをimportすれば、それだけでWebページが表示される」ということになります。サーバー側でもクライアント側でも何も処理らしい処理は書いていません。表示したいHTMLをimportすれば、表示されます。これがBlazeのテンプレート機能です。

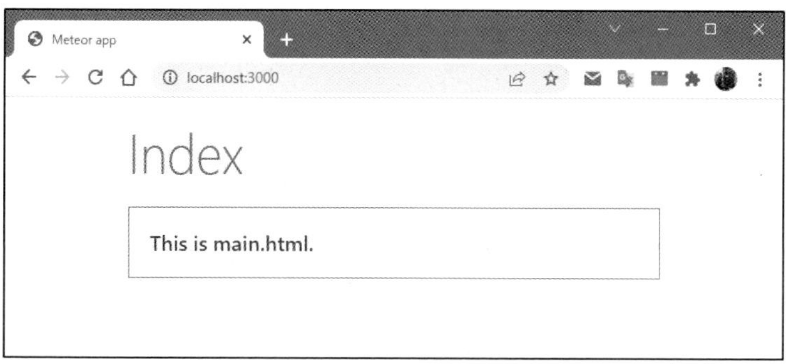

図6-8　main.htmlが表示される。

<template>を利用する

単純にHTMLを書いて表示するだけでは、テンプレートエンジンを使うメリットがありません。そこで、Blazeのテンプレート機能を少しずつ使っていくことにしましょう。まずは、<template>からです。

これは実際にコードを見たほうが早いでしょう。「client」内の「main.html」の内容を以下のように書き換えてください。

リスト6-9

```
<head>
  <title>Meteor app</title>
  <link href="https://cdn.jsdelivr.net/npm/bootstrap@5.0.2/dist/css/ ↵
    bootstrap.min.css" rel="stylesheet">
</head>
<body class="container">
  {{> index}}
</body>

<template name="index">
  <h1 class="display-4 my-3 text-warning">index</h1>
```

```
  <h5 class="alert alert-warning">This is Index-template.</h5>
</template>
```

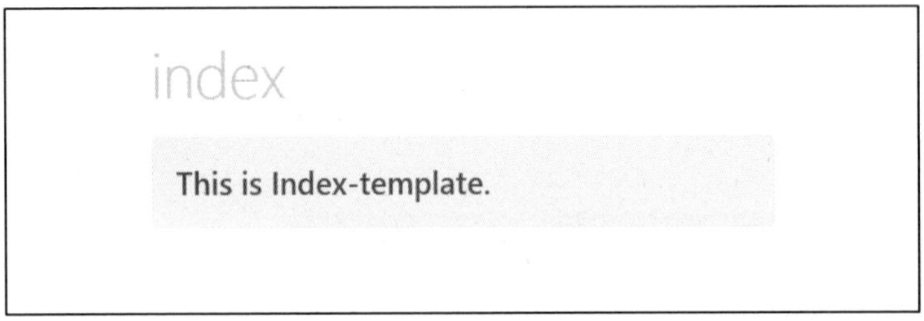

index

This is Index-template.

図6-9 <template>の内容が組み込まれて表示される。

先ほどと同様にタイトルとメッセージがあるページが表示されますが、テンプレートの内容はかなり変わっています。<body>内には、このような記述があるだけです。

```
{{> index}}
```

これは、「index」というテンプレートをここに埋め込んで表示することを示しています。indexテンプレートというのは、その下にあるこの部分のことです。

```
<template name="index">
  ……表示内容……
</template>
```

テンプレートは、このように<template>タグを使って記述されます。このname="index"で指定されたテンプレートが、{{> index}}にはめ込まれていたのです。

<template>によるテンプレートは、このように実際に表示されるコード外に記述しておき、それを必要に応じてコード内に埋め込み表示させることができます。これにより、さまざまなテンプレートを必要に応じて埋め込んでページを作成できるようになるわけです。<template>は、テンプレートの表示作成のもっとも基本となるものといえるでしょう。

ダイナミックテンプレートの利用

このサンプルでは、ただ単に<template>をコード内に埋め込んでいるだけです。しかしBlazeでは、必要に応じてはめ込むテンプレートを設定し、その場で表示を更新させることもできます。これは「ダイナミックテンプレート」と呼ばれるもので、クライアントのJavaScriptコード側からテンプレートを指定して表示させることができるようになります。

このダイナミックテンプレートは、以下のような形で記述します。

```
{{> Template.dynamic template=テンプレート名 data=データ }}
```

Template.dynamicにtemplateとdataという値を用意します。templateで使用するテンプレート名を、dataでテンプレートに渡すデータをまとめたオブジェクトをそれぞれ指定することができます。

テンプレートを用意する

では、実際にダイナミックテンプレートを利用してみましょう。「client」内にある「main.html」を開いてください。そして<body>と<tempalte>を以下のように内容を変更しましょう(<head>部分は変わりないので省略してあります)。

リスト6-10

```
<body class="container">
  {{> Template.dynamic template='index'}}
</body>

<template name="index">
  <h1 class="display-4 my-3 text-warning">Index</h1>
  <h5 class="alert alert-warning">これは、indexテンプレートです。</h5>
</template>
```

ここでは、1つだけテンプレートを用意し、これを表示するようにしています。このように組み込まれていますね。

```
{{> Template.dynamic template='index'}}
```

dataは特に使っていないので省略してあります。これで、<template name="index">が組み込まれた表示がされました。基本的な使い方は先ほどと同じですからわかるでしょう。

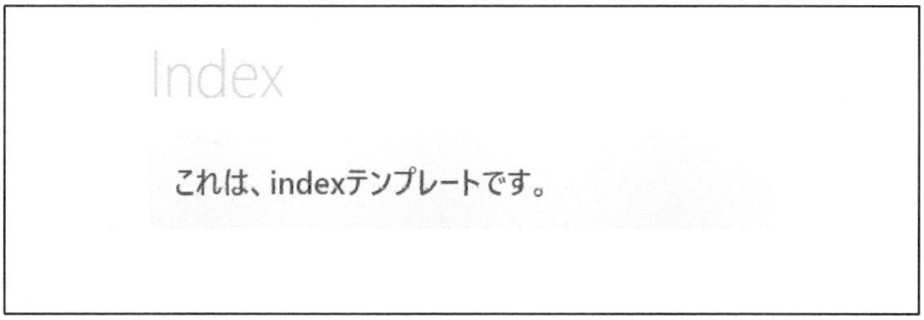

Index

これは、indexテンプレートです。

図6-10 ダイナミックテンプレートを使って表示したところ。

 BlazeLayoutでテンプレートを表示する 

基本がわかったところで、本来の「ダイナミックにページを表示する」ということをやってみます。まずテンプレートを修正しましょう。<body>と<template>を以下のように書き換えてください。

リスト6-11

```
<body class="container">
  {{> Template.dynamic template=template data=data}}
</body>

<template name="index">
  <h1 class="display-4 my-3 text-warning">{{title}}</h1>
  <h5 class="alert alert-warning">{{message}}</h5>
</template>
```

今回は、{{> Template.dynamic}}内にある値をtemplate=template data=dataというように指定してあります。template、dataという変数を設定するようにしているのですね。

渡されたデータは、{{title}}と{{message}}で使っています。{{○○}}という記述は、dataに渡されたオブジェクトから指定の値を取り出して出力するものです。{{title}}ならば、dataからtitleという値をここに書き出しているわけです。

これでテンプレートは用意できました。後は、JavaScript側で、テンプレートとデータを用意してページをレンダリングするような処理を用意すればいいわけです。

BlazeLayoutでレンダリングする

では、JavaScript側の処理を作成しましょう。ダイナミックテンプレートは、ダイナミックにその場で必要に応じてテンプレートをはめ込みページを生成するものです。ということは、ただHTMLファイルに記述しただけでは表示されないのです。テンプレートを指定してページを生成する処理を行わなければいけません。

それを行うのが、テンプレートエンジンです。ここでは「Blaze」というテンプレートエンジンを組み込みました。これを使ってページを生成することができます。

●Blazeでテンプレートをレンダリングする

```
BlazeLayout.render( テンプレート名, データ )
```

テンプレートを指定してレンダリングしページを生成するには、BlazeLayoutというクラスにある「render」メソッドを使います。第1引数にテンプレート名を指定することで、そのテンプレートをダイナミックテンプレートに設定しレンダリングできます。第2引数には、テンプレート側に渡したい値をオブジェクトにまとめたものを指定します。

main.jsを修正する

では、Blazeを使ってページを表示させましょう。「client」内の「main.js」を開き、その内容を以下に書き換えてください。

リスト6-12

```
import { BlazeLayout } from 'meteor/kadira:blaze-layout'

import './main.html'

const data = {
  title: 'index',
  message: 'This is Index-template.'
}
BlazeLayout.render('index', data)
```

index

This is Index-template.

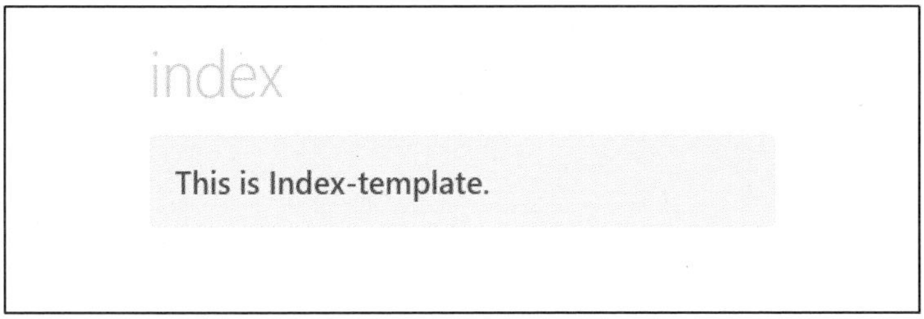

図6-11 indexテンプレートを使ってページを表示する。

これで、main.htmlに用意したindexテンプレートを使ってページが表示されるようになります。ページには「index」というタイトルと、「This is Index-template.」というメッセージが表示されます。これらは、main.js側で用意した値が表示されているのがわかるでしょう。

ここでは、dataという定数にtitleとmessageの値をまとめたオブジェクトを用意し、以下のように実行しています。

```
BlazeLayout.render('index', data)
```

これで、indexという名前のテンプレートがレンダリングされるようになります。この1文を覚えるだけなので、Blazeによるページの表示は意外と簡単なんですね。

 FlowRouter.routeによるルート設定 

ページは表示できましたが、いろいろと試してみると、問題もあることがわかるでしょう。それは、「どこにアクセスしても全部同じ表示になる」という点です。http://localhost:3000/にアクセスしたときだけでなく、/helloでも/abcでもどこでもすべて同じ表示になるのです。

ダイナミックテンプレートは、状況に応じてさまざまなテンプレートを使って表示を作れるのが魅力です。どこにアクセスしても全部同じ表示では、使う意味がありません。

ここで必要となるのが「ルーティング」の機能です。ルーティングは、アクセスするパスに応じて異なる処理を実行する機能のことでしたね。ここでは、「FlowRouter」というルーティングのためのライブラリをインストールしましたから、これを利用することでルーティングを設定することができるようになります。

このFlowRouterは、「route」というメソッドを使ってルーティングの設定を行えます。

●パスに処理を割り当てる

```
FlowRouter.route(パス, オブジェクト )
```

第1引数には、割り当てるパスをテキストで指定します。第2引数には、必要な設定情報をまとめたオブジェクトを用意します。これには、必ず「action」というメソッドを用意する必要があります。

●route引数のオブジェクト

```
{
  ……設定項目……,
  action(params, queryParams) {
    ……実行する処理……
  }
}
```

actionには、パラメーターとクエリー文字列によるパラメーターをまとめたものが引数として渡されます。この中に、FlowRouter.routeで指定したパスにアクセスした際の処理を用意します。BlazeLayoutのrenderを使ったレンダリングもここで行うようにします。

テンプレートを追加する

では、実際に試してみましょう。まずテンプレートを追加します。「client」内の「main.html」を開いて、以下のコードを末尾に追記しましょう。

リスト6-13

```
<template name="error">
  <h1 class="display-4 my-3 text-danger">ERROR!</h1>
  <h5 class="alert alert-danger">404. ページがありません。</h5>
</template>
```

これは、エラー時の表示を行うためのテンプレートです。errorという名前のテンプレートをレンダリングすれば、これが表示されるようになります。

main.jsにルーティング処理を用意する

では、ルーティングの処理を作成しましょう。「client」内の「main.js」を開き、以下のようにコードを書き換えてください。

リスト6-14

```
import { FlowRouter } from 'meteor/ostrio:flow-router-extra'
import { BlazeLayout } from 'meteor/kadira:blaze-layout'

import './main.html'

FlowRouter.route('/', {
  action(params, queryParams) {
    const data = {
      title: 'index',
      message: 'This is Index-template.'
    }
    this.render('index', data)
  }
})

// ☆その他のパスのエラー処理
FlowRouter.route('/*', {
  action(params, queryParams) {
    this.render('error')
  }
})
```

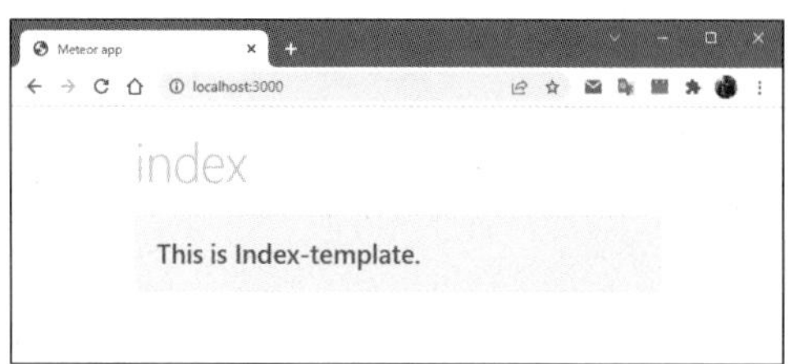

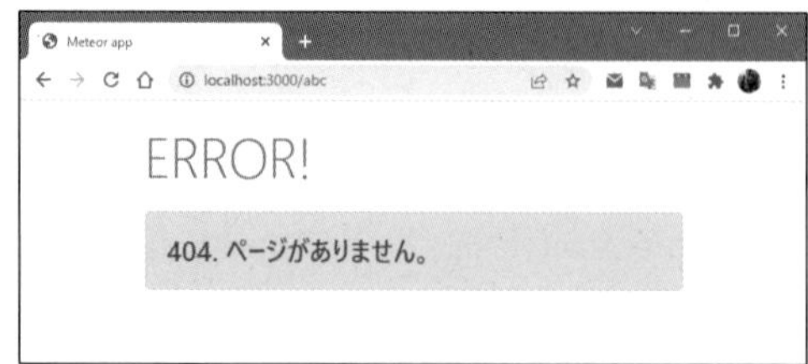

図6-12 ルート(/)にアクセスするとindexテンプレートが表示されるが、それ以外のパスにアクセスするとエラーになる。

修正できたら実際にアクセスしてみましょう。http://localhost:3000/にアクセスすると、indexテンプレートによる表示が現れます。それ以外のパスでは、すべてエラーになります。例えば、http://localhost:3000/abcというようにアクセスしてみましょう。エラーの表示になるのがわかります。

ルーティングの処理について

では、ここでどのようなことを行っているのか見てみましょう。ここでは、2つのFlowRouter.route文が書かれています。これは、以下のような形になっていることがわかります。

```
FlowRouter.route('/', {
  action(params, queryParams) {
    ……処理……
  }
})
```

この中で、BlazeLayoutのrenderを呼び出してレンダリングすればいいわけですね。ただし、今回作成したコードではBlazeLayout.renderではなく、this.renderになっています。FlowRouterの引数にある関数はBlazeLayoutインスタンスがthisで渡されるので、そこからrenderを呼び出します。

もう1つのエラーのルーティング処理は、パスの指定が少しだけ違っています。このようになっていますね。

```
FlowRouter.route('/*', {……})
```

'/*'と指定することで、/の後にどんなテキストが来ても対応できるようになります。*はワイルドカードの記号で、不特定のテキストを表します。

コラム ルーティングは実行順が重要！ Column

'/*'という指定は、/の後にどんな値があっても実行されます。「だったら、トップページ(/)にアクセスしてもエラー処理が実行されないか？」と思った人もいるかも知れません。これは、考え方としては正しいですが、そうはなりません。

FlowRouter.routeのルーティングは、実行した順番にパスのチェックが行われます。最初にFlowRouter.route('/', …)のルーティングが実行され、それに当てはまらなかった場合にFlowRouter.route('/*', …)が実行されます。このため、トップページの'/'へのアクセスはエラーページにはならないのです。逆に、'/*'のルーティングを先に実行してしまうと、どこにアクセスしてもすべてエラーになります。

この先、更にルーティングを追加する場合は、FlowRouter.route('/*', …)の前に実行するように記述すれば、指定したパスでエラー表示にはならなくなります。FlowRouter.route('/*', …)の後に書いてしまうと、先にエラーのルーティングが実行されてしまうので、追加したパスにアクセスしてもエラーと判断されてしまいます。FlowRouter.routeの実行順には十分注意しましょう。

テンプレートのヘルパー機能について

テンプレートは、JavaScript側では「Template」というオブジェクトとして用意されています。この中に、用意されたテンプレートに対応するプロパティが用意され、そこにTemplateStaticというオブジェクトが用意されています。

例えば、「index」というテンプレートは、JavaScriptからは以下のようにアクセスできます。

```
Template.index
```

このindexに用意されているオブジェクトにあるメソッドを使うことで、テンプレートで必要となるさまざまな機能を実装できるようになります。よく利用されるメソッドとしては、以下の3つがあります。順に説明しましょう。

●ヘルパー機能の設定

```
helpers( オブジェクト )
```

まずは、「ヘルパー」という機能の設定についてです。ヘルパーとは、JavaScript側に用意した機能をテンプレート内から呼び出せるようにするためのものです。helpersの引数に指定したオブジェクト内にメソッドを用意しておくと、そのメソッドをテンプレート内から呼び出せるようになります。

例えば、こんな形で記述することになるでしょう。

```
Template.テンプレート.helpers({
  メソッドA () {……},
  メソッドB () {……},
  ……
}
```

このように記述したものは、テンプレート内に{{メソッドA}}というように埋め込むことで、そこにメソッドの実行結果を出力させることができるようになります。

ヘルパーで日時を表示する

では、簡単な利用例を挙げておきましょう。「client」内の「main.html」に以下のテンプレートを追記してください。

リスト6-15

```
<template name="hello">
  <h1 class="display-4 my-3 text-primary">{{title}}</h1>
  <h5 class="alert alert-primary">{{hello}}</h5>
</template>
```

ここでは、name="hello"というテンプレートを作成してあります。ここには、{{title}}と{{hello}}という値を埋め込んであります。

では、JavaScript側に、このテンプレートを使ったルーティングを用意しましょう。「main.js」に以下のコードを追加してください。なお、これはFlowRouter.route('/*',…)のルーティング設定よりも前に記述する、ということを忘れないでください。

リスト6-16

```
FlowRouter.route('/hello', {
  action(params, queryParams) {
    const data = {
      title: 'Hello',
    }
    this.render('hello', data)
  }
})
```

ここでは、titleという値だけを用意してあります。テンプレートにあった{{hello}}の値は用意していません。

では、ヘルパーを使って、helloの値が得られるようにしましょう。以下のコードをmain.jsに追記しましょう。なお、Templateが使えるようにimport文を追記するのも忘れないでください。

リスト6-17

```
// import { Template } from 'meteor/templating' を追記

Template.hello.helpers({
  hello() {
    return new Date().toLocaleString()
  },
})
```

Hello

2022/3/8 13:54:45

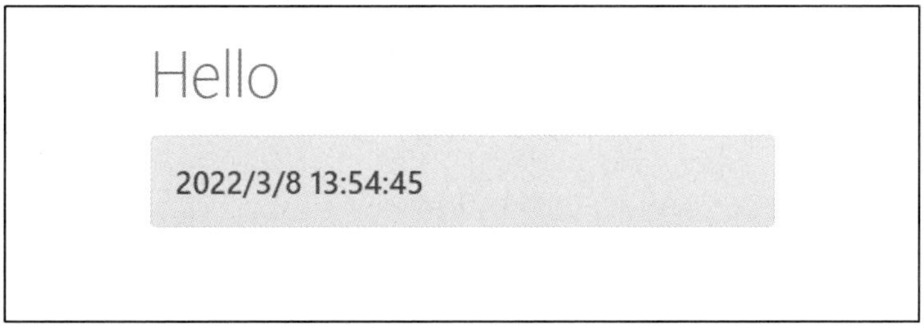

図6-13 現在の日時が表示される。

これでhelloの表示ができました。アクセスすると、現在の日時が表示されるようになります。

ここでは、Template.hello.helpersというようにして、helloテンプレートのヘルパーを設定しています。その中には、hello関数を定義し、return new Date().toLocaleString()というようにして現在の日時をテキストとして取り出したものを返すようにしています。この値が、{{hello}}の値として出力されていたのです。

ヘルパーを利用することで、このようにJavaScript側の処理を簡単にテンプレートで利用できるようになります。

onCreatedと値の利用

続いて、2つ目のメソッドとして「初期化処理」を行うための機能についてです。これは「onCreated」というメソッドとして用意されています。

●初期化処理

```
onCreated(function() {…処理…})
```

引数には関数を用意します。この関数の中に処理を用意しておくと、それがテンプレート生成時に初期化処理として実行されます。

大抵の場合、このonCreatedは、テンプレートで必要となる値などの初期化処理を行うのに使われます。テンプレートに値を設定しておき、それらを必要に応じてヘルパーなどを使ってテンプレートから利用できるようにするのですね。

テンプレートのプロパティ利用

ただし、ここで注意したいのは、ただ適当に変数や定数をonCreatedで宣言しても、それはヘルパーの関数などの中から利用することはできない、という点です。

ヘルパーは、テンプレート内から呼び出されて実行されるものですから、普通に変数などを置いてあってもその値が使われることはありません。ヘルパー内で値を扱うためには、テンプレート内からヘルパーを利用した際にちゃんと値が保管されているところにデータを置く必要があります。

これは、TemplateStaticにプロパティとして値を保管しておくのがもっともよいやり方でしょう。TemplateStaticというのは、Templateに用意されているテンプレート名のプロパティに設定されているオブジェクトでしたね。

onCreatedを利用する場合、プロパティには以下のような形で値を設定します。

```
Template.hello.onCreated(function() {
  this.プロパティ = 値
})
```

thisを使い、作成された単プレートのインスタンス自身のプロパティに値を設定するわけです。

こうして使われたテンプレートのインスタンスは、ヘルパー関数ではTemplate.instance()というようにして取り出すことができます。そこからプロパティの値を利用することになります。

プロパティで値を利用する

では、実際にプロパティを使った値の利用を行ってみましょう。main.jsで、先に作成したTemplate.hello.helpersメソッドの処理を削除し、新たに以下のコードを追記してください。

リスト6-18

```
Template.hello.onCreated(function() {
  this.msg = 'これはonCreateで初期化したメッセージです。'
})

Template.hello.helpers({
  hello() {
    return Template.instance().msg
  },
})
```

Hello

これはonCreateで初期化したメッセージです。

図6-14　onCreatedで初期化した値が表示される。

これでアクセスすると、「これはonCreateで初期化したメッセージです。」というメッセージが表示されます。コードを見ると、onCreateでthis.msgにメッセージを設定しているのがわかります。この値は、ヘルパーのhelloメソッドで以下のようにして取り出しています。

```
return Template.instance().msg
```

これで、テンプレートのmsgプロパティに保管した値が出力されます。このように、テンプレートのプロパティを使うことで、必要な値をいつでも取り出しヘルパーで使えるようになります。

リアクティブな値の利用

ヘルパーから必要な値を扱えるようになると、それを利用してさまざまな表示が作れるようになります。ここで注意したいのは「ヘルパーの値を埋め込んだ表示は、更新されるのか？」という点でしょう。

まずは、簡単なサンプルを作って動かしてみましょう。main.htmlに用意したhelloテンプレートを以下のように書き換えてください。

リスト6-19

```
<template name="hello">
  <h1 class="display-4 my-3 text-primary">{{title}}</h1>
  <h5 class="alert alert-primary">Count: {{count}}</h5>
</template>
```

Count: {{count}}というようにして、countという値を出力するようにしました。スクリプト側でこの値を扱う処理を作成しましょう。main.jsに記述したTemplate.hello.onCreatedとTemplate.hello.helpersをそれぞれ以下のように書き換えてください。

リスト6-20

```
Template.hello.onCreated(function() {
  this.count = 0
  setInterval(()=>{
    this.count += 1
  },1000)
})

Template.hello.helpers({
  count() {
    return Template.instance().count
  },
})
```

図6-15　数字は表示されるが、ゼロのまま更新されない。

ここでは、onCreatedでthis.countにゼロを代入し、それからsetIntervalを使ってタイマーで1秒ごとにcountの値を1増やしていくようにしています。こうすると、1秒ごとに数字がカウントされていくはずです。

ところが、実際にやってみると、表示は「Count: 0」のまま変わりません。タイマーは、実はちゃんと動いています。そしてcountプロパティの値も1ずつ増えています。ただ、表示が更新されないのです。

これは考えてみれば当たり前で、テンプレートに埋め込んだ{{count}}は、countヘルパーの値をここに出力しているだけです。表示された後は、countの値がいくら増えようがもう出力結果は書き換わらないのです。

 ReactiveVarによるリアクティブな値 

従来のWebページでは、こんなとき、HTMLエレメントを取得してtextContentなどの値を書き換えて表示を更新していました。つまり、「表示の更新を手作業で実行する」のが普通でした。

しかし、Meteorはリアクティブなアプリケーション開発を考えて作られています。プログラマが自分で表示を書き換える処理を用意するのでは、旧来の方式と変わりありません。そこでMeteorは、「値が変更されたら表示も更新される」という仕組みを用意しました。これを使えば、{{}}で埋め込まれた値を操作すると表示も自動的に更新されるようになるのです。

このリアクティブな値は「ReactiveVar」というオブジェクトとして用意されています。これは以下のように作成します。

●リアクティブな変数の作成

```
変数 = new ReactiveVar( 初期値 )
```

引数に初期値を指定してnewすると、リアクティブ変数のオブジェクトが作成されます。これ自体はオブジェクトですので、これに設定されている値はメソッドを使って操作します。

●値の取得

```
変数 =《ReactiveVar》.get()
```

●値の変更

```
《ReactiveVar》.set( 値 )
```

このReactiveVarを使うことで、表示が自動更新される値を用意することができるようになります。では、実際に使ってみましょう。

数字がカウントしていく

先ほどの「数字をカウントする処理」を、ReactiveVarを使って書き換えてみましょう。main.jsのTemplate.hello.onCreatedとTemplate.hello.helpersを以下のように修正してください。なお、ReactiveVarのimport文も追記するのを忘れないようにしましょう。

リスト6-21

```
// import { ReactiveVar } from 'meteor/reactive-var' を追記

Template.hello.onCreated(function() {
  this.count = new ReactiveVar(0)
  setInterval(()=>{
    this.count.set(this.count.get() + 1)
  },1000)
})

Template.hello.helpers({
  count() {
    return Template.instance().count.get()
  },
})
```

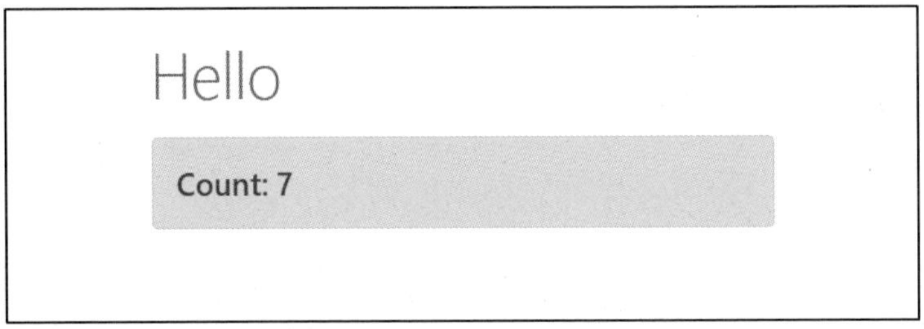

Hello

Count: 7

図6-16　数字が1秒ごとに増えていくようになった。

アクセスすると、今度は数字が1秒ごとに1ずつ増えていくようになります。ここでは、onCreatedで以下のようにcountを用意しています。

```
this.count = new ReactiveVar(0)
```

new ReactiveVar(0)として、this.countに値を設定します。そしてsetIntervalの関数では、以下のようにしてcountの値を操作しています。

```
this.count.set(this.count.get() + 1)
```

this.countからgetで値を取り、setで値を設定する、という基本がわかれば、このようにReactiveVarの値は簡単に操作できます。

そしてヘルパーに用意したhello関数では、以下のようにcountの値を返すようにしています。

```
return Template.instance().count.get()
```

これで、テンプレートの{{count}}の表示は、countの値が更新される度に自動的に表示が更新されるようになります。

 イベントの設定 

テンプレートのメソッドでもう1つ覚えておきたいのが、「イベント処理の設定」に関するものです。「event」というメソッドで以下のように記述します。

●イベント処理の設定

```
events( オブジェクト )
```

値はオブジェクトになっており、ヘルパー関数を設定するhelperの引数と同様、このオブジェクト内にメソッドとしてイベントの処理を用意していきます。

オブジェクトに用意するメソッドは、独特の形をしています。整理するとこうなるでしょう。

●イベント書利用のメソッド

```
'イベントとターゲットの指定'(event, instance) {
  ……処理……
}
```

メソッド名は、イベントと対象となるHTML要素を指定した形になります。例えば、'click button"とすると、<button>のonclick属性に処理が割り当てられるようになります。

このイベント処理でReactiveVarを使った値を操作すれば、簡単に処理が行えるようになりますね。

ボタンクリックでReactiveVarを操作

では、実際に簡単なサンプルを作ってみましょう。まずテンプレートを修正します。main.htmlを開き、helloテンプレートを以下のように修正してください。

リスト6-22

```
<template name="hello">
  <h1 class="display-4 my-3 text-primary">{{title}}</h1>
```

```
  <h5 class="alert alert-primary">Count: {{count}}</h5>
  <button id="btn1" class="btn btn-primary">Click!</button>
</template>
```

ここでは、id="btn1"という<button>を1つ追加しています。これ自体には、イベントの処理などは特に用意していません。

では、このボタンにイベントの設定を行いましょう。main.jsを開き、既にあるonCreatedメソッドのコードを削除して、改めて以下の処理を追記してください。

リスト6-23

```
Template.hello.onCreated(function() {
  this.count = new ReactiveVar(0)
})

Template.hello.events({
  'click button[id="btn1"]'(event, instance) {
    instance.count.set(instance.count.get() + 1)
  },
})
```

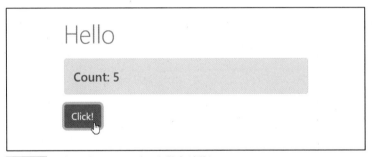

図6-17 ボタンをクリックすると数字が増える。

これを保存し、アクセスしたらボタンをクリックしましょう。するとクリックするごとに数字が1ずつ増えていきます。先ほどタイマーを使って行っていた処理を、そのままボタンクリックに置き換えたわけです。

ここでは、Template.hello.eventsの引数に指定したオブジェクトに以下のような形でメソッドを用意しています。

```
'click button[id="btn1"]'(event, instance) {……}
```

'click button[id="btn1"]'というのは、'イベント名 要素名 [属性の指定]'というような形になっています。これは、id="btn1"の<button>タグにonclickイベントの処理を設定するもの、というわけです。

引数は2つありますが、1つ目のeventは発生したイベントのオブジェクトが渡されます。そして2つ目のinstanceには、イベントが発生したテンプレートのインスタンスが渡されます。したがって、このinstanceからcountプロパティの値を操作すれば値が使えるようになります。

入力の処理について

ヘルパーを使い、値を出力するのはこれでできますが、では逆はどうでしょうか。つまりユーザーがフィールドなどから入力した値を扱うにはどうすればいいでしょう。

これは、先ほど使ったeventsメソッドを利用する方法が考えられるでしょう。ここで、入力された値が変更されたときのイベント処理を用意しておくのです。

eventsのイベント処理では、発生したイベントのオブジェクトが引数に渡されます。そこから入力された値を取り出してReactiveVarのプロパティに設定すれば、値が変更されると表示も更新できるようになります。

では、実際に試してみましょう。main.htmlを開き、helloテンプレートの内容を以下に書き換えてください。

リスト6-24

```
<template name="hello">
  <h1 class="display-4 my-3 text-primary">{{title}}</h1>
  <h5 class="alert alert-primary">{{msg}}</h5>
  <label for="num" class="form-label">Number:</label>
  <input type="number" id="num" class="form-control">
</template>
```

ここでは、id="num"の<input type="number">を用意してあります。ここに入力された値を元に計算の処理を実行させるようにしてみましょう。

入力値をもとに合計を計算

では、JavaScript側の処理を用意します。既にあるTemplate.helloテンプレートのonCreate、helpers、eventsメソッドをすべて削除し、改めて以下のコードを追記してください。

リスト6-25

```
Template.hello.onCreated(function() {
  this.inputed = new ReactiveVar(0)
})

Template.hello.helpers({
  msg() {
    var total = 0
    var max = Template.instance().inputed.get()
    if (!max) {
      return "input number..."
    }
    for (var i= 0;i <= max;i++) {
      total += i
    }
    return  "TOTAL: " + total + " !"
  },
})

Template.hello.events({
  'change input[type=number]'(event, instance) {
    instance.inputed.set(event.target.value)
  }
})
```

図6-18　フィールドの数字を変更すると、その数字までの合計が表示される。

アクセスしたら、入力フィールドに数字を記入してみましょう。すると入力が確定すると同時に、1からその数字までの合計が計算され表示されます。

ここでは、Template.hello.eventsで以下のようにイベント処理のメソッドを用意してあります。

```
'change input[type=number]'(event, instance) {
  instance.inputed.set(event.target.value)
}
```

メソッド名には、'change input[type=number]'と指定をしています。これで、<input type="number">に対してchangeイベントの処理が設定されます。

ここでは、event.target.valueでイベントが発生した対象のvalue値を取り出し、それをinstance.inputed.setで設定しています。これで、入力した値がinputedプロパティに保管されるようになります。

後は、ヘルパーを使ってmsgメソッドを作成し、そこでinputedまでの合計を計算して返す処理を作成するだけです。

これで入力から出力まで一通りできるようになりましたね！

Section 6-3 mongoDBによるコレクションの利用

mongoDBとNoSQLデータベース

Meteorの大きな特徴の1つに「データベース」が挙げられます。アプリケーションで使うデータベースといえば、MySQLなどのオープンソースのSQLデータベースを前提に設計されているのが一般的です。ところがMeteorは、そうではありません。

Meteorは、標準でデータベースの機能をまるごと持っています。別途データベースを用意する必要はありません。では、Meteorに標準で組み込まれているデータベース機能というのはどんなものなのか。

それは、「mongoDB」というデータベースなのです。

mongoDBはNoSQL

mongoDBという名前、どこかで耳にしたことがあるでしょうか。データベースとして、おそらくもっともよく耳にするのは、「MySQL」や「PostgreSQL」といったものでしょう。またOracleやMicrosoft SQLといったものも業務で利用している人には馴染みのものかも知れません。

これらのデータベースとmongoDBは、全く性質の異なるものなのです。上記のデータベースは、一般に「リレーショナルデータベース」と呼ばれるもので、あらかじめデータ構造を厳密に定義した「テーブル」というものを設計し、それらを関連付けでデータを記録していきます。

そして、データベースへの問い合わせには「SQL」というデータベース言語を使います。SQLは、データベースへのアクセスに関するきめ細かな処理を行うことができるようになっており、高度なデータベース処理が可能です。

これに対し、mongoDBはSQLを使わない「非SQL（NoSQL）データベース」なのです。データベースアクセスのための言語を持っていないため、データベースアクセスは非常に単純なことしかできません。「○○の値が××のもの」といったシンプルな検索しか行えないのですね。

NoSQLは高速！

では、SQLを採用しないデータベースがなぜあるのか。その最大の理由は「アクセスが超高速」だからです。非常に単純なアクセスしかできないため、膨大な量のデータであっても非常に高速にアクセスすることができます。

リレーショナルデータベースは、テーブルに記録されたデータ(レコードと呼ばれます)が複雑に関連し合った関係を定義できますが、そうした複雑なデータ構造から細かな処理を記述するSQLによる問い合わせを行うため、多量のデータになるほどに時間がかかるようになります。NoSQLはデータが複雑に関連し合うこともなく、問い合わせも単純であるため非常にスピーディに動作するのです。

最近では、ビッグデータと呼ばれる多量のデータを解析する分野が急成長していますが、こうしたビッグデータの処理などでNoSQLは多用されています。

ドキュメント指向データベース

NoSQLは、そのデータの扱い方でいくつかの種類に分かれています。mongoDBは、「ドキュメント指向」型データベースと呼ばれます。これは、JSONやXMLなどを使って記述されたデータを管理するものです。

ドキュメント指向のデータベースでは、いくつかの項目をまとめた「ドキュメント」と、多数のドキュメントをまとめる「コレクション」と呼ばれるもので構成されます。ドキュメントにはどんな項目をどのように保管しても構いません。SQLデータベースのように、あらかじめデータ構造をテーブルとして定義する必要がなく、どんな構造のデータであってもすべて放り込んでおけるのです。

この柔軟性の高さも、NoSQLが最近になって支持されるようになってきている要因でしょう。

MeteorにおけるmongoDBの利用

では、このmongoDBは、Meteorの中でどのように扱われるのでしょうか。

データベースの利用というと、まず「データベースのプログラムをインストールし、セットアップする」といった準備が必要となります。mongoDBも独立したデータベースであり、通常はプログラムをインストールし、データベースサーバーとして起動してアクセスすることになります。

しかし、MeteorからmongoDBを利用する場合、ソフトウェアのインストールやデータベースサーバーのセットアップなどは一切不要です。なぜなら、MeteorにはmongoDBのデータベースサーバー機能が組み込まれており、作成したMeteorアプリケーションを起動する際にデータベースも起動し、すぐに使える状態になっているからです。

したがって、データベースの準備などは考えず、すぐに「どう使えばいいか」を学習していくことができます。

mongoパッケージのインストールは必要

ただし、私たちがサンプルで利用しているのは「ミニマル・アプリケーション」で、必要最低限のものしかインストールしていないプロジェクトですから、mongoDB利用のためのパッケージは手動でインストールしないといけません。

コマンドプロンプト（ターミナル）から、以下のコマンドを実行しましょう。

```
meteor add mongo
```

これで、mongoDB利用のためのパッケージがインストールされ、データベースが使えるようになります。

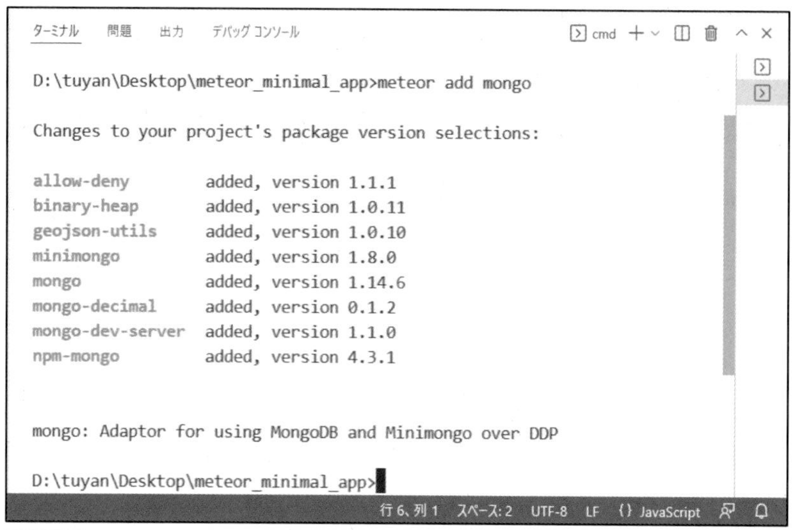

ターミナル　問題　出力　デバッグ コンソール
cmd
D:\tuyan\Desktop\meteor_minimal_app>meteor add mongo
Changes to your project's package version selections:
allow-deny added, version 1.1.1
binary-heap added, version 1.0.11
geojson-utils added, version 1.0.10
minimongo added, version 1.8.0
mongo added, version 1.14.6
mongo-decimal added, version 0.1.2
mongo-dev-server added, version 1.1.0
npm-mongo added, version 4.3.1
mongo: Adaptor for using MongoDB and Minimongo over DDP
D:\tuyan\Desktop\meteor_minimal_app>
行 6、列 1　スペース: 2　UTF-8　LF　{} JavaScript

図6-19　mongoパッケージをインストールする。

コレクションを用意する

では、mongoDBの利用について説明していきましょう。先ほど触れたように、mongoDBのデータベースは、「コレクション」と「ドキュメント」で構成されています。

コレクション	多数のドキュメントをまとめておくものです。
ドキュメント	さまざまな値を保管したものです。

データベースは、保管したい値を「ドキュメント」というものとして用意します。これを、保存したいコレクションに追加していきます。コレクションの中には、保管した多数のドキュメントがまとめられているわけですね。そこから必要なドキュメントを取り出し、そこにある値を利用するわけです。

したがって、mongoDBを利用するには、まず「コレクション」を用意する必要があります。これには、まずmongoパッケージをインポートしておきます。

●mongoDBの用意

```
import { Mongo } from 'meteor/mongo'
```

mongoDB関連の機能は、このMongoクラスにあるメソッドなどを呼び出して使います。では、コレクションの取得はどのように行うのでしょうか。

●mongoDBコレクション

```
変数 = new Mongo.Collection( コレクション名 )
```

コレクションは、Mongoモジュール内にあるCollectionというクラスとして用意されています。このクラスのインスタンスを作成して利用します。引数には、コレクションの名前を指定します。mongoDBでは、名前をつけていくつでもコレクションを用意することができます。

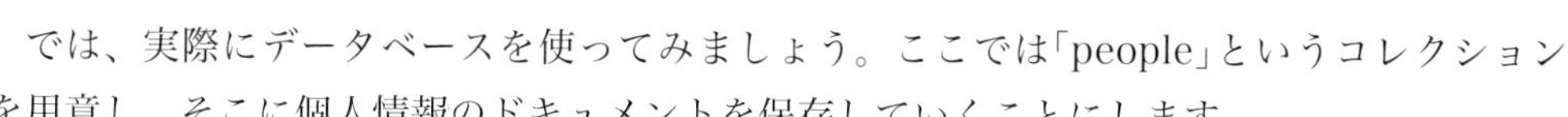

peopleコレクションを用意する

では、実際にデータベースを使ってみましょう。ここでは「people」というコレクションを用意し、そこに個人情報のドキュメントを保存していくことにします。

まずは、どこからでもpeopleにアクセスできるよう、peopleコレクションを取り出すモジュールを用意しておくことにします。アプリケーションフォルダーの中に「imports」という名前でフォルダを作成してください。インポートして利用するモジュールのスクリプトは、ここにまとめることにしましょう。

この「imports」フォルダーの中に、「people.js」という名前でファイルを作成します。そして以下のように記述しましょう。

リスト6-26

```
import { Mongo } from 'meteor/mongo'

export const People = new Mongo.Collection('people')
```

以上にシンプルなものですね。new Mongo.Collectionでpeopleコレクションのインスタンスを作り、これをexportしています。

このスクリプトを必要に応じてインポートして利用することにしましょう。

startup時にコレクションを取得する

では、作成したpeople.jsを利用してpeopleコレクションのデータを取り出してみましょう。まずはサーバー側に処理を用意してみます。「server」内にある「main.js」を開いてください。そして、Meteor.startupメソッドの記述を以下に書き換えましょう。なお、import文も追記するのを忘れないでください。

リスト6-27

```
// import { People } from "../imports/people" // 追記

Meteor.startup(() => {
  People.insert({name:'taro', email:'taro@yamada'}) //☆
  People.insert({name:'hanako', email:'hanako@flower'}) //☆
  const data = People.find().fetch()
  console.log(data)
})
```

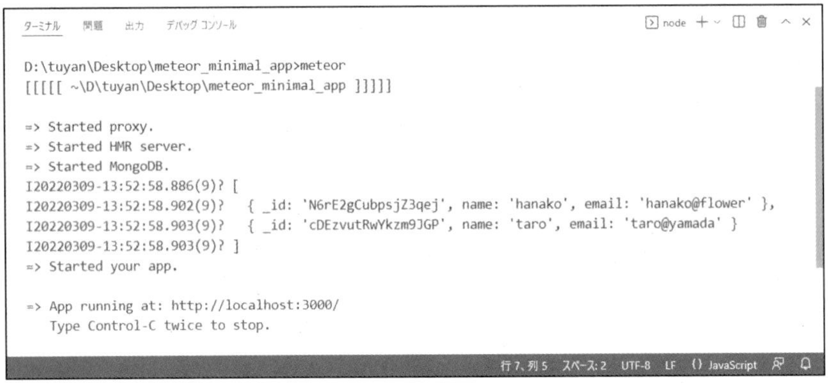

```
ターミナル　問題　出力　デバッグ コンソール　　node

D:\tuyan\Desktop\meteor_minimal_app>meteor
[[[[[ ~\D\tuyan\Desktop\meteor_minimal_app ]]]]]

=> Started proxy.
=> Started HMR server.
=> Started MongoDB.
I20220309-13:52:58.886(9)? [
I20220309-13:52:58.902(9)?   { _id: 'N6rE2gCubpsjZ3qej', name: 'hanako', email: 'hanako@flower' },
I20220309-13:52:58.903(9)?   { _id: 'cDEzvutRwYkzm9JGP', name: 'taro', email: 'taro@yamada' }
I20220309-13:52:58.903(9)? ]
=> Started your app.

=> App running at: http://localhost:3000/
   Type Control-C twice to stop.

行 7、列 5　スペース: 2　UTF-8　LF　{} JavaScript
```

図6-20　アプリケーション起動時に、peopleコレクションの内容がコンソールに出力される。

記述したらアプリケーションが再起動されるのを待ってコンソール(コマンドプロンプトやターミナルの画面)をチェックしてください。peopleコレクションの内容がここに書き出されているのが確認できます。ここでは、ダミーデータとして2つのドキュメントを追加し表示しています。

表示を確認したら、☆マークの2文をすぐに削除してください。これが残っていると、アプリケーションが再起動する度にデータが追加されてしまいます。

insertメソッド

ここでは、最初にコレクションの「insert」というメソッドを呼び出していますね。これは、コレクションにドキュメントを追加するものです。

●insertメソッド

```
《Collection》.insert( オブジェクト )
```

引数にJavaScriptのオブジェクトを指定すると、それがそのままドキュメントとして追加されます。

mongoDBは、データベースをJSON形式のデータとして保存管理しており、JavaScriptとの親和性が高いのです。保存したいデータは、JavaScriptのオブジェクトにしてinsertすればそのままコレクションに保存できてしまうんですね！

findとfetchメソッド

ダミーデータを追加したら、Peopleコレクションのメソッドを呼び出してドキュメントを取り出しています。ここでは、「find」と「fetch」というメソッドが使われていますね。

●findメソッド

```
変数 =《Collection》.find()
```

findは、コレクションからドキュメントを検索し取り出すものです。引数にはいろいろ用意できるのですが、とりあえず「何も指定しなければ、全ドキュメントが取り出せる」ということだけ覚えておきましょう。

これでドキュメントが簡単に取り出せる……と思ったかも知れませんが、実は取り出されるのはドキュメントではなく、「Cursor」というオブジェクトです。これは、コレクションからドキュメントを取り出すための機能を提供するものです。

●fetchメソッド

```
変数 =《Cursor》.fetch()
```

Cursorにある「fetch」は、Cursorに用意されているすべてのドキュメントを取り出すものです。これで各ドキュメントをオブジェクトにまとめたものの配列が得られます。

このように、コレクションから find.().fetch() と続けて呼び出すことで、すべてのドキュメントを取り出すことができるようになります。

peopleコレクションを表示する

では、アクセスの方法がわかったら、Webアプリケーションの中でmongoDBを利用してみましょう。ここでは「people」というテンプレートを追加し、ここにpeopleコレクションの内容を表示させてみましょう。

まずはテンプレートの容易です。「client」内の「main.htjml」を開いて、以下のテンプレートを追記してください。

リスト6-28

```
<template name="people">
  <h1 class="display-4 my-3 text-primary">{{title}}</h1>
  <h5 class="alert alert-primary">{{message}}</h5>
  <h5 class="mt-4">People data</h5>
  <pre class="border border-1">
  {{data}}
  </pre>
</template>
```

とりあえず、{{data}}としてdataの値をそのまま出力するようにしています。後は、JavaScript側でコレクションからドキュメントを取り出しdataとして渡せばいいでしょう。

ルーティングからpeopleコレクションを渡す

では、ルーティング処理を作成し、そこでコレクションを用意することにしましょう。「client」内の「main.js」を開き、以下のコードを'/*'の処理より前に追記してください。import文も忘れずに！

リスト6-29

```
// import { People } from "../imports/people" //追記

FlowRouter.route('/people', {
  action(params, queryParams) {
    const result = People.find().fetch()
    const data = {
      title: 'People',
      message: 'Show people data.',
      data:JSON.stringify(result, null, '  ')
    }
    this.render('people', data)
  }
})
```

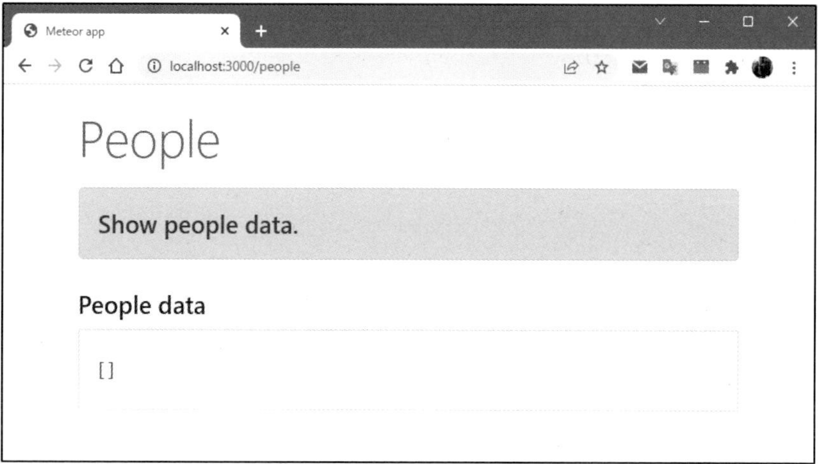

図6-21　/peopleにアクセスしてもpeopleのドキュメントが表示されない。

修正したら、http://localhost:3000/peopleにアクセスして表示を確認しましょう。すると、peopleコレクションのドキュメントが……あれ？ 表示されませんね？

ここでは、const result = People.find().fetch()としてpeopleの内容を取得し、それをJSON.stringifyでテキストにしたものをdataに設定して渡しています。それなのに、Webページには、[]と空の配列しか表示されません。これは一体、どういうことでしょう？

クライアント側からはfindできない！

なぜなら、クライアント側からは、mongoDBへのダイレクトな接続は用意されていないからです。mongoDBへの接続はサーバー側にのみ用意されています。このため、ドキュメントの操作はクライアント側から行ってもはうまく動かないのです。

「それなら、サーバー側のmain.jsでPeople.find().fetch()して取り出したものを、sink.renderIntoElementByIdでテンプレートに表示すればいいのでは？」

こう考えた人も多いことでしょう。が、残念ながらこれもできません。なぜなら、これはstatic-htmlモジュールを使っていたときのやり方でした。中には忘れていた人もいるでしょうが、このアプリケーションではBlazeをインストールした際にstatic-htmlを削除しています。したがって、renderIntoElementByIdを使ったやり方はもう使えません。

では、どうすればいいのか？ これは、Meteorの「メソッド(Methods)」と呼ばれる機能を使うのです。

「Methods」について

Methodsとは、Meteorに用意されている「クライアント側からサーバー側の機能を呼び出すための仕組み」のことです。Webアプリケーションというのは、本来、サーバー側で処理を実行していくのが基本です。クライアント側のJavaScriptでは、いろいろと制限があるため、できないこともたくさんあります。

例えばサーバー側にあるデータベースにアクセスするのも、サーバー側で行わないといけません。普通のアプリケーションフレームワークでは、サーバー側ですべての処理を実行しますから、こんなことを意識したことはないでしょう。

しかしMeteorの場合、サーバー側とクライアント側を同じ感覚でコーディングしていくので、「今、書いているコードはサーバー側なのかクライアント側なのか？」をきちんと意識しておかないとうまくいかないこともあるのです。

クライアント側からサーバー側の処理を呼び出す

Meteorでは、多くの「サーバー側でないと動かない処理」をクライアント側からでも利用できるようにするため、Methodsを用意しています。これはサーバー側に実行する処理をMethodsとして用意しておき、クライアントからそれを呼び出せるようにするものです。

クライアントからMethodsの機能が呼ばれると、クライアントからMeteorのサーバーに呼び出しの情報が送られ、サーバー側にある機能が実行されます。そしてその実行結果が再びクライアント側に返信されるのです。つまり、クライアントとサーバーの間をAjaxで送受することで、まるで「クライアントからサーバーの機能を実行している」かのように振る舞うのです。これがMethodsの働きです。

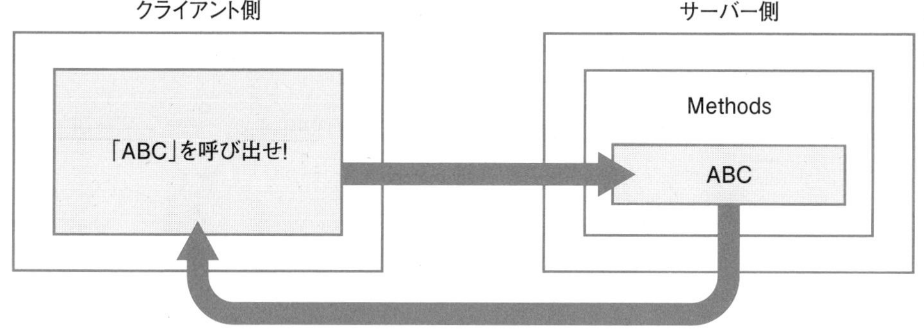

図6-22 クライアントからMethodsにある機能を呼び出すと、サーバー側でそれが実行され、その結果がクライアント側に送られる。

Methodsの使い方

では、実際にMethodsの機能を使ってみましょう。Methodsは、サーバー側のスクリプトに以下のような形で作成をします。

●Methodsの作成

```
Meteor.methods( オブジェクト )
```

引数にはオブジェクトを用意します。このオブジェクトの中に、さまざまな処理をメソッドとしてまとめておくのです。

こうして作成されたMethodsは、クライアント側から以下のようにして呼び出します。

●Methodsのメソッド呼び出し

```
Meteor.call( メソッド名, ……, 関数 )
```

Methodsの呼び出しは、Meteor.callというメソッドを使って行います。第1引数には呼び出すMethodsのメソッド名を指定します。その後には、必要に応じて引数の値が用意されます。これは呼び出すメソッドの引数がどのように定義されているかによって変わります。

そして最後の引数には、メソッド実行後の処理をまとめた関数が用意されます。戻り値のあるメソッドを呼び出したときなどは、この関数で結果を受け取り処理を行うことができます。

 Methodsを使ってコレクションを表示する 

では、実際にMethodsを使ってクライアント側からpeopleコレクションのドキュメントを取得し利用してみましょう。

まずは、サーバー側に処理を用意します。「server」内にある「main.jsを開き、以下のコードを追記してください。

リスト6-30

```
Meteor.methods({
  getAll() {
    return People.find().fetch()
  }
})
```

ここでは「getAll」というメソッドを1つだけ用意しました。これは、People.find().fetch()で取得したドキュメント配列をそのまま返すシンプルなメソッドです。これをクライアント側から呼び出してドキュメントを取得します。

なお、先にMeteor.startupにPeopleにアクセスする処理を用意しましたが、これはもう使わないので削除して構いません。

FlowRouter.routeを修正する

続いて、クライアント側の処理を作成します。まず、ルーティングを用意しましょう。「client」内の「main.js」を開いて、先に作成したFlowRouter.route('/people', …)の部分を以下のように書き換えてください。

リスト6-31

```
FlowRouter.route('/people', {
  action(params, queryParams) {
    const data = {
      title: 'People',
      message: 'Show people data.'
    }
    this.render('people', data)
  }
})
```

ここでは、titleとmessageの2つの値を持ったオブジェクトを用意して、それをレンダリングの際に渡しているだけです。MethodsのgetAllは、ここでは使っていません。

onCreatedでドキュメントを取得する

では、クライアント側にMethodsを利用する処理を作成しましょう。まずはTemplate.peopleの「onCreate」メソッドからです。ここで、Methodsから getAll メソッドを呼び出し、その結果をpeopleプロパティに設定します。

では、「server」内の「main.js」を開いて以下の処理を追記してください。

リスト6-32

```
Template.people.onCreated(function() {
  this.people = new ReactiveVar([])
  Meteor.call('getAll', (error, result)=> {
    this.people.set(result)
  })
})
```

ここでは、Template.peopleテンプレートのonCreatedメソッドに処理を用意しています。この中では、まずpeopleという名前のプロパティにReactiveVarの値を設定し、それからMethodsの「getAll」メソッドを呼び出しています。

この呼び出しは、以下のようになっていますね。

●getAllの呼び出し

```
Meteor.call('getAll', (error, result)=> {……})
```

第1引数には'getAll'とメソッド名を指定し、第2引数には値が返された際のコールバック関数を用意しています。この関数では、errorとresultと引数を用意しています。errorはエラー時の情報が収められ、resultにはメソッドからの戻り値が指定されます。

これでMethodsからgetAllメソッドを呼び出せました。後はコールバック関数で、戻り値として得られたドキュメント配列をpeopleプロパティに設定するだけです。

```
this.people.set(result)
```

これで、peopleテンプレートのpeopleプロパティに、得られたpeopleコレクションのドキュメントが保管されるようになりました。

peopleプロパティからドキュメントを取り出す

後は、ヘルパーを使って、peopleプロパティの値をdataとして呼び出せるようにするだけです。「server」内の「main.js」に以下のコードを追加してください。

リスト6-33

```
Template.people.helpers({
  data() {
    const result = Template.instance().people.get()
    return JSON.stringify(result, null, '  ')
  }
})
```

People

Show people data.

People data

```
[
{
  "_id": "N6rE2gCubpsjZ3qej",
  "name": "hanako",
  "email": "hanako@flower"
},
{
  "_id": "cDEzvutRwYkzm9JGP",
  "name": "taro",
  "email": "taro@yamada"
}
]
```

図6-23 /peopleにアクセスすると、peopleのドキュメントがこのように表示される。

修正ができたら、実際に/peopleにアクセスして表示を確認しましょう。今度は、peopleのドキュメントの内容がJSONフォーマットで表示されます。これでpeopleコレクションの値がクライアント側から使えるようになりましたね！

ここでは、dataというメソッドを用意し、その中でTemplate.instance().peopleから取り出した値をJSON.stringifyでJSONフォーマットのテキスト氏にして返しています。後は、この値がテンプレート側で{{data}}部分にはめ込まれ表示されていた、というわけです。

{{#each}}で配列を一覧表示する

Methodsでmongo DBにアクセスする方法はわかりましたから、表示をもう少し何とかしましょう。JSONデータをそのまま書き出すのではなく、取り出したドキュメントのオブジェクトから値を取り出してデータを一覧表示できるようにしてみましょう。

まずは、ヘルパーを修正します。「client」内の「main.js」を開き、Template.people.helpersの処理を以下のように修正してください。

リスト6-34

```
Template.people.helpers({
  data() {
    return Template.instance().people.get()
  }
})
```

ここでは、テンプレートのpeopleプロパティの値を取り出してそのままreturnするようにしました。これで、peopleに保管されているドキュメント配列がそのままテンプレートに渡されるようになります。

{{#each}}による繰り返し表示

では、テンプレートを修正しましょう。「client」内の「main.html」を開いて、peopleテンプレートを以下のように修正してください。

リスト6-35

```
<template name="people">
  <h1 class="display-4 my-3 text-primary">{{title}}</h1>
  <h5 class="alert alert-primary">{{message}}</h5>
  <h5 class="mt-4">People data</h5>
  <ul class="list-group">
  {{#each data}}
    <li class="list-group-item">{{this.name}} ({{this.email}})</li>
  {{/each}}
  </ul>
</template>
```

Chapter 1 Chapter 2 Chapter 3 Chapter 4 Chapter 5 Chapter 6

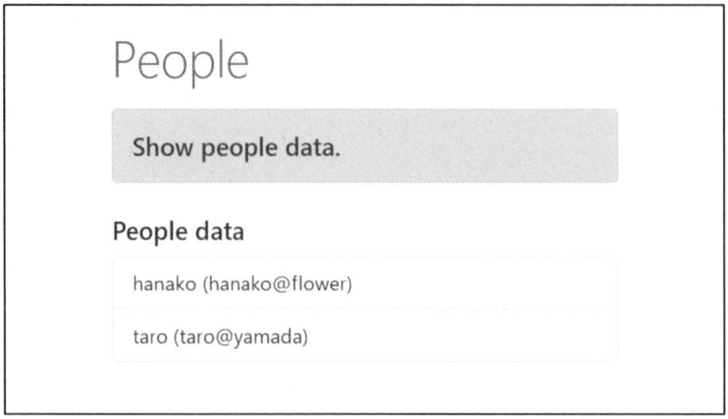

People

Show people data.

People data

hanako (hanako@flower)

taro (taro@yamada)

図6-24　peopleコレクションのドキュメントがリスト表示されるようになった。

これで、peopleコレクションの内容がリストにまとめて表示されるようになりました。ここでは、<ul>内に以下のような形でdataの内容を出力しています。

```
{{#each data}}
  <li class="list-group-item">{{this.name}} ({{this.email}})</li>
{{/each}}
```

この{{#each}}というのは、その後にある配列から順に値を取り出して繰り返し表示を作成するものです。これは以下のような形で記述をします。

●配列の内容ごとに表示を繰り返す

```
{{#each 配列 }}
  ……繰り返す表示……
{{/each}}
```

これで配列から順に値を取り出し、{{/each}}までの間の部分を繰り返し表示するようになります。配列から取り出された値は、「this」という変数に入れて渡されます。先ほどのサンプルでは、{{this.name}}というようにして取り出したドキュメントからnameやemailの値を表示していました。このようにthisをうまく使って表示を作成していけばいいのです。

ドキュメントの新規追加

では、Methodsを利用したmongoDBの使い方がわかったところで、データベースのさまざまな利用について考えていきましょう。まずは、ドキュメントの追加からです。

ドキュメントの追加は、既にやりましたね。コレクションの「insert」というメソッドを利用すればいいのでした。では、これを使ったドキュメント追加のページを作ってみましょう。

まず、Methodsに追加のための処理を用意しましょう。「server」内の「main.js」に用意したMethodsのコードを以下のように修正してください。

リスト6-36

```
Meteor.methods({
  getAll() {
    return People.find().fetch()
  },
  insert(obj) {
    People.insert(obj)
  },
})
```

getAllの下に、「insert」というメソッドを追加しました。これは引数に追加するオブジェクトを用意し、insertでこれをPeopleに追加するようになっています。

このinsertをクライアント側から呼び出してドキュメントを追加します。

addテンプレートの作成

ではテンプレートから作っていきましょう。「client」内の「main.html」を開いて、以下のコードを追加してください。

リスト6-37

```
<template name="add">
  <h1 class="display-4 my-3 text-primary">{{title}}</h1>
  <h5 class="alert alert-primary">{{msg}}</h5>
  <div class="my-2">
    <label for="name" class="form-label">Name:</label>
    <input type="text" id="name" class="form-control">
  </div>
  <div class="my-2">
    <label for="email" class="form-label">Email:</label>
    <input type="email" id="email" class="form-control">
  </div>
  <div class="my-2">
    <button class="btn btn-primary" id="action">Click</button>
  </div>
</template>
```

ここでは、nameとemailという入力フィールドを用意しました。これらに値を記入し、ボタンをクリックしたらその内容でドキュメントが追加されるようにします。

/people/addのルーティング

ではスクリプトを作成していきましょう。まずはルーティングからです。「client」内の「main.js」に以下のルーティングのコードを追記してください。何度もいいますが、'/*'のルーティング処理より前に書くように！

リスト6-38

```
FlowRouter.route('/people/add', {
  action(params, queryParams) {
    const data = {
      title: 'People',
    }
    this.render('add', data)
  }
})
```

ここではtitleをデータとして渡しているだけです。非常にシンプルですから説明の要はないでしょう。

addテンプレートの処理

続いて、addテンプレートのonCreate, helpers, eventsといったメソッドを作成していきましょう。「client」内の「main.js」に以下のコードを記述します。

リスト6-39

```
Template.add.onCreated(function() {
  this.name = new ReactiveVar('')
  this.email = new ReactiveVar('')
  this.msg = new ReactiveVar('create people:')
})

Template.add.helpers({
  msg() {
    return Template.instance().msg.get()
  }
})

Template.add.events({
  'change input[id="name"]'(event, instance) {
    instance.name.set(event.target.value)
```

```
  },
  'change input[id="email"]'(event, instance) {
    instance.email.set(event.target.value)
  },
  'click button[id="action"]'(event, instance) {
    const obj = {
      name:instance.name.get(),
      email:instance.email.get()
    }
    Meteor.call('insert', obj, (error,result)=> {
      instance.msg.set('Created!!')
    })
  }
})
```

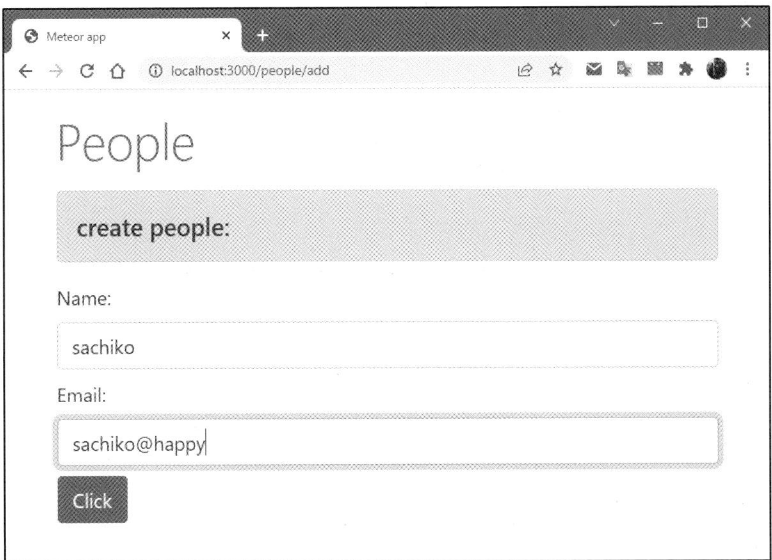

図6-25 /people/addにアクセスし、フォームに入力しボタンを押すとドキュメントが追加される。

記述したら、/people/addにアクセスしてください。ドキュメント作成のフォームが表示されます。ここに名前とメールアドレスを入力しボタンを押せば、その内容がドキュメントとして追加されます。

onCreateの処理

onCreatedでは、name, email, msgといったプロパティにReactiveVarを設定しています。nameとemailはそれぞれの入力フィールドの値を、msgは表示するメッセージをそれそれ値として保管します。

eventsでは、2つの入力フィールドのchangeイベントと、ボタンのclickイベントをそれぞれ設定しています。changeイベントでは、event.target.valueでイベントが発生した項目の値を取り出し、それをinstance内のプロパティに設定しています。

ドキュメントの追加

ドキュメントの作成を行っているのが、ボタンのclickイベントの処理です。ここでは、まずインスタンスに保管されている値を使って保管するオブジェクトを作成します。

```
const obj = {
  name:instance.name.get(),
  email:instance.email.get()
}
```

これで、nameとemailという項目を持つオブジェクトが用意できました。あとはMethodsのinsertを呼び出して、このオブジェクトを保存するだけです。

```
Meteor.call('insert', obj, (error,result)=> {
  instance.msg.set('Created!!')
})
```

insertメソッドには引数が1つあります。したがって、Meteor.callで呼び出すときは、第1引数に'insert'、第2引数に渡すオブジェクト、そして第3引数にコールバック関数を用意します。コールバック関数では、msgプロパティの値を変更して作成されたことを知らせるようにしました。

これで、ドキュメントを追加できるようになりました。

ドキュメントの更新

続いて、既にあるドキュメントの更新です。更新は、まず「どのドキュメントを更新するか」を指定し、そのドキュメントの内容を確認した上で作業するようにしなければいけません。そこで今回は、nameの値を使ってドキュメントを検索し、その内容(emailの値)を更新する、ということを行ってみます。

まずは、サーバー側にMethodsを用意しましょう。「server」内の「main.js」を開き、Meteor.methodsの引数に用意されるオブジェクトに以下のメソッドを追加してください。

リスト6-40

```
getByName(str) {
  return People.findOne({name:str})
},
update(obj) {
  People.update({name:obj.name},obj)
},
```

ここでは、指定した名前でドキュメントを取得する「getByName」と、ドキュメントのオブジェクトを更新する「update」を用意しました。

nameでドキュメントを検索する

まずは、getByNameについてです。ここでは引数としてnameの値を渡すようにしています。そして、その値を元にドキュメントを検索しreturnしています。

ここでは、コレクションの「findOne」というメソッドを使っています。これは引数の条件に合致するドキュメントを1つだけ取得するものです。

●1つだけドキュメントを得る

```
変数 =《Collection》.findOne( オブジェクト )
```

引数には、取り出すドキュメントの条件を示すオブジェクトを用意します。これは「セレクター」と呼ばれますが、オブジェクトの中に検索対象となる項目と値を必要なだけ用意していったものです。

例えば、nameが"taro"のドキュメントを検索したければ、このようにします。

```
findOne({name:"taro"})
```

これでドキュメントが検索されます。複数の項目を用意することもでき、その場合は用意したすべての項目の値が合致するドキュメントが検索されます。

ドキュメントの更新

続いて「update」メソッドです。ここでは、引数に渡されたドキュメントを更新します。ドキュメントの更新は、コレクションの「update」というメソッドを使います。

●ドキュメントを更新する

```
《Collection》.update( 条件, 値 )
```

Chapter 1 Chapter 2 Chapter 3 Chapter 4 Chapter 5 Chapter 6

updateは、第1引数に対象となるドキュメントを特定するための条件オブジェクトを、そして第2引数には設定する値をまとめたオブジェクトをそれぞれ用意します。条件のオブジェクトは、先ほどfindOneで使ったのと同じものです。検索する項目と値をまとめたものを用意すればいいでしょう。

第2引数には、更新する値をオブジェクトにまとめたものを用意します。これは、「更新する項目だけ」を用意するわけではありません。そのドキュメントに保管する値をすべて用意します。

ここで作成したupdateメソッドでは、このようにして更新を行っています。

```
People.update({name:obj.name}, obj)
```

引数のobjには、更新するドキュメントが渡されるようになっています。updateの第1引数には{name:obj.name}と値を用意し、nameでドキュメントを指定します。そして第2引数には、更新するオブジェクトobjをそのまま指定しています。

このupdateは、第1引数が非常に重要です。ここで正しく対象を指定しないと、本来意図していなかったドキュメントまで変更されてしまう可能性があります。

updateは、条件が一致したドキュメント1つだけを更新するわけではありません。条件が一致したものが多数あった場合、それらすべてを更新しますので注意してください。

/people/editを作成する

では、ドキュメントの更新ページのテンプレートを作りましょう。「client」内の「main.html」を開いて以下のテンプレートを追記してください。

リスト6-41

```
<template name="edit">
  <h1 class="display-4 my-3 text-primary">{{title}}</h1>
  <h5 class="alert alert-primary">{{msg}}</h5>
  <div class="my-2">
    <label for="name" class="form-label">Name:</label>
    <input type="text" id="name" class="form-control"
      value="{{target.name}}" disabled>
  </div>
  <div class="my-2">
    <label for="email" class="form-label">Email:</label>
    <input type="email" id="email" class="form-control"
      value="{{target.email}}">
  </div>
```

```
  <div class="my-2">
    <button class="btn btn-primary" id="action">Click</button>
  </div>
</template>
```

ここでも、新規作成のときと同じnameとemailの入力フィールドを用意しています。ただし、nameについてはdisabledを指定し、値の編集が行えないようにしています。また、それぞれのvalueには{{target.name}}と{{target.email}}を指定し、targetに保管されているドキュメントを元に値が設定されるようにしています。

/people/edit/:idルーティングの作成

では、スクリプトを作成しましょう。まずルーティングからですね。「client」内の「main.js」を開き、'/*'のルーティング処理の前に以下のコードを追記してください。

リスト6-42

```
FlowRouter.route('/people/edit/:name', {
  action(params, queryParams) {
    Meteor.call('getByName', params.name, (error, result)=> {
      const data = {
        title: 'People',
        message:'edit people document:',
        target:result
      }
      this.render('edit', data)
    })
  }
})
```

パラメーターの利用

ここでは、action内でMeteor.callを実行し、MethodsのgetByNameを呼び出しています。第1引数には'getByName'を指定し、第2引数には「params.name」という値を指定しています。これは、nameパラメーターの値です。

routeメソッドの第1引数をみてください。'/people/edit/:name'と記述してあります。この最後の「:name」は、nameというパラメーターを示します。つまり、この部分の値がnameというパラメーターとして設定されるわけです。

actionには、paramsとqueryParamsという引数があります。このparamsには、パラメーターをまとめたオブジェクトが渡されます(queryParamsには、クエリー文字列のパラメーターをまとめたものが渡されます)。

ここからnameの値を取り出せば、nameパラメーターの値が得られます。例えば、/people/edit/taroにアクセスすると、params.nameには'taro'というテキストが保管されています。

Methodsの戻り値処理

これで、nameパラメーターの値を指定してMethodsのgetByNameメソッドが呼び出されます。getByNameは、指定したnameのドキュメントを検索し返すものでしたね。ということは、取得したドキュメントがどこかで返されていることになります。

それは、第3引数に用意した関数の引数です。(error, result)=> {…}となっていますが、このresultが、Methodsのメソッドの戻り値です。この値をdataに保管し、レンダリングしているわけです。

editテンプレートの処理

残るは、editテンプレートのonCreate, helpers, eventsといったメソッドの処理でしょう。「client」内の「main.js」を開き、以下のコードを追記してください。

リスト6-43

```
Template.edit.onCreated(function() {
  this.target = this.data.target
  this.email = new ReactiveVar('')
  this.msg = new ReactiveVar('edit people:')
})

Template.edit.helpers({
  msg() {
    return Template.instance().msg.get()
  }
})

Template.edit.events({
  'change input[id="email"]'(event, instance) {
    instance.email.set(event.target.value)
  },
  'click button[id="action"]'(event, instance) {
    const target = instance.target
    target.email = instance.email.get()
    Meteor.call('update', target, (error)=> {
      instance.msg.set('Update document.')
```

```
    })
  }
})
```

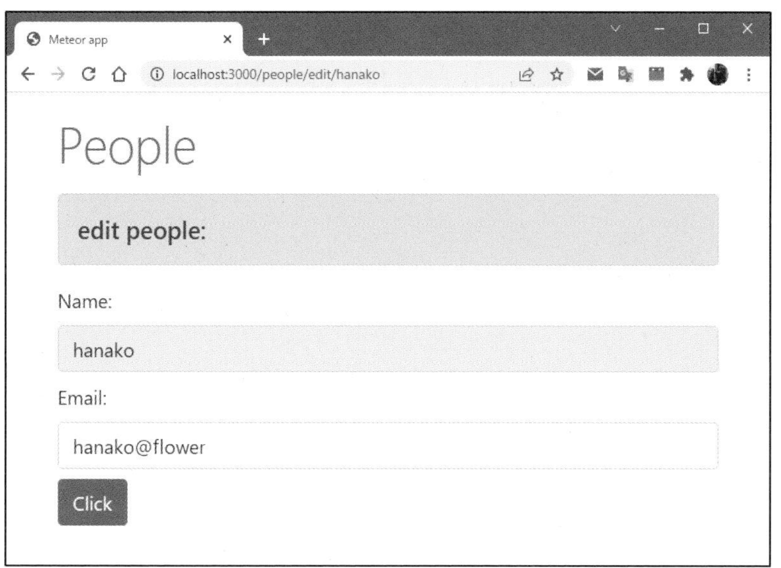

図6-26 /people/edit/名前 にアクセスし、メールアドレスを書き換えてボタンを押すと更新される。

修正したら、/people/edit/名前 という形でアクセスをしてみましょう。例えばtaroのドキュメントを更新するなら、/people/edit/taroにアクセスします。そのドキュメントの内容が表示されるので、emailの値を編集しボタンをクリックすればドキュメントのemailが更新されます。

更新処理の流れ

ここではonCreatedで必要な値をプロパティに設定し、helpersではメッセージを返すmsgメソッドを用意しています。そしてドキュメントの更新は、Template.edit.eventsで行っています。

まず、入力フィールドのchangeイベントが用意されています。これはemailプロパティの値をevent.target.valueに変更するだけです。

```
'change input[id="email"]'(event, instance) {
  instance.email.set(event.target.value)
},
```

これは既にaddテンプレートでも行ったものですからわかりますね。もう1つは、ボタンクリック時の処理です。ここでは、テンプレートのインスタンスからターゲットとなるドキュメントと有力フィールドのemailの値をそれぞれ取り出しています。

```
const target = instance.target
target.email = instance.email.get()
```

そして後はMethodsのupdateを呼び出すだけです。これは以下のように実行しています。

```
Meteor.call('update', target, (error)=> {…}
```

第2引数には保管してあったドキュメントを引数に指定しています。Methodsのupdateでは、そこからnameを取り出して検索条件とし、このオブジェクトを更新していました。後はコールバック関数で表示メッセージを変更して作業完了です。

ドキュメントの削除

残るは、ドキュメントの削除ですね。これは、コレクションの「remove」というメソッドを使って行います。

●ドキュメントの削除

```
《Collection》.remove( 条件 )
```

引数には、検索対象とあるドキュメントを得るための条件をまとめたものが用意されます。これは、insertやupdateでも使ってきた条件オブジェクトと同じです。{name: 'taro'}とすれば、nameの値が'taro'の値だけを削除します。条件に合致するドキュメントが複数ある場合は、それらすべてを削除するので注意してください。

では、Methodsを用意しましょう。「server」内の「main.js」を開き、Meteor.methodsの引数のオブジェクト内に以下のメソッドを追加してください。

リスト6-44

```
delete(id) {
  People.remove({_id:id})
},
```

これは、引数にidの値を渡すと、そのIDのドキュメントを削除するものです。ドキュメントをコレクションに追加すると、自動的に「_id」という名前でランダムなIDの値(テキスト)が割り当てられます。これはすべてのドキュメントで必ず異なる値が設定されており、同じ値のドキュメントはありません。

{_id:id}と検索条件を指定し、この_idの値が引数に渡されたidと同じものを削除するようにしています。

deleteテンプレートの作成

サーバー側の用意ができたので、次はクライアント側です。まずテンプレートを用意しましょう。「client」内の「main.html」を開き、'/*'ルーティングの前に以下のコードを追記してください。

リスト6-45

```
<template name="delete">
  <h1 class="display-4 my-3 text-primary">{{title}}</h1>
  <h5 class="alert alert-primary">{{msg}}</h5>
  <div class="my-2">
    <label for="name" class="form-label">Document:</label>
    <input type="text" id="name" class="form-control"
      value="{{target.name}}[{{target.email}}]" disabled>
  </div>
  <div class="my-2">
    <button class="btn btn-primary" id="action">Click</button>
  </div>
</template>
<template name="hello">
</template>
```

ここでは編集不可にした<input>を1つ用意し、そこにvalue="{{target.name}}[{{target.email}}]"というようにしてtargetの内容を表示しています。そして、ボタンをクリックしたらこのドキュメントが削除されるようにします。

/people/delete/:nameルーティングの作成

では、deleteテンプレートを使ったページのルーティングを用意しましょう。「client」内の「main.js」に以下のコードを追記してください。

リスト6-46

```
FlowRouter.route('/people/delete/:name', {
  action(params, queryParams) {
    Meteor.call('getByName', params.name, (error, result)=> {
      const data = {
```

```
        title: 'People',
        target:result
      }
      this.render('delete', data)
    })
  }
})
```

ここでは、'/people/delete/:name'というようにパスを指定しました。:nameというパラメーターで名前を渡すようにしてあります。

actionでは、Meteor.callでgetByNameを呼び出しています。引数にはparams.nameを指定し、コールバック関数で渡されるresultをdataのtargetに設定します。このあたりは、ドキュメントの更新で作成したルーティングとほぼ同じですからわかるでしょう。

deleteテンプレートの処理を作成する

残るは、deleteテンプレートに用意するonCreated, helpers, eventsといったメソッドですね。「client」内の「main.js」に以下のコードを追記しましょう。

リスト6-47

```
Template.delete.onCreated(function() {
  this.target = this.data.target._id
  this.msg = new ReactiveVar('delete people:')
})

Template.delete.helpers({
  msg() {
    return Template.instance().msg.get()
  }
})

Template.delete.events({
  'click button[id="action"]'(event, instance) {
    Meteor.call('delete', instance.target, (error)=> {
      instance.msg.set('Delete document...')
    })
  }
})
```

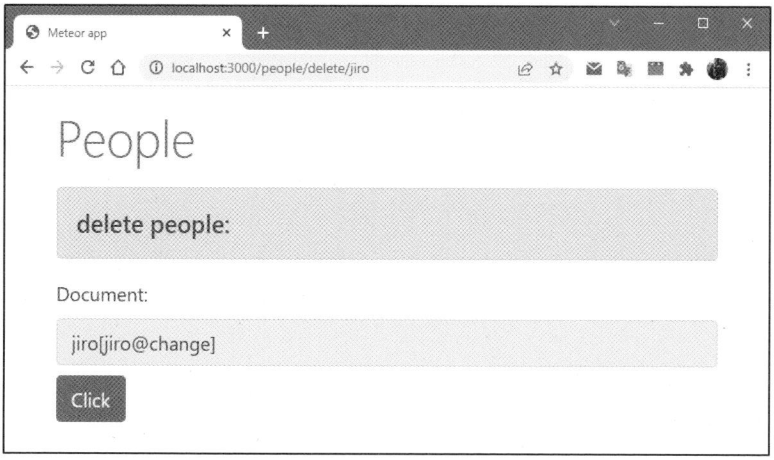

図6-27 /people/delete/名前 にアクセスするとドキュメントが表示される。ボタンを押せばそれが削除される。

修正したら、/people/delete/名前というパスにアクセスをしてみましょう。例えばtaroのドキュメントなら、/people/delete/taroにアクセスをします。これでそのドキュメントの内容が表示されるので、そのままボタンを押せばドキュメントが削除されます。

削除処理の流れ

では、処理の流れを見ていきましょう。まず、onCreatedです。ここでは、ルーティングのメソッドで保管されているdataから保管されているドキュメントのIDを取り出してtargetプロパティに保管しています。

```
this.target = this.data.target._id
```

dataの値は、this.dataで取り出せましたね。ここではそこからtargetの_idの値を取り出しています。これで、削除するドキュメントのIDがtargetプロパティに保管できました。

後は、ボタンクリックのイベント処理で、Meteor.callを使いdeleteを呼び出すだけです。deleteに渡す引数には、instance.targetを指定しておきます。

mongoDBの活用はMethods次第

これで、データベースアクセスの基本であるCRUDが一通りできました。実際にサンプルを作っていくと、mongoDBの利用は「いかにMethodsを使ってサーバー側の処理と連携するか」であることがわかってきます。

mongDBの利用は、コレクションにあるメソッドを呼び出すだけなので実はそれほど難しくはありません。SQLデータベースと違い、できることもそう多くはないため、基本の操作がわかればだいたい使えるようになります。後は、mongoDBの基本的な機能をどのような形でMethodsにまとめれば便利に使えるか、を考えることでしょう。

例えばドキュメントの検索はfindやfindOneでできますが、Methodsに「IDで検索」「nameで検索」「emailで検索」といった個々の検索機能を用意すれば、より手軽に検索できるようになります。

Methodsはmongo DB以外にも必要となることが多々あります。Methodsをフル活用することで、クライアントとサーバーをシームレスに利用できるようになるのです。

Section 6-4 Reactベースのアプリケーション開発

MeteorとReactの親和性

Meteorはリアルタイム性を重視して設計されたフレームワークです。リアクティブプログラミングを採用し、表示されている情報を操作すれば即座にそれが反映されるようになっています。

この「リアクティブプログラミング」という概念は、Meteorだけのものではありません。現在、特にフロントエンドのフレームワークでこの考え方を採用するものが増えています。中でも、おそらくもっとも人気の高いフレームワークが「React」でしょう。

Reactは、SPA（Single Page Application）のユーザーインターフェース構築のためのフレームワークとして広く利用されています。となれば、「MeteorのフロントエンドをReactに！」と多くの利用者が望むのは当然でしょう。

こうしたことから、MeteorではReactを取り込んだ開発も行えるようになっています。というより、実はReactこそが現在のMeteorの標準フロントエンドといってもいいのです。先にアプリケーションを作成したとき、「meteor create --minimal」というようにオプションを付けて実行をしました。この--minimalオプションを付けず、「meteor create」だけ書いて実行すると、標準でReactベースのプロジェクトが作成されるようになっているのです。

Reactアプリケーションを作る

では、実際にアプリケーションを作ってみましょう。コマンドプロンプトまたはターミナルを起動し、「cd Desktop」でデスクトップに移動してください。そして以下のコマンドを実行しましょう。

```
meteor create meteor_react_app
```

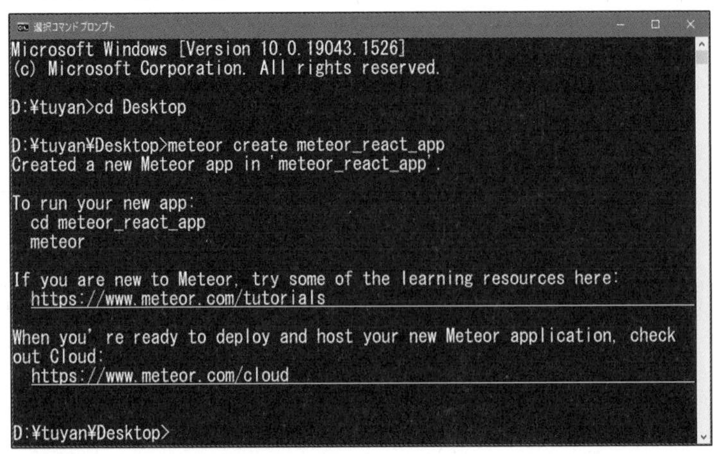

選択コマンド プロンプト
Microsoft Windows [Version 10.0.19043.1526]
(c) Microsoft Corporation. All rights reserved.
D:¥tuyan>cd Desktop
D:¥tuyan¥Desktop>meteor create meteor_react_app
Created a new Meteor app in 'meteor_react_app'.
To run your new app:
cd meteor_react_app
meteor
If you are new to Meteor, try some of the learning resources here:
https://www.meteor.com/tutorials
When you're ready to deploy and host your new Meteor application, check
out Cloud:
https://www.meteor.com/cloud
D:¥tuyan¥Desktop>

図6-28 meteor createでReactベースのアプリケーションを作る。

これでデスクトップに「meteor_react_app」というReactベースのアプリケーションが作成されます。

アプリケーションを実行する

では作ったアプリケーションがどうなっているか見てみましょう。コマンドプロンプトまたはターミナルから「cd meteor_react_app」を実行し、カレントディレクトリをアプリケーションのフォルダー内に移動してください。そして、「meteor」コマンドを実行します。

起動したら、http://localhost:3000/にアクセスしましょう。サンプルで用意されているページが表示されます。

このページには、「Click Me」というボタンがあり、これをクリックすると下に「You've pressed the button ○○ times.」というようにカウント数が表示されます。その下にはリンクがいくつか表示されていますが、これらはmongoDBに保管されているドキュメントを利用した表示例になっています。

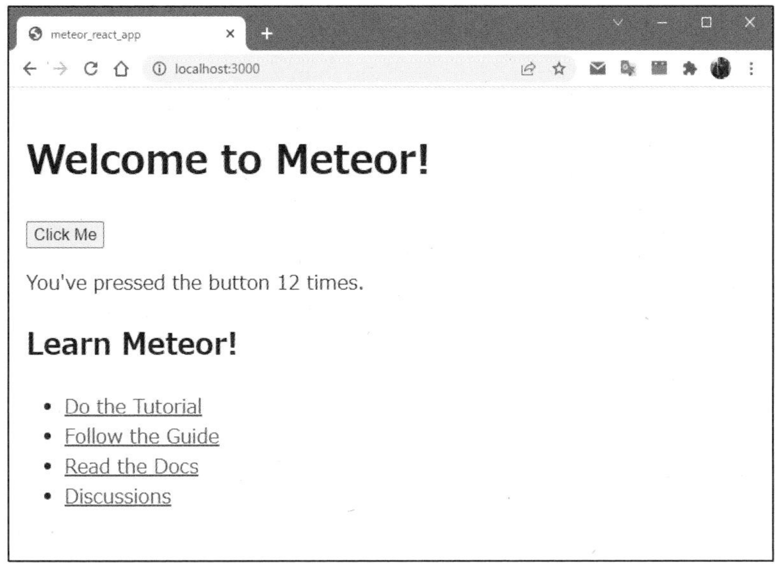

図6-29　http://localhost:3000/にアクセスする。

Reactアプリケーションの構成

Reactベースのアプリケーションは、ミニマル・アプリケーションと若干フォルダー構成が違っています。アプリケーション内に用意されている主なフォルダーを整理すると以下のようになるでしょう。

client	クライアント側のファイル
server	サーバー側のファイル
imports	ライブラリ的に使うモジュール

この他に「.meteor」や「node_modules」、「test」といったフォルダーももちろんありますが、アプリケーションの開発で利用するフォルダーは上記の3つと考えていいでしょう。

ミニマル・アプリケーションでは「client」と「server」にそれぞれクライアント側とサーバー側のファイルが用意されていました。Reactアプリケーションでは、これに加え「imports」フォルダーが用意されています。

これまで使っていたミニマル・アプリケーションでも、mongoDBを利用するファイルを「imports」というフォルダを作って保管していましたね。あれと同様のものが、最初から用意されていると考えればいいでしょう。

各フォルダーのファイル

では、アプリケーションの作成でかならず使うことになる「server」「client」「imports」の各フォルダーの中身を見てみましょう。既に使ったミニマル・アプリケーションにも用意されていたファイルもありますが、初めて見るものもいくつかありますね。

●「server」フォルダー

main.js	ミニマル・アプリケーションでも使いました。サーバー側の処理を記述するものです。

●「client」フォルダー

main.html	表示するページのHTMLファイルです。
main.css	表示するページのCSSファイルです。
main.jsx	ページのコンテンツの表示とコードをまとめたReactのコンポーネントです。

●「imports」フォルダー

「api」フォルダー	スクリプトからアクセスするモジュールです。mongoDBコレクションを取得する「links.js」ファイルが用意されています。
「up」フォルダー	ページに表示するReactコンポーネントがまとめられています。「App.jsx」「Hello.jsx」「Info.jsx」といったファイルがあります。

ミニマル・アプリケーションとの違いとしてまず挙げられるのが「クライアント側のJavaScriptファイルがない」という点でしょう。代りに、main.jsxというファイルが用意されています。

この「.jsx」という拡張子のファイルは、Reactのコンポーネントのファイルなのです。Reactでは、画面の表示とそこで使われる処理をひとまとめに記述できるコンポーネントが多用されています。ここでもReactのコンポーネントによってクライアント側の表示と処理が作成されるようになっているのです。

ページの表示とコンポーネント

サンプルでは、全部で4つのReactコンポーネントが用意されています。「client」内にmain.jsx、そして「imports」内の「ui」内に更に3つのファイルがあります。これらは、以下のような形で組み込まれています。

```
main.html
 └main.jsx
   └App.jsx
    ├Hello.jsx
    └Info.jsx
```

main.htmlのページの中にmain.jsxのコンポーネントが組み込まれて表示されます。これが基本です。

このmain.jsxのコンポーネントの中には、App.jsxのコンポーネントが組み込まれています。そしてApp.jsxの中には、Hello.jsxとInfo.jsxのコンポーネントが組み込まれています。

このように、コンポーネントの中に更にコンポーネントが組み込まれる形でReactは作られているのですね。

サーバー側のコードについて

では、用意されているコードを見ていきましょう。まずはサーバー側から見ていきますが、その前に「imports」内の「api」フォルダーにある「link.js」を見ておきます。サーバー側とクライアント側からこのlink.jsがインポートされているので、まずこの内容を頭に入れておいたほうがいいでしょう。

リスト6-48

```
import { Mongo } from 'meteor/mongo';

export const LinksCollection = new Mongo.Collection('links');
```

このlink.jsは、mongDBのコレクションを用意するものだったのですね。「links」というコレクションを作成し、これをエクスポートしています。ここにデータを保管し読み取るようになっていたのです。

server/main.jsのコード

では、サーバー側の処理を見てみましょう。「server」内にある「main.js」のコードは、以下のようになっています。

リスト6-49

```
import { Meteor } from 'meteor/meteor';
import { LinksCollection } from '/imports/api/links';
```

```
function insertLink({ title, url }) {
  LinksCollection.insert({title, url, createdAt: new Date()});
}

Meteor.startup(() => {
  if (LinksCollection.find().count() === 0) {
    insertLink({
      title: 'Do the Tutorial',
      url: 'https://www.meteor.com/tutorials/react/creating-an-app'
    });

    ……以下、必要なだけinsertLinkが並ぶ……

  }
});
```

imports/api/links.jsにあるLinkCollectionをインポートし、これを使ってコレクションにデータを追加する「insertLink」という関数を定義しています。そして、Meteor.startupの引数に用意した関数内では、LinksCollection.find()で全ドキュメントを検索し、そのcountからドキュメントの数を調べています。これがゼロなら(つまり、まだドキュメントがなければ）insertLinkを使ってドキュメントを追加しています。

追加しているドキュメントには、titleとurlという項目が用意されています。これで、リンク情報を保管していたのです。

クライアント側のコードについて

サーバー側のコードがmain.jsという1つのファイルだけでできているのに対し、クライアント側は複数のファイルの組み合わせになっています。これは、複数のReactコンポーネントを使っているためです。

では、順に見ていきましょう。まずはベースとなっているHTMLファイルからです。「client」内の「main.html」は以下のように書かれています。

リスト6-50

```
<head>
  <title>meteor_react_app</title>
</head>

<body>
```

```
  <div id="react-target"></div>
</body>
```

非常にシンプルですね。<body>には、id="react-target"を指定した<div>が用意されているだけです。ここにReactのコンポーネントがはめ込まれます。

main.jsのコンポーネント

では、「client」内にある「main.jsx」を開いてみましょう。ここには以下のようなコードが書かれています。

リスト6-51

```
import React from 'react';
import { Meteor } from 'meteor/meteor';
import { render } from 'react-dom';
import { App } from '/imports/ui/App';

Meteor.startup(() => {
  render(<App/>, document.getElementById('react-target'));
});
```

Meteor.startupというのは、アプリケーション起動時に実行されるものでした。ミニマル・アプリケーションではサーバー側にありましたが、これはクライアント側に用意することもできます。

ここで、「render」という関数が使われていますね。これは、ReactのコンポーネントをWebページの指定場所にレンダリングして表示するものです。これは以下のように呼び出します。

●コンポーネントをレンダリング表示する

```
render( コンポーネント , HTML要素 )
```

第1引数には、<App/>という値が書かれていますね。これは、「JSX」と呼ばれるものです。JSXは、JavaScript拡張と呼ばれる機能で、JavaScriptの機能を拡張して組み込まれています。

このJSXは、HTMLのタグをそのまま値としてJavaScriptのコードに書けるようにするものです。ここでは、<App/>というタグが書かれていますね。これは、Appコンポーネントのタグです。Reactのコンポーネントは、このようにHTMLのタグと同じ形で書けるようになっているのです。

つまり、このrenderは、id='react-target'のHTML要素に<App/>というコンポーネントを組み込んで表示するものだったのです。

「ui」内のコンポーネント

では､<App/>コンポーネントはどういうものでしょうか。これは､「imports」内の「ui」フォルダーの中に用意されています。ここには3つのコンポーネントが用意されていますね。これらのコードをまとめて見てみましょう。

リスト6-52――App.jsx

```
import React from 'react';
import { Hello } from './Hello.jsx';
import { Info } from './Info.jsx';

export const App = () => (
  <div>
    <h1>Welcome to Meteor!</h1>
    <Hello/>
    <Info/>
  </div>
);
```

リスト6-53――Hello.jsx

```
import React, { useState } from 'react';

export const Hello = () => {
  const [counter, setCounter] = useState(0);

  const increment = () => {
    setCounter(counter + 1);
  };

  return (
    <div>
      <button onClick={increment}>Click Me</button>
      <p>You've pressed the button {counter} times.</p>
    </div>
  );
};
```

リスト6-54——Info.jsx

```
import React from 'react';
import { useTracker } from 'meteor/react-meteor-data';
import { LinksCollection } from '../api/links';

export const Info = () => {
  const links = useTracker(() => {
    return LinksCollection.find().fetch();
  });

  return (
    <div>
      <h2>Learn Meteor!</h2>
      <ul>{links.map(
        link => <li key={link._id}>
          <a href={link.url} target="_blank">{link.title}</a>
        </li>
      )}</ul>
    </div>
  );
};
```

コンポーネントファイルの仕組み

3つのコンポーネントは、どれも基本的な書き方は同じような形になっています。整理すると、こうなっていることがわかるでしょう。

●コンポーネントの基本形

```
export const コンポーネント名 = () => {
  ……処理……
  return《JSXによる表示内容》
}
```

コンポーネントは、関数の形で作られています。これを定数に設定したものをexportでエクスポートするようにしているのです。

コンポーネントの関数では、JSXで表示内容を作り、それをreturnするようになっています。このreturnされたJSXの内容が、そのままコンポーネントとしてWebページに組み込まれ表示されるわけです。

Chapter 1 Chapter 2 Chapter 3 Chapter 4 Chapter 5 Chapter 6

コンポーネントで行っていること

では、3つのコンポーネントで何をしているのか見てみましょう。まずは、Appコンポーネントです。これは非常に単純です。JSXの表示に<Hello/>と<Info/>を埋め込み、これらのコンポーネントを表示するようにしているだけです。

ステートフックの利用

Helloコンポーネントでは、ボタンをクリックすると数字をカウントする処理が用意されています。これには「ステートフック」と呼ばれるReactの機能が使われています。これは「ステート」と呼ばれる、リアクティブな値を作成する機能です。

まず、以下のようにしてステートを作成します。

```
const [counter, setCounter] = useState(0);
```

ステートはuseStateを使って用意します。これは2つの値を返します。1つ目がステートの値を取り出すための変数、2つ目がステートの値を変更するための関数です。

ここでは、作成したステートを取得するcounter変数と、ステートの値を変更するsetCounter関数が用意されます。これらを使って数字のカウントを行います。

まず、数字を1増やす「increment」という関数を作成します。

```
const increment = () => {
  setCounter(counter + 1);
};
```

ここではステートで用意されているsetCounterを使ってcounterの数字を1増やしています。こうすると、counterが使われている表示もすべて更新され数字が増えてるようになります。

そして、ボタンをクリックしたらこのincrement関数が実行されるようにしておきます。

```
<button onClick={increment}>Click Me</button>
```

これで、ボタンをクリックすると数字が1ずつカウントされていきます。ステートを使うと、値を操作するだけで表示が更新されるようになるのです。

このステートは、Reactのもっとも重要な機能の1つです。興味のある人は、それぞれでもう少し深く学習してみてください。

useTrackerでコレクションにアクセスする

もう1つのInfo.jsxというコンポーネントでは、最初に「useTracker」という関数を使って、LinksCollectionにアクセスし、ドキュメントを取得する関数を作成しています。

```
const links = useTracker(() => {
  return LinksCollection.find().fetch();
});
```

useTrackerというのはMeteorとReactをつなぐ機能の1つで、Reactのコンポーネント内からMeteorにある機能を呼び出すようなときに使われます。ここでは、link.jsモジュールで作成されるLinksCollection（mongoDBのlinkコレクション）からfind().fetch()を呼び出して全ドキュメントを返すようにしています。

このlinksは、JSX内でリンクを作成するのに使われています。この部分です。

```
<ul>{links.map(
  link => <li key={link._id}>
    <a href={link.url} target="_blank">{link.title}</a>
  </li>
)}</ul>
```

ちょっとわかりにくいでしょうが、以下のような形になっていることはわかるでしょう。

```
《配列》.map( 変数=> ……表示するJSX…… )
```

mapの引数には、関数が用意されています。ここでは、link => <li> ～ </li>といった形になっていることがわかります。このlinkが関数の引数で、<li> ～ </li>の部分が値として返されるわけです。

「map」メソッドは、配列から順に値を取り出して、引数に用意されている関数を呼び出します。関数の引数には配列から取り出された値が渡されます。

ここでは、useTrackerで取り出したlinksコレクションのドキュメントをmapで繰り返し処理しています。コレクションから順にドキュメントを取り出して、map内にある関数を呼び出して表示を作成していたのです。

コラム useTrackerはReactからサーバー側処理を呼び出す Column

ここで使っているuseTrackerというのは、Reactからサーバー側に用意されている処理を呼び出すためのものです。

ここでは、links.jsに用意されているmongoDBのコレクションをuseTrackerで呼び出しています。mongoDBへのアクセスは、サーバー側で行わないといけません。Reactはクライアント側のフレームワークなので、Reactのコンポーネント内からmongoDBを利用するには、このようにuseTrackerを使ってサーバー側の処理を呼び出す必要があるのです。

コンポーネントをカスタマイズする

全体のコードを見てわかったように、Reactを使ったアプリケーションでは、Reactのコンポーネントを作成することがアプリケーションの開発そのものといえます。Meteorの使い方はもちろんですが、それ以上にReactの使い方がわかっていないとアプリケーションは作れないのです。

Reactのコンポーネントを使うには、ステートフックやuseTrackerといった機能の使い方を覚え、それらを駆使してコードを作成していかなければいけません。では、実際にコンポーネントを書き換えながら、Reactのコーディングを体験してみましょう。

まず、「client」フォルダーにある「main.html」を開いて、<head> ～ </head>の部分を以下のように修正しておきましょう。

リスト6-55

```
<head>
  <title>meteor_react_app</title>
  <link href="https://cdn.jsdelivr.net/npm/bootstrap@5.0.2/dist/css/
bootstrap.min.css" rel="stylesheet">
</head>
```

これで、Bootstrapのクラスが使えるようになりました。これを利用して表示を作成することにしましょう。

Helloコンポーネントを修正する

では、表示するHelloコンポーネントの修正を行いましょう。「imports」内の「ui」フォルダーにある「Hello.jsx」を開いて以下のようにコードを修正します。

リスト6-56

```
import React, { useState } from 'react'

export const Hello = () => {
  const [input, setInput] = useState('')
  const [msg, setMsg] = useState('お名前をどうぞ。')

  const doChange = (event) => {
    setInput(event.target.value)
  }

  const doAction = () => {
    setMsg('こんにちは、' + input + 'さん！')
  }

  return (
    <div className="my-3">
      <p>{msg}</p>
      <input type="text" className="form-control"
        onChange={doChange} />
      <button className="btn btn-primary my-2"
        onClick={doAction}>Click!</button>
    </div>
  )
}
```


図6-30 修正したHelloコンポーネント。名前を記入しボタンを押すとメッセージが表示される。

これで、入力フィールドとボタンが表示されるようになります。フィールドに名前を書いてボタンを押すと、メッセージが表示されます。

Helloコンポーネントのコード

では、修正したHelloコンポーネントがどうなっているのか見てみましょう。まず、ここでは2つのステートフックを作成しています。

●inputステートの用意

```
const [input, setInput] = useState('')
```

●msgステートの用意

```
const [msg, setMsg] = useState('お名前をどうぞ。')
```

これで、inputとmsgの2つのステートフックが用意できました。inputはフィールドに入力した値を管理するのに使い、msgはメッセージの表示に使います。実をいえば、今回はフィールドに入力した値は特に表示に使っていないので、ステートフックを使う必要はないのですが、ステートフックの使用例としてあえて使っています。

入力イベントの処理

次に行うのは、入力フィールドとボタンのイベント処理です。入力フィールドは、onChangeイベントを使い、値が更新されたら実行する処理を用意します。

●入力フィールドの更新イベント

```
const doChange = (event) => {
  setInput(event.target.value)
}
```

ここでは、setInputを使い、入力された値をinputステートに設定しています。入力した値は、event.target.valueで取り出すことができます。

このイベント処理用関数は、onChange={doChange}というようにしてイベント属性に設定をしています。{}を使って関数を割り当てればいいのですね。

ボタンクリックの処理

続いてボタンクリックの処理です。これはdoActionという関数として以下のように用意されています。

●ボタンのクリックイベント

```
const doAction = () => {
  setMsg('こんにちは、' + input + 'さん！')
}
```

こちらは、msgステートの値を更新しているだけです。これもonClick={doAction}というようにonClick属性に割り当てられています。これで、{msg}が埋め込まれているJSXの表示が自動的に更新されます。

このように、Reactは「ステートの値の操作」をするだけで表示をダイナミックに更新することができます。

リンクを追加する

では、コンポーネントを書き換えてオリジナルな機能を作成してみましょう。まずは、リンクを追加するフォームを作ってみましょう。

「imports」内の「ui」フォルダーから「Hello.jsx」を開いて以下のようにコードを修正してください。

リスト6-57

```
import React, { useState } from 'react'
import { LinksCollection } from '../api/links'

export const Hello = () => {
  const [title, setTitle] = useState('')
  const [url, setUrl] = useState('')
  const [msg, setMsg] = useState('リンク情報を入力：')

  const doChangeTitle = (event) => {
    setTitle(event.target.value)
  }
  const doChangeUrl = (event) => {
    setUrl(event.target.value)
  }

  const doAction = () => {
    const obj = {
      title: title, url:url
    }
    LinksCollection.insert(obj)
    setMsg('ドキュメントを追加しました。')
```

```
  }

  return (
    <div className="my-3">
      <p>{msg}</p>
      <div className="my-2">
        <label>Title</label>
        <input type="text" className="form-control"
          onChange={doChangeTitle} />
      </div>
      <div className="my-2">
      <label>URL</label>
      <input type="url" className="form-control"
        onChange={doChangeUrl} />
      </div>
      <button className="btn btn-primary my-2"
        onClick={doAction}>Click!</button>
    </div>
  )
}
```

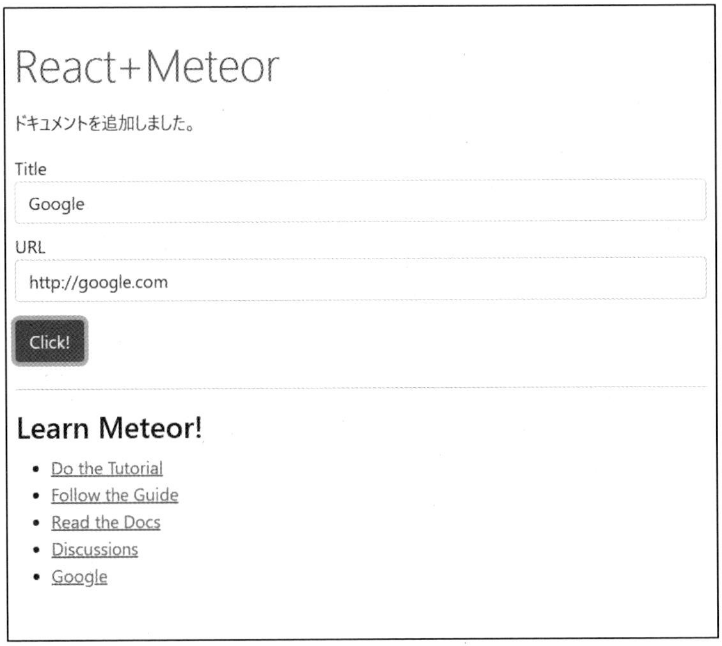

React+Meteor

ドキュメントを追加しました。

Title

Google

URL

http://google.com

Click!

Learn Meteor!

- Do the Tutorial
- Follow the Guide
- Read the Docs
- Discussions
- Google

図6-31 フォームにタイトルとURLを入力しボタンを押すと、リンクが追加できる。

修正したらアクセスして動作を確認しましょう。ここではTitleとURLという入力フィールドが用意されています。これらにテキストを入力し、ボタンをクリックすると、そのデータがドキュメントとしてlinksコレクションに追加されます。追加されると、下に表示されているリンクのリストが更新され、追加した項目が表示されるようになります。

Helloコンポーネントのコード

では、記述したコードの内容を順に見ていきましょう。最初に、コンポーネントには3つのステートフックが用意されています。

●ステートフックの用意

```
const [title, setTitle] = useState('')
const [url, setUrl] = useState('')
const [msg, setMsg] = useState('リンク情報を入力：')
```

titleとurlは2つの入力フィールドの値を保管するものです。そしてmsgは表示するメッセージのステートフックになります。

入力フィールドの処理

続いて、入力フィールドの処理を見てみましょう。ここではフィールドの値が更新されたときに実行する関数を2つ用意し、それぞれのフィールドに設定しています。

●入力フィールドの処理

```
const doChangeTitle = (event) => {
  setTitle(event.target.value)
}

const doChangeUrl = (event) => {
  setUrl(event.target.value)
}
```

●入力フィールドの記述

```
<input type="text" className="form-control"
  onChange={doChangeTitle} />
<input type="url" className="form-control"
  onChange={doChangeUrl} />
```

どちらもやっていることは同じです。ステートフックのsetTitleやsetUrlを使ってevent.target.valueの値を設定しています。これらの関数をonChangeに設定すれば、値が変更されると実行されるようになります。

ボタンクリックの処理

続いてボタンクリックの処理です。これはdoActionという関数として以下のように用意されています。

●ボタンクリックの処理

```
const doAction = () => {
  const obj = {
    title: title, url:url
  }
  LinksCollection.insert(obj)
  setMsg('ドキュメントを追加しました。')
}
```

●ボタンの記述

```
<button className="btn btn-primary my-2"
  onClick={doAction}>Click!</button>
```

titleとurlの値を1つのオブジェクトにまとめ、それをLinksCollectionのinsertメソッドでコレクションに追加しています。mongoDBのコレクションの機能がわかっていれば、Reactでも全く同じようにドキュメントを扱えることがわかりますね。

リスト表示を変更する

最後に、取得したコレクションのmapメソッドによる処理をカスタマイズしてみましょう。「import」内の「ui」フォルダーから「Info.jsx」を開き、以下のようにコードを書き換えてください。

リスト6-58

```
import React from 'react';
import { useTracker } from 'meteor/react-meteor-data'
import { LinksCollection } from '../api/links'

export const Info = () => {
  const links = useTracker(() => {
    return LinksCollection.find().fetch();
  })

  return (
    <div>
      <h2>Learn Meteor!</h2>
      <table className="table">
        <thead><tr>
          <th>Title</th>
          <th>Url</th>
        </tr></thead>
        <tbody>
        {links.map(
          link => <tr key={link._id}>
            <td>{link.title}</td>
            <td><a href={link.url}>{link.url}</a></td>
          </tr>
        )}
      </tbody></table>
    </div>
  )
}
```

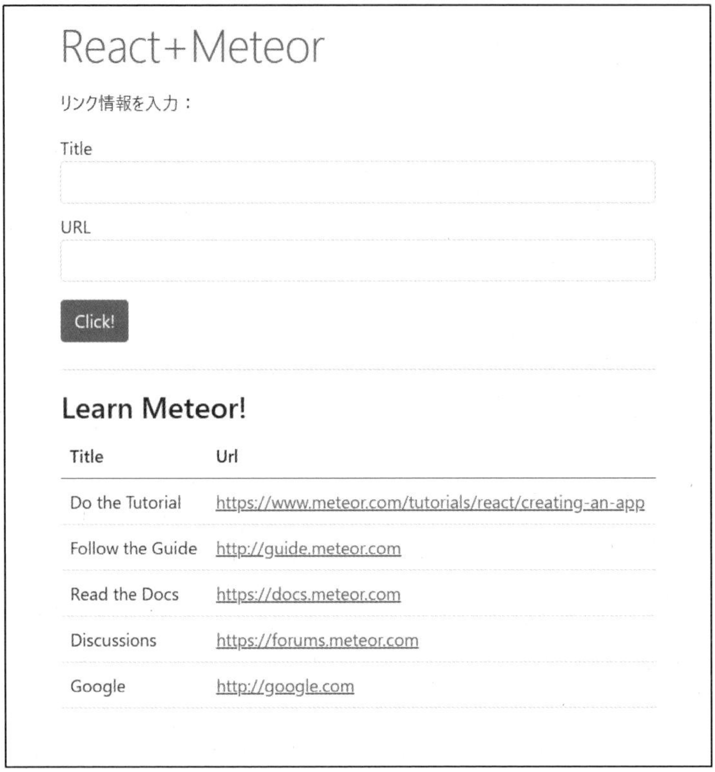

React+Meteor

リンク情報を入力：

Title

URL

Click!

Learn Meteor!

Title	Url
Do the Tutorial	https://www.meteor.com/tutorials/react/creating-an-app
Follow the Guide	http://guide.meteor.com
Read the Docs	https://docs.meteor.com
Discussions	https://forums.meteor.com
Google	http://google.com

図6-32　リンクのタイトルとURLがテーブルにまとめて表示されるようになった。

これで、コレクションに保管されたリンクがテーブルにまとめて表示されるようになります。ここではlinksからmapでドキュメントを取り出し表示する部分を以下のように修正しています。

```
{links.map(
  link => <tr key={link._id}>
    <td>{link.title}</td>
    <td><a href={link.url}>{link.url}</a></td>
  </tr>
)}
```

mapの()内に用意された関数では、<tr>タグを使った表示が作成されています。この部分もJSXによるHTMLタグがそのまま値として記述されています。mapの引数に記述されている関数の働きと書き方がわかれば、それほど難しいことをしているわけではないのがわかるでしょう。

「ReactからMeteorへ」がポイント

以上、ReactベースのMeteorアプリケーションの基本的な開発手順について簡単に説明しました。

Reactベースのアプリケーションでは、「ReactからMeteorの機能にアクセスする」という形でさまざまな処理が用意されます。この両者の連携がスムーズに行えるようになれば、アプリケーションの開発もそう難しいものはなくなるでしょう。

もちろん、そのためには、Meteorの機能とReactの機能それぞれをきちんと学ぶ必要があります。Reactについては本書では特に取り上げていないので、別途学習してください。

Index

索 引

記号

A

B

C

D

E

F

G

H

I

J

K

L

M

N

O

P

Q

R

S

T

U

V

W

あ行

か行

さ行

た行

は行

ま行

ら行

著者紹介

掌田 津耶乃（しょうだ　つやの）

日本初のMac専門月刊誌「Mac+」の頃から主にMac系雑誌に寄稿する。ハイパーカードの登場により「ビギナーのためのプログラミング」に開眼。以後、Mac、Windows、Web、Android、iOSとあらゆるプラットフォームのプログラミングビギナーに向けた書籍を執筆し続ける。

■近著：

「Swift PlaygroundsではじめるiPhoneアプリ開発」（ラトルズ）
「Power Automate for Desktop RPA開発超入門」（秀和システム）
「ColaboratoryでやさしくJavaScript入門」（マイナビ）
「Power AutomateではじめるノーコードiPaaS開発入門」（ラトルズ）
「ノーコード開発ツール超入門」（秀和システム）
「見てわかる Unity Visual Scripting超入門」（秀和システム）
「Office ScriptによるExcel on the web開発入門」（ラトルズ）

●著書一覧

http://www.amazon.co.jp/-/e/B004L5AED8/

●ご意見・ご感想

syoda@tuyano.com

Node.jsフレームワーク超入門

発行日　2022年　6月　1日　第1版第1刷

著　者　掌田　津耶乃

発行者　斉藤　和邦
発行所　株式会社　秀和システム
〒135-0016
東京都江東区東陽2-4-2　新宮ビル2F
Tel 03-6264-3105（販売）Fax 03-6264-3094
印刷所　三松堂印刷株式会社

ISBN978-4-7980-6691-2 C3055